드디어
시리즈

08

드디어 만나는
천문학 수업

ASTRONOMY 101

Copyright ⓒ2013, 2017 by Carolyn Collins Petersen
Published by arrangement with Adams Media, an Imprint of Simon & Schuster, LLC,
1230 Avenue of the Americas, New York, NY 10020, USA.
All rights reserved.

Korean Translation Copyright ⓒ2025 by Hyundae Jisung
Korean edition is published by arrangement with Adams Media
through lmprima Korea Agency

이 책의 한국어판 저작권은 Imprima Korea Agency를 통해 Adams Media와의 독점 계약으로 현대지성에 있습니다. 저작권법에 의해 한국 내에서 보호를 받는 저작물이므로 무단전재와 무단복제를 금합니다.

블랙홀부터 암흑 물질까지, 코페르니쿠스부터 허블까지,
인류 최대의 질문에 답하는 교양 천문학

드디어 시리즈 08

드디어 만나는 천문학 수업

캐럴린 콜린스 피터슨 지음 +
이강환 옮김

현대
지성

> 추천사

망원경 없이 떠나는 우주 여행

별과 우주에 대한 관심은 태초의 인류가 밤하늘을 올려다볼 때부터 시작되었습니다. 우주에 대한 이해가 깊어갈수록 우리는 점점 우주와 떼려야 뗄 수 없는 관계에 있다는 사실을 깨닫습니다. 우리의 몸을 구성하는 원자 하나하나가 모두 우주에서 왔기 때문입니다. 어찌 보면 우리가 우주를 동경하고 호기심을 가지는 것은 본능적이고 자연스러운 일일지도 모릅니다.

최근 스페이스X의 도전과 우리나라 우주항공청의 출범은 단순한 뉴스가 아니라, 인류가 새로운 우주 시대에 본격적으로 진입하고 있음을 선언하는 신호탄입니다. 이제 우주는 몇몇 과학자나 공상가의 영역이 아니라, 우리가 살아갈 미래의 무대가 되어가고 있습니다. 우리의 시선이 하늘을 향할수록 우리가 마주하는 세계는 더 넓어지고, 우리가 던지는 질문은 더 근원적이고 깊어집니다. 태양계를 넘어 외계 행성과 은하, 블랙홀과 암흑물질, 우주의 기원과 종말까지 우주를 향한 우리의 궁금증은 시간이 흐를수록 점점 더 대담해지고 있습니다.

하지만 막상 '천문학'을 공부해보려 하면, 어디서부터 시작해야 할지 막막한 경우가 많습니다. 범위는 방대하고, 개념은 생소하니까요. 그런 이들에게 『드디어 만나는 천문학 수업』은 더없이 좋은 첫걸음이 되어줄 것입니다.

『드디어 만나는 천문학 수업』은 우리가 몸담은 태양계부터 블랙홀과 안드로메다은하 그리고 심우주까지, 천문학의 역사부터 현대의 최첨단 우주망원경까지 폭넓은 내용을 간결하고 핵심적으로 풀어냅니다. 우주에 막 호기심을 품은 독자에게 꼭 맞는 친절한 안내서이자 여행서입니다.

그럼, 이 책과 함께 더 먼 우주로 함께 떠나볼까요?

이강환(천문학자, 『빅뱅의 메아리』 저자, ㈜스펙스 이사)

(추천사)

공들여 만든 다큐멘터리 같은
천문학 안내서

처음 밤하늘을 올려다본 순간, 누구나 찰나의 감탄 끝에 수많은 질문을 떠올리게 된다. 지금 보이는 저 별은 어떤 원리로 반짝이고 있을까? 저 희미한 빛은 얼마나 먼 곳에서 출발했을까? 우주의 끝은 대체 어디일까? 외계 생명체는 우리 지구인과 어떤 점이 다르고 비슷할까?

이 책은 그렇게 겹겹이 쌓인 호기심의 담벼락을 넘기 위한 디딤돌 같은 책이다. 과학의 언어로 우주의 신비를 풀어내고 시인의 시선으로 밤하늘을 올려다보게 한다. 천문학자들의 오랜 사유가 어떻게 지구를 우주의 중심에서 밀어내고 머나먼 외계 은하로 나아갔는지, 우주에 대한 인류의 지평은 얼마나 정교하게 확장되었는지 어려운 공식 하나 없이 안내하는 동시에 공들여 잘 만든 다큐멘터리처럼 독자가 천문학이라는 세상을 향해 스스로 걸음을 내딛도록 돕는다.

　밤하늘의 빛 하나가 망원경을 통과하며 은하로 확장되는 것처럼, 주변에서 시작된 짧은 궁금증은 이 책을 통해 다시 끝없는 중력 너머의 세계로 펼쳐질 것이다. 『드디어 만나는 천문학 수업』은 광활하고 머나먼 우주를 마치 우리가 어릴 적 침실 천장에 붙여두었던 야광별 스티커처럼 가깝고 친근하게 만들어주는 천문학 안내서다. 천문학에 관심이 있는 독자라면 꼭 읽어보길 권한다. 별을 바라보며 품는 모든 질문에 대한 가장 아름답고 경이로운 응답이 될 테니까.

궤도(과학 커뮤니케이터, 유튜브 《안될과학》 진행자,
『과학이 필요한 시간』 저자)

(추천사)

드디어 찾았다,
천문학 입문서의 정답

시중에는 이미 훌륭한 천문학 교양서들이 많다. 우주를 사랑하는 천문학자의 통찰, 우주를 다녀온 우주인의 생생한 경험담, 혹은 흥미로운 발견과 역사적 에피소드들을 다룬 과학서까지 다양하다. 그러나 이러한 책들은 입문자에게는 다소 어렵거나, 특정 주제에 치우치거나, 지나치게 개인적인 이야기에 머무는 경우가 많다.

  나는 이런저런 강연 무대에 오를 때마다 천문학 입문서를 추천해달라는 부탁을 심심찮게 받곤 한다. 주로 성인 대상으로 강연을 하는데, 뒤늦게 천문학에 관심을 갖기 시작하면서 공부를 시작하려고 마음먹은 사람들이 이런 질문을 한다. 이들에게 어떤 책을 추천해주어야 할까? 서점을 둘러보면 수많은 과학책이 보이지만, 막상 입문자에게 딱 맞는 쉽고 재미있는 책은 의외로 드물다. 내심 내가 쓴 책을 추천하고 싶을 때도 있지만, 솔직히 말해 그것마저도

'입문서'로는 다소 부족하다. 그렇게 수많은 책이 스쳐가지만, 정작 자신 있게 권할 책은 쉽게 떠오르지 않는다.

그런데 마침내 사람들에게 건네줄 답을 찾은 것 같다. 오랜 시간 적절한 천문학 입문서가 없는 것을 아쉬워했는데, 우연히 『드디어 만나는 천문학 수업』을 만났다. 태양계 행성에서부터 별의 탄생과 진화, 은하를 넘어 빅뱅 우주론까지, 광활한 우주 이야기를 이토록 일목요연하게 정리한 책은 처음이다. 너무 어렵지 않게, 딱 필요한 만큼의 교양 지식만 선별해 담아냈으며 천문학개론이나 교양 수업 교재로도 손색이 없다. 제목 그대로, '드디어 천문학을 만났다'는 감탄이 절로 나오는 책이다.

요즘은 SF 영화와 소설, 유튜브 교양 과학 채널, 나사와 스페이스X 뉴스 등 도처에서 천문학을 접할 수 있다. 우연한 계기로 우주와 천문학에 관심이 생겨 조금 더 제대로, 체계적으로 이 놀라운 세상에 입문하고 싶은 사람이라면 이 책을 가장 먼저 읽어보길 강력 추천한다.

지웅배(세종대학교 자유전공학부 조교수,
유튜브 《우주먼지의 현자타임즈》 운영자,
『우주를 보면 떠오르는 이상한 질문들』 저자)

> 들어가며

별에서 왔고,
별로 돌아갈 당신에게

우주에서 가장 매혹적인 학문, 천문학의 세계에 오신 것을 환영합니다! 별빛을 따라 고개를 들고, 대기권 너머엔 무엇이 있을지 상상하며, 언젠가 우주를 여행해보고 싶다는 꿈을 품은 적이 있나요? 그렇다면 잘 찾아오셨습니다. 지금부터 독자 여러분을 놀랍고 경이로운 천문학의 세계로 안내하겠습니다.

저는 어릴 때부터 부모님과 함께 밤하늘을 수놓은 별들을 관측하러 다니면서 천문학에 푹 빠졌습니다. 자연스럽게 10대 때에는 우주비행사가 되고 싶다는 꿈을 키웠고, 결국 대학에서 천문학과 행성과학을 전공으로 택해 공부했지요. 천문학자로서 경력 초기에는 주로 혜성을 관측하고 연구했는데, 그때의 경험으로 직접 우주를 관찰하고 올려다보는 것만큼 매혹적인 일은 없다는 사실을 깨달았습니다.

요즘은 대중에게 천문학을 알리는 일을 하고 있습니다. 우주의 경이로움과 천체 관측의 즐거움을 더 많은 사람이 경험하도록 돕기 위해서지요. 청중들은 늘 별과 행성에 대해 제가 미처 생각해보지 못한, 놀랍고 흥미로운 질문을 던집니다. 덕분에 저는 강연을 나갈 때마다 우리 모두의 마음속 깊은 곳에 우주와 별에 대한 애정과 호기심이 가득하다는 사실을 언제나 확인합니다.

천문학은 우주의 여러 천체와 그 천체들 사이에 일어나는 현상을 연구하는 학문입니다. 고대부터 많은 학자들이 연구해온 가장 오래된 과학이기도 하지요. 우리의 먼 선조들은 하늘을 올려다보며 저 멀리 빛나는 것이 무엇인지 궁금해했을 것입니다. 이들이 우주를 관찰하며 천문학을 발전시켰지요. 허공처럼 느껴지는 어두운 밤하늘이 별, 행성, 은하, 은하단으로 가득하며 물리 법칙과 힘의 지배를 받는다는 사실이 놀랍지 않나요?

이 책에서는 태양계의 이웃 행성들부터 멀리 떨어진 천체들, 천문학의 역사를 이끈 주요 인물들, 외계 생명체 가능성 같은 대중적 주제까지 폭넓게 다뤘습니다. 궤도의 법칙, 우주의 거리 측정법처럼 천문학의 기본 개념도 친절히 소개했습니다. 처음부터 끝까지 차근차근 읽어도, 목차를 보고 원하는 부분만 골라 읽어도 좋습니다. 이 책에 담긴 이야기들은 여러분이 스페이스X의 화성 탐사 프로젝트와 제임스웹 우주망원경 등 최신 천문학 뉴스를 이해하기 위한 배경지식이 되는 동시에, 무한하고 매혹적인 우주에 대한 이해와 통찰력을 길러줄 것입니다.

우리는 모두 별의 아이

◆

천문학사 칼 세이건은 우리 인류가 우주와 긴밀히 연결되어 있다고 했습니다. 인간은 태초부터 하늘을 관찰해왔습니다. 우리의 조상들은 태양, 달, 별의 움직임을 시간의 흐름과 계절 변화와 연결시켰습니다. 그들은 천체의 움직임을 계산하고 예측하는 방법을 구상해냈고, 그 결과 시계와 달력을 발명했습니다. 하늘과 별에 대한 지식은 시간 계산뿐만 아니라 바다를 건너는 항해사들이 길을 찾는 데에도 도움을 주었습니다.

과거에는 양치기, 농부, 선원 등이 하늘을 관찰하며 시간을 보내거나 계절을 예측하고 방향을 잡았지만 오늘날에는 비슷한 일을 천문학자들이 합니다. 천문학자들은 첨단 기술과 기법을 사용해 천체 현상을 정밀히 측정하고 기록합니다. 새로운 발견이 끊임없이 이어지고, 점점 신기술도 등장하고 있지요.

천문학은 학자뿐만 아니라 평범한 사람들에게도 영향을 미칩니다. 비행기를 타고, 스마트폰을 사용하고, 수술을 받고, 인터넷 서핑을 하고, 자동차를 운전하는 것과 같이 우리가 일상에서 자연스럽게 하는 많은 일이 천문학과 우주 탐사 기술에서 비롯되었습니다. 천문학은 가장 오래된 과학이자 동시에 기술의 최전선에 위치한 놀라운 학문입니다.

어린 시절, 저는 미국 작가 막스 에르만Max Ehrmann의 시 「간절히 바라는 것Desiderata」에 매료되었습니다. 이 시에서 제가 가장 좋아하는 구절은 다음과 같습니다.

**너는 수많은 나무와 별들처럼
이 우주에 마땅히 속한 존재란다.
너는 이 우주에서 온 아이란다.**
You are a child of the universe,
no less than the trees and the stars;
you have a right to be here.

    우주와 우리의 DNA는 연결되어 있습니다. 우리를 비롯해 지구 상에 존재하는 모든 생명은 빅뱅의 순간을 거쳐 넓은 우주가 형성되고 별이 서로 충돌하고 생성되고 파괴되는 과정에서 만들어진 원소로 이루어져 있기 때문이지요. 즉 우리는 모두 별에서 온 존재, 별의 아이입니다.
    지구 위의 모든 생명체를 구성하는 원자는 우주에서 왔으며 우리가 나른 행성, 나아가 생명체를 만드는 데 일조한 별빛을 올려다보며 진화했다는 것은 아주 낭만적이고 시적이며 놀라운 일입니다. 별에 대한 호기심과 애정은 우리의 유전자에 깊이 새겨져 있습니다. 한마디로 이 책은 우리를 고향으로 안내하는 책이라고 할 수 있습니다.
    고향에 오신 여러분, 다시 한 번 환영합니다! 그럼 이제 우주로의 여행을 시작할까요?

천문학을 읽기 위한 첫 지도

거리, 시간, 빛으로 우주를 이해하는 최소한의 지식

천문학의 거리 단위: 우리가 우주를 이해하는 방법

천문학에서 사용하는 단위는 우리가 일상에서 접하는 거리 단위와는 다릅니다. 그도 그럴 것이, 은하와 우주는 상상조차 어려울 만큼 광활하고 방대하기 때문입니다. 일상에서 매우 큰 수치를 비유적으로 '천문학적'이라고 표현하는 것도 바로 이 때문이지요.

앞으로 이 책에서 반복적으로 등장할 대표적인 거리 단위 몇 가지를 소개합니다.

▸ 천문단위AU, Astronomical Unit

천문학에서 가장 기본이 되는 단위는 '천문단위'입니다. 이는 지구에서 태양까지의 평균 거리로, 약 1억 4,960만 킬로미터에 해당합니다. 태양계 내에서 행성들 간의 거리를 표현할 때 주로 사용되며, 예를 들어 목성은 태양으로부터 약 5.2천문단위AU, 즉 약 7억 7,800만 킬로미터 떨어져 있습니다.

▸ 광년LY, Light Year

태양계를 넘어 별과 별 사이의 거리를 잴 때는 '광년'을 사용합니다. 1광년은 빛이 1년 동안 이동하는 거리로, 약 9조 5,000억 킬로미터에 해당합니다. 지구에서 가장 가까운 별은 약 4.2광년 떨어져 있는데, 이는 "약 40조 킬로미터 떨어져 있다"라고 하기보다 "4.2광년 거리"라고 말하는 것이 훨씬 간단하고 직관적입니다. 이러한 이유로 천문학에서는 특수 단위를 만들어 사용하는 것이죠.

▸ 파섹$_{pc, Parsec}$

더 멀리 떨어진 천체, 특히 은하 간의 거리를 나타낼 때는 '파섹'이라는 단위를 사용합니다. 1파섹은 약 3.26광년에 해당합니다. 예를 들어 '일곱 자매별'로 잘 알려진 플레이아데스 성단은 지구에서 약 135파섹(약 440광년) 떨어져 있습니다.

▸ 킬로파섹$_{Kpc}$, 메가파섹$_{Mpc}$, 기가파섹$_{Gpc}$

거리 단위는 킬로파섹, 메가파섹, 기가파섹처럼 더 큰 단위로 확장됩니다. 각각 1,000파섹, 100만 파섹, 10억 파섹을 가리키지요. 예컨대, 우리은하에서 가장 가까운 이웃 은하인 안드로메다은하는 약 767킬로파섹, 즉 250만 광년 떨어져 있습니다. 우리은하와 가장 가까운 은하단까지는 약 16메가파섹(5,900만 광년)의 거리가 있으며, 관측 가능한 우주의 경계는 약 14기가파섹(457억 광년) 지점에 이릅니다.

빛의 속도와 시간

◆

빛은 천문학에서 가장 중요한 연구 대상입니다. 천체가 방출하거나 반사하거나 흡수하는 빛을 분석하면 그 천체에 대해 매우 다양한 정보를 얻을 수 있기 때문입니다.
빛은 우주에서 가장 빠른 존재입니다. 진공 상태에서 빛은 초속 약 29만

9,792킬로미터의 속도로 이동하며, 이 값은 매우 정밀하게 측정되어 천문학과 물리학에서 표준값으로 사용됩니다. 다만 공기, 물, 유리 등과 같은 매질을 통과할 때는 이 속도가 줄어듭니다. 예컨대 물속에서는 빛의 속도가 초속 약 22만 9,600킬로미터로 감소하지요. 빛의 속도는 '광속'이라 불리며, 보통 알파벳 c로 표기합니다.

광속은 단순히 거리를 재는 기준에 그치지 않고, 우주의 나이와 구조를 이해하는 열쇠이기도 합니다. 밤하늘에 떠 있는 달을 바라볼 때, 사실 우리는 '1.28초 전의 달'을 보고 있는 셈입니다. 지구와 달 사이 거리가 약 1.28광초(빛이 1.28초 동안 이동하는 거리)이기 때문입니다. 마찬가지로 태양은 지구에서 약 8.3광분 떨어져 있어, 우리 눈에 보이는 태양은 8분 전의 모습입니다. 지구에서 가장 가까운 별인 프록시마 센타우리Proxima Centauri는 약 4광년 거리입니다. 즉, 우리가 보는 그 별의 모습은 4년 전의 것이지요. 심지어 지구에서 6,500만 광년 떨어진 은하에서 오는 빛은 공룡이 멸종하고 포유류가 출현하던 시기, 즉 신생대 초기에 그 은하에서 출발했습니다.

가장 멀리 떨어진 천체의 빛은 우주가 탄생한 지 수십만 년밖에 되지 않았을 때부터 지구를 향해 날아오기 시작한 것입니다. 천문학자들이 관측하는 우주의 가장 먼 지점은 약 138억 년 전, 우주의 탄생 직후의 모습입니다.

결국 천문학이란, 단순한 공간의 연구를 넘어 시간을 거슬러 올라가는 작업입니다. 더 멀리 있는 천체를 관측할수록 우리는 더 먼 과거를 보게 됩니다. 그런 면에서 망원경과 관측 장비는 말 그대로 시간을 들여다보는 창, 일종의 타임머신이라 할 수 있습니다.

분광학과 가시광선

◆

이 책의 여러 곳에서 '빛을 분석하는 과학', 즉 분광학分光學이라는 개념이 등장합니다. 프리즘을 통과한 빛이 여러 색으로 분산되는 현상을 본 적이 있다면, 이미 분광학의 작동 원리를 직관적으로 경험한 셈입니다.

천문학자들은 천체에서 나오는 빛을 파장별로 나누어 분석하는데, 이를 통해 얻은 정보의 집합이 스펙트럼spectrum입니다. 우리가 육안으로 볼 수 있는 빛은 가시광선으로, 흔히 무지개색으로 표현되는 빨주노초파남보의 색상 범위에 해당합니다. 하지만 스펙트럼에는 우리가 볼 수 없는 적외선, 자외선, 엑스선 등 더 넓은 파장대의 정보도 포함되어 있습니다.

분광학은 천체의 운동 방향과 속도를 측정하는 데에도 몹시 유용합니다. 빛의 스펙트럼 중 흡수선의 위치가 파란색 쪽으로 이동하면 그 천체는 지구를 향해 다가오고 있다는 뜻이고, 빨간색 쪽으로 이동하면 지구에서 멀어지고 있다는 의미입니다. 이 현상은 각각 청색 편이blue shift와 적색 편이red shift라고 부릅니다.

이러한 분광학적 기법을 통해 천문학자들은 우주의 팽창, 은하의 후퇴 속도, 별의 화학적 구성, 온도, 자기장 등 보이지 않는 수많은 정보를 추론할 수 있습니다. 우리 눈에 단순히 빛처럼 보이는 신호 속에는, 사실 우주의 성분과 진화가 고스란히 담겨 있는 셈이지요.

차례

추천사 **6**
들어가며: 별에서 왔고, 별로 돌아갈 당신에게 **12**
천문학을 읽기 위한 첫 지도 **16**

1부 ✦ 가장 먼저 만나는 우주, 태양계

태양계를 구성하는 것들: 1개의 항성과 8개의 행성 **27**
모든 것은 태양에서 시작되었다: 태양계의 유일한 항성 **34**
우주에도 날씨가 있다: 오로라가 그리는 빛의 커튼 **40**
태양계에서 가장 작은 행성: 작지만 가장 뜨거운 곳, 수성 **46**
반짝반짝 빛나는 지구의 쌍둥이: 이산화탄소로 가득한 금성 **52**
창백한 푸른 점: 우리의 고향, 생명으로 가득한 지구 **59**
인류가 방문한 유일한 다른 세상: 지구의 유일한 위성, 달 **65**
화성에는 외계인이 있을까?: 우주 생명체를 찾는 화성 탐사 **72**
태양계에서 가장 큰 행성: 행성들의 제왕, 목성 **79**
아름다운 모자를 쓴 행성: 태양계에서 두 번째로 큰 토성 **86**
삐딱하게 기울어진 행성: 독특한 자전축을 가진 천왕성 **92**
외딴곳에 위치한 청록색 행성: 태양계의 막내가 된 해왕성 **98**
더 이상 '행성'이 아니다: 명왕성의 새로운 이름 **104**
하늘을 가로지르는 한 줄기 빛: 오랜 시간 관측되어온 혜성 **111**
별똥별에 소원을 빌면 이루어질까?: 우주의 유물, 운석과 유성 **117**
태양계를 떠다니는 작은 조각별: 초기 성운과 행성의 파편, 소행성 **123**

2부 ✦ 태양계 너머의 광활하고 놀라운 세상

태양계 바깥에 다른 태양이?: 스스로 발광하는 별, 항성 **131**
별은 어디에서 탄생했을까?: 성간 구름과 별 탄생의 비밀 **138**
별은 어떻게 나이들고 소멸하는가: 항성의 마지막 순간, 초신성 **143**
시공간이 뒤틀리는 블랙홀의 비밀: 강력한 중력이 만들어낸 별의 무덤 **148**
하늘을 수놓는 아름다운 별의 무리: 구상 성단과 산개 성단 **154**
별들이 사는 도시와 마을: 우주를 만들어내는 은하들 **159**
은하는 영원히 존재할까?: 우주 탄생부터 별 무리 형성끼지 **165**
우리은하 자세히 들여다보기: 온 우주에 하나뿐인 우리의 고향 **168**
어마어마한 활동량을 자랑하는 괴물: 강력한 빛을 방출하는 퀘이사 **173**
밝혀지지 않은 가장 미스터리한 물질: '암흑 물질'이라는 놀라운 세계 **178**
천체 사이의 거리를 측정하는 법: 기준별을 잡고 밝기 비교하기 **185**
자연이 만들어낸 왜곡된 망원경: 중력 렌즈 현상이 발생하는 원리 **191**
모든 것은 대폭발로부터 시작되었다: 거대한 우주의 탄생, 빅뱅 **198**
웜홀은 정말 존재할까?: 공상과학 속 상상 VS 현실 우주의 구조 **204**
우주에서 외계인을 만날 확률: 드레이크 방정식과 SETI 연구소 **211**

3부 ✦ 천문학의 흐름을 바꾸고
놀라운 업적을 남긴 인물들

천문학은 어떻게 시작되었을까?: 우주에 대한 인류의 끝없는 열정 **219**
천문학의 아버지, 코페르니쿠스: 세상의 진리를 뒤집다 **224**
관측의 귀재, 갈릴레오 갈릴레이: 목성의 위성을 발견하다 **229**
행성 운동 법칙과 요하네스 케플러: 별의 목록을 작성한 천재 과학자 **236**
과학계의 거인, 아이작 뉴턴: 물리학과 천문학의 판도를 바꾼 천재 **242**
천문학에 일생을 바친 허셜 가: 윌리엄, 캐럴라인, 존 허셜의 삶 **248**
변광성을 연구한 헨리에타 스완 레빗: 거리 측정의 단서를 찾다 **254**
알베르트 아인슈타인의 중력 연구: 상대성 이론의 창시자 **259**
우주팽창설의 아버지, 에드윈 허블: 빅뱅 이론의 기초를 다지다 **265**
명왕성을 발견한 클라이드 톰보: 별을 꿈꿔온 몽상가 **272**
은하의 회전을 연구한 베라 루빈: 암흑 물질의 증거를 찾다 **277**
'펄서'를 발견한 조슬린 벨 버넬: 노벨상을 놓친 전파천문학자 **283**
명왕성 킬러, 마이크 브라운: 행성의 기준을 다시 세우다 **288**

4부 ✦ 우주를 떠다니는 망원경과 끊임없이 변화하는 천문학의 내일

천문학의 두 갈래: 관측천문학 VS 천체물리학 **295**

미지의 영역, 우주생물학: 존재할지 모를 이웃을 찾아서 **302**

행성과학의 놀라운 세계: 다른 행성은 어떤 진화 과정을 거쳤을까? **308**

망원경으로 과거도 볼 수 있다?: 우주의 타임머신, 망원경의 발전사 **315**

우주 관측의 터줏대감, 허블 우주망원경: 1990년부터 계속된 여정 **322**

'빛나는' 찬드라 엑스선 우주망원경: 우주의 엑스선을 정밀 관측하다 **328**

적외선 감지기, 스피처 우주망원경: 붉게 빛나는 우리의 우주 **334**

초강력 페르미 감마선 우주망원경: 고에너지 천문학의 신구자를 기리며 **339**

외계 지구를 찾아라, 케플러 우주망원경: 생명이 존재하는 행성 찾기 **345**

무한한 가능성을 지닌 천문학: 끊임없는 관측과 탐구의 여정 **352**

나가며: 별을 보는 사람은 누구나 천문학자입니다 **358**
이미지 출처 **364**

태양계를 구성하는 것들
1개의 항성과 8개의 행성

우리는 우리은하의 태양계에 속한 지구라는 행성에서 살고 있습니다. 태양계에는 태양과 8개의 행성, 몇몇 왜소행성, 혜성, 위성, 유성, 소행성 등이 있습니다. 그중 태양은 태양계 전체 질량의 거의 전부인 99.8퍼센트를 차지하지요.

  태양 주위를 도는 천체들은 크게 '내행성계'와 '외행성계'로 나뉩니다. 내행성계에는 수성, 금성, 지구, 화성이 포함됩니다. 화성과 목성 사이, 다양한 크기의 암석 천체가 떠다니는 곳은 '소행성대'라고 합니다. 소행성대 너머의 바깥 영역이 바로 '외행성계'지요. 외행성계는 목성, 토성, 천왕성, 해왕성으로 구성되어 있으며, 이들은 태양에서 멀리 떨어진 궤도를 따라 공전합니다. 외행성계는 태양을 제외한 전체 질량(0.2퍼센트)의 대부분을 차지하며, 주로 가스와 얼음으로 이루어져 있습니다.

최근 행성학자들은 '카이퍼대Kuiper Belt'라고 불리는, 외행성계에서도 태양과 가장 먼 외곽 영역에 많은 관심을 기울이고 있습니다. 카이퍼내는 해왕성 궤도부터 태양으로부터 50천문단위AU가 훨씬 넘는 거리까지 뻗어 있습니다. 화성과 목성 사이 소행성대의 매우 멀고 광범위한 버전이라고 생각하면 됩니다. 카이퍼대에는 명왕성, 하우메아, 마케마케, 에리스 등 왜소행성뿐만 아니라 다른 많은 작은 얼음 천체들이 있습니다.

※ **태양계의 구성 목록** ※

1. 항성 1개
2. 행성 8개
3. 왜소행성 5개(계속 늘어남)
4. 위성 400여개(계속 늘어남)
5. 수없이 많은 혜성
6. 수십만 개의 소행성

태양계 가족, 여덟 행성

◆

　행성학자들은 내행성계 행성이 땅과 암석으로 이루어져 있기 때문에 '암석 행성Terrestial planets'이라고 부릅니다. 내행성계 행성들은 상대적으로 지구와 비슷한 탄탄한 암석층으로 구성되어 있습니다. 그러나 지구, 금성, 화성에는 상당히 대기가 풍부한 반면 수성에는 얇고 희박한 대기층이 있을 뿐이지요.

내행성계와 구분해 외행성계는 '거대 기체 행성Gas giants'이라고 부릅니다. 외행성계 행성들은 대부분 중심에 암석 핵이 있고 행성의 구체는 수소와 헬륨 가스층으로 구성되어 있으며, 표면은 구름으로 덮여 있습니다. 외행성계에서 특히 바깥쪽에 위치한 천왕성과 해왕성은 초저온 형태의 산소, 탄소, 질소, 황, 심지어 물까지 상당량 함유하고 있어 종종 '거대 얼음 행성Ice giants'이라고 불리기도 합니다.

+ 태양계를 구성하는 여덟 행성

우리 태양계는 8개의 행성으로 이루어져 있다. 태양과 가까운 수성, 금성, 지구, 화성을 '내행성계'이자 '암석 행성'으로, 목성, 토성, 천왕성, 해왕성을 '외행성계'이자 '거대 기체 행성'으로 분류한다.

'행성'이라는 이름에 담긴 뜻

초기 그리스 천문학자들은 하늘을 떠도는 별을 가리켜 '방랑자들Planetes'이라고 불렀습니다. 이 말이 후대에 '행성Planet, 行星'이라는 단어로 정착한 것이지요. 오늘날 행성이라는 단어는 다른 설명이 없다면 일반적으로 태양계의 8개 행성을 지칭합니다.

2005년에 왜소행성 에리스가 발견되며 많은 학자들이 행성의 정의에 대해 고민하고 토론을 나누었습니다. 그 결과 2006년 8월로 명왕성을 행성계에서 퇴출되었지요. 오늘날 국제천문연맹International Astronomical Union, IAU에서 인정하는 행성의 조건은 다음과 같습니다.

1. 태양 주위를 공전하는 궤도를 지닌다.
2. 충분한 질량을 가져 자체 중력으로 구 형태를 유지한다.
3. 궤도 주위의 천체들을 쓸어내 주변 영역을 정리한다.

혜성, 소행성 그리고 자체적인 중력으로 둥근 형태를 형성하지 못하는 천체는 모두 행성으로 인정되지 않습니다. 국제천문연맹은 '왜소행성'의 기준도 함께 정의했는데, 행성의 조건 중 위의 둘은 충족하지만 마지막을 충족하지 못해 궤도가 정리되지 않은 천체를 가리킵니다. 명왕성, 에리스, 마케마케, 하우메아 그리고 1801년에 발견되어 오랜 시간 소행성으로 알려졌던 세레스가 모두 왜소행성으로 분류되지요.

행성의 여행 경로

태양계의 모든 행성은 저마다 고유한 '궤도Orbit'를 따라 태양 주위를 공전합니다. 17세기의 천문학자 요하네스 케플러는 행성의 운

행성	태양과의 평균 거리(km)	공전 주기
수성	5,800만	0.24년 (88일)
금성	1억 800만	0.62년 (225일)
지구	1억 4,960만	1년 (365일)
화성	2억 2,000만	1.88년 (687일)
목성	7억 7,800만	11.86년 (4,333일)
토성	14억 2,700만	29.46년 (10,759일)
천왕성	28억 8,000만	84년 (30,687일)
해왕성	45억 1,300만	164.8년 (60,223일)

✦ 태양계 행성들의 궤도와 평균 거리, 공전 주기

태양계 여덟 행성은 각기 다른 궤도를 따라 태양을 공전한다. 가장 바깥에 위치한 해왕성은 태양 주위를 한 바퀴 도는 데 지구 시간으로 무려 165년이 걸린다.

동에 대한 물리학 법칙을 발표했는데, 이를 '케플러의 법칙'이라고 하지요. 이 법칙에 따르면 행성은 태양을 초점으로 하는 타원형 궤도를 따라 공전하고, 행성과 태양을 연결하는 가상의 선분이 같은 시간 동안 쓸고 지나가는 면적은 항상 같습니다. 그리고 행성 공전 수기의 제곱은 타원 궤도의 긴반지름의 세제곱에 비례합니다(케플러의 법칙은 뒤에서 구체적으로 살펴보겠습니다).

행성을 둘러싼 신비한 것들

◆

우리 태양계에는 행성뿐만 아니라 왜소행성과 소행성 그리고 이들 주변을 도는 위성이 있습니다. 또한 가장 바깥쪽 행성인 천왕성 궤도 외부에는 '오르트 구름'이라고 하는 베일에 싸인 영역이 있지요.

위성과 고리

몇몇 행성과 왜소행성, 소행성은 위성을 거느리고 있습니다. 우리에게 가장 친숙한 것은 지구의 위성인 달이지요. 달의 표면은 지금까지 인간이 방문해 발을 디딘 유일한 외부 세계입니다. 화성에는 '포보스'와 '데이모스'라는 두 개의 위성이 있습니다. 반면 수성과 금성에는 위성이 없지요.

외행성계의 거대 기체 행성에는 많은 위성이 몰려 있습니다. 목성은 유명한 4개의 위성을 거느리고 있지요. 바로 '이오', '유로파', '가니메데', '칼리스토'입니다. 이들은 1610년 천문학자 갈릴레오 갈릴레이가 발견했다고 해서 '갈릴레이 위성'이라고 불리기도 합니다. 지난 수십 년간 목성 주변에서는 이들을 제외하고도 90개 이상의 위성이 발견되었습니다. 토성, 천왕성, 해왕성 주변에도 수십 개의 작은 얼음 위성이 있습니다. 카이퍼대의 명왕성 주변에는 5개의 위성이, 에리스에는 최소 1개의 위성이 있습니다.

몇몇 행성은 위성뿐만 아니라 일련의 '고리'도 지니고 있습니다. 토성의 고리는 태양계에서 가장 뚜렷하고 아름답습니다. 잘 보이지 않지만 목성 주변에도 희미한 고리가 있지요. 심지어 초기 지구에도 고리가 있었다는 학설도 있습니다. 행성학자들은 고리의 수명이 행성에 비해 다소 짧은 것으로 보고 있습니다.

오르트 구름

태양계는 '오르트 구름Oort Cloud'이라 불리는, 얼음과 암석 조각으로 이루어진 얼어붙은 껍질로 둘러싸여 있습니다. 이 구름의 존재는 아직 명확히 관측된 것은 아니지만 태양으로부터 약 5만 천문단위AU 또는 1광년 떨어진 곳에 위치할 것으로 추정되며, 구형 형태를 이룬 혜성의 원천지로 여겨집니다. 많은 천문학자들이 우리가 보는 대부분의 혜성은 카이퍼대와 오르트 구름에서 만들어진다고 보고 있습니다. 오르트 구름에 대해서는 정확한 규모와 구성 성분 등 아직 밝혀내야 할 비밀이 많습니다.

모든 것은 태양에서 시작되었다
태양계의 유일한 항성

태양은 빛과 열의 근원입니다. 태양처럼 스스로 빛을 내며 위치가 변하지 않는 별을 '항성恒星'이라고 합니다. 태양은 지구가 속한 태양계에서는 유일한 항성이지만, 우리은하로 시야를 넓히면 수천억 항성 중 하나에 불과합니다.

그럼에도 우리 모두에게 태양은 무척 중요한 존재입니다. 태양이 없었다면 어떤 생명체도 탄생하고 존재하지 못했을 것입니다. 초기 인류에게 태양은 숭배의 대상이었습니다. 고대 그리스인들은 '헬리오스Helios'라는 태양신을 섬기는 동시에 하늘에 떠 있는 이 밝고 뜨거운 물체의 정체에 호기심을 갖고 활발히 토론했습니다.

이탈리아의 천문학자 갈릴레오 갈릴레이도, 독일의 천문학자 요하네스 케플러도 모두 태양에 대해 끊임없이 연구하며 가설을 세우고 추측했습니다. 당대 천문학자들은 태양의 특성을 알아내기 위해 다양한 방식과 도구를 고안해냈고, 이는 오늘날까지 이어지는 '태양물리학Solar physics'의 시초가 되었습니다. 너무 밝아 맨눈으로는 보는 것도 쉽지 않은 태양은 어떤 비밀을 품고 있을까요?

> **한 걸음 더**
> ## 태양물리학
>
> '태양물리학'에 대해 들어본 적 있으신가요? 태양의 물리적 성질을 다루는 천문학의 한 갈래를 가리켜 태양물리학이라고 합니다. 태양의 온도와 주변 대기 구조, 태양 표면의 흑점과 백반, 홍염, 코로나 따위를 연구해 태양이 어떻게 작동하고, 태양계의 나머지 행성들에 어떤 영향을 미치는지 연구하는 것이 태양물리학의 핵심입니다.

태양의 구조와 태양풍의 원리

◆

태양은 엄청나게 뜨거운 기체로 이루어진 거대한 구형 천체입니다. 지금부터 태양 외부에서 중심부로 가상의 항해를 한다고 상상하며 그 구조를 자세히 알아봅시다.

먼저 '코로나(백광)'라고 불리는 태양 외부의 대기부터 통과해야 합니다. 코로나는 태양 대기의 가장 표면에 있는, 섭씨 100만 도가 훨씬 넘는 엄청나게 뜨거운 가스층을 가리킵니다. 코로나를 통과하면 '채층'이 나옵니다. 채층은 태양의 '광구'와 상층 대기인 코로나 사이에 위치한 얇고 붉은 빛을 띠는 기체층으로, 두께가 약

1,600킬로미터 정도 됩니다. 채층의 온도는 약 6,000에서 2만 도에 달합니다. 여기까지는 태양을 둘러싼 몹시 뜨거운 외부 대기층이라고 볼 수 있습니다. 우리가 일식 때 관측하는, 이글거리는 영역이 바로 코로나와 채층이지요.

채층 아래층은 '광구'입니다. 광구는 태양빛이 바깥으로 발산되는 얇은 표면층을 가리킵니다. 태양을 볼 때 우리가 실제로 보는 부분이 바로 광구이지요. 태양은 실제로는 매우 밝은 흰색이지만, 지구 대기를 통과하며 들어오는 빛에서 파란색과 빨간색 파장이 일부 제거되기 때문에 노랗게 보입니다. 광구의 온도는 4,200에서 6,000도 정도 됩니다.

광구 아래로 내려가면 '내류층'에 도달합니다. 냄비에 물이나 소스를 끓이거나 볶다가 작은 거품 알갱이가 올라오는 것을 본 적 있지요? 태양의 대류층에서도 비슷한 일이 발생합니다. 내부 깊은 곳의 뜨거운 원소가 표면으로 올라오며 대류층이 만들어집니다. 대류층의 온도는 200만 도에 달합니다. 대류층 아래에는 '복사층'이 있습니다. 이 영역은 실제로 태양의 핵에서 나온 열을 복사해 대류층으로 전달하기 때문에 이렇게 이름 붙여졌습니다.

복사층 아래에는 태양의 중심핵이 있습니다. 이곳이 바로 태양 에너지를 만들어내는 거대한 용광로입니다. 중심핵의 온도는 약 1,500만 도에 달하며, 엄청난 질량으로 인해 내부에는 극도의 고온·고압 환경이 형성됩니다. 이러한 환경에서 수소 원자핵들이 서로 결합하여 헬륨으로 바뀌는 핵융합 반응이 일어납니다.

태양의 열과 에너지는 태양계 전체로 퍼져 나갑니다. 가장 바깥쪽에 위치한 해왕성은 태양의 온기를 일부만 받는 반면, 가장 안쪽의 수성은 거의 태양빛에 '구워진다'고 할 수 있습니다. 또한 태양은 '태양풍'이라는 작은 입자의 흐름을 만들어냅니다. 태양 주변에서 시작된 이 흐름은 지구 가까이에 도달했을 때 초속 200~750킬로미터에 달하는 엄청난 에너지가 되지요.

태양풍에 의해 날아가던 뜨거운 입자가 태양계의 끝에서 더 이상 날아가지 않고 외부 우주에서 날아오는 전자와 이온 등 입자와 충돌하며 형성하는 거대한 경계면을 '태양권 계면Heliopause'이라고 합니다. 보이저 1호는 2012년에 이 태양권 계면을 통과하며 인류 최초로 성간 공간에 진입했다고 발표했습니다. 이 지점을 지나면

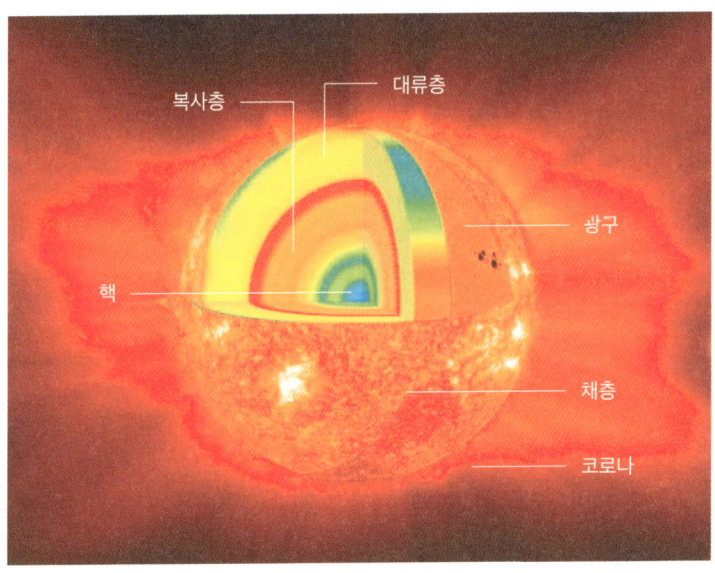

✦ 태양의 구조

태양의 내부 중심에는 핵이 있고 바깥으로 갈수록 차례차례 복사층, 대류층, 광구, 채층, 코로나로 이루어져 있다. 우리 눈에 보이는 태양의 표면층은 '광구'이다.

태양풍의 영향은 멈추고, 본격적인 성간 공간Interstellar Space이 시작됩니다. 다만, 태양의 중력 자체는 이보다 훨씬 더 먼 거리까지 영향을 미치며, 이론적으로는 수십만 천문단위AU 너머까지도 태양계의 일원으로 간주되는 천체가 존재할 수 있습니다.

태양 표면에는 왜 검은 점이 있을까?

태양 표면에는 '흑점'이라 불리는 검은 점이 흩어져 있습니다. 좀 더 정확히 말하면 흑점은 태양 광구에 나타나는 검은 반점으로, 주변보다 온도가 낮아 어둡게 보이며 강한 자기력을 띠는 영역입니다. 태양은 약 11년 주기로 극대기와 극소기를 반복하는데, 극대기에 흑점이 특히 많이 보이고 극소기에는 줄어들어 거의 보이지 않습니다.

흑점은 태양 활동, 특히 '플레어Flare'와 관련이 있습니다. 플레어란 태양의 광구와 코로나 사이 대기층에서 폭발적인 에너지가 방출되는 현상으로, 태양 대기의 전자기 상태가 급격히 변화하며 일어납니다. 플레어는 주로 흑점에서 시작되지요. 또한 '코로나 질량 방출Coronal Mass Ejection, CME'이라고 불리는 대규모 태양풍 폭발 현상도 '플라스마'라는 이온화된 에너지 기체를 대규모로 내뿜습니다. 플레어와 코로나 질량 방출 현상은 태양 활동이 왕성한 극대기에 자주 발생하며, 태양계 전체에 '우주 기상 현상'을 일으킵니다. 우주 기상 현상은 태양과 가까운 내행성계 행성뿐만 아니라 먼 외행성계 행성에까지 다양한 영향을 미칩니다.

태양을 연구하는 관측소들

✦

많은 천문학자가 천문대에서 특수한 망원경으로 태양을 연구합니다. 태양 망원경으로는 주로 태양의 표면과 대기를 관찰합니다. 일부 전파 망원경과 레이더 탐지기는 태양이 지구 대기권 상부의 전리층에 미치는 영향을 추적합니다. 이렇게 수집한 데이터는 우주 기상 현상을 예측하는 데 도움이 됩니다.

태양 연구자들은 태양이 방출하는 전파를 분석하기 위해, 전 세계 여섯 곳에 설치된 특수 장비를 활용합니다. 이 장비는 '세계진동네트워크그룹GONG, Global Oscillations Network Group'이라는 국제 협력 프로젝트를 통해 운영되며, 이를 통해 태양 내부 구조를 정밀하게 관측하고 분석할 수 있습니다. 이들이 연구하는 분야를 가리켜 '일진학Helioseismology, 日震學' 또는 '태양지진학'이라고 하지요.

특히 미국항공우주국NASA(나사)은 태양의 구조와 역학, 지구에 미치는 영향을 연구하고자 여러 우주 기반 망원경과 천문대를 운영하고 있습니다. 태양 활동을 지속적으로 관찰할 수 있는 궤도 위성 '태양지상관계관측소Solar Terrestrial Relations Observatory, STEREO', 태양과 태양 폭발의 실시간 이미지를 제공하는 '태양역학천문대Solar Dynamics Observatory, SDO', 태양의 상층부 대기와 코로나에 초점을 맞춰 관측하는 '태양권천문대Solar Heliospheric Observatory, SOHO'가 대표적인 기관이지요.

우주에도 날씨가 있다
오로라가 그리는 빛의 커튼

　오로라를 직접 본 적이 있나요? 오로라는 주로 북극과 남극을 비롯해 북유럽, 캐나다 북부 등 극지방 근처 상공에서 일어나는 현상입니다. 하늘을 수놓는 아름다운 빛을 관찰하기 위해 많은 사람들이 해마다 멀리 여행을 떠나지요. 사진으로만 봐도 아름답고 경이로운 오로라를 실제로 보면 말 그대로 눈을 뗄 수 없습니다.

　이 아름다운 빛의 향연은 우주 기상 덕분에 볼 수 있는 자연 현상입니다. 태양에서 방출되는 플라스마 입자가 지구 대기권 상층부의 자기장과 마찰하며 발광해 오로라가 발생하는 것이지요. 오로라는 지구가 태양과 연결되어 지속적으로 영향받고 있음을 시각적으로 보여줍니다. 태양은 지구로부터 1억 킬로미터 이상 떨어진 곳에서 빛과 온기를 제공할 뿐만 아니라 다양한 천문 현상을 발생시키며 지구에 깊은 영향을 주고 있습니다.

태양풍이 지구와 만나면

태양은 전자, 이온, 양성자 등 전하를 띤 '하전 입자'를 끊임없이 방출하며 태양풍을 만들어냅니다. 이 태양풍은 지구를 향해 날아오다가 지구를 둘러싼 자기장 영역, 즉 자기권에 부딪힙니다. 대부분은 지구를 비켜가지만, 일부 하전 입자는 자기장과 상호작용하며 지구 대기권으로 유입됩니다. 특히 극지방에서는 자기장이 강하게 작용해 이 입자들이 집중적으로 모입니다. 이들이 지구 대기 상층의 전리층 기체와 충돌하면서 에너지를 방출하는데, 이때 발생하는 빛이 바로 오로라입니다. 즉 오로라는 태양 에너지와 지구 자기장이 함께 만들어낸 자연의 합작품인 셈입니다.

✦ 극지방 하늘을 수놓은 오로라

태양으로부터 온 플라스마가 지구 대기와 부딪히며 만들어지는 오로라는 지구에서 태양풍을 확인할 수 있는 가장 대표적인 현상 중 하나다.

북극에서 관찰되는 오로라는 '북극광Aurora Borealis', 남극에서 관측되는 오로라는 '남극광Aurora Australis'이라고 합니다. 오로라는 대부분의 경우 푸르스름한 녹색으로 빛나지만 태양풍의 에너지가 강한 경우 더 많은 하전 입자가 기체와 부딪혀 붉은색이나 보라색으로 나타나기도 합니다. 오로라의 형태는 커튼형, 원형, 나선형, 불규칙형 등 다양합니다.

태양 플레어와 무시무시한 지자기 폭풍

◆

　태양풍뿐만 아니라 태양에서 일어나는 크고 강렬한 폭발, 플레어Flare가 일어나면 그 빛은 빠른 속도로 태양계에 퍼져나갑니다. 지구에서는 태양에서 플레어 폭발이 일어난 지 약 8분 후에야 그 빛을 볼 수 있지요. 이때 나온 하전 입자 덩어리들은 짧게는 하루, 길게는 3일 후 지구에 도착해 자기장과 충돌합니다. 이때는 오로라뿐만 아니라 더 강력하고 심각한 결과도 발생합니다.

　강력한 태양 폭발은 지구 자기권에 '지자기 폭풍Geomagnetic Storm'이라는 일시적인 교란을 일으킵니다. 지자기 폭풍이 발생하면 통신과 GPS를 담당하던 인공위성이 영향을 받거나 작동이 중단되고, 지구와 가까운 우주에 있던 우주비행사가 위험에 처할 수 있으며, 심한 경우 지구의 전력망 자체에 심각한 피해가 발생할 수 있습니다. 전하를 띤 입자가 대기 상층부로 진입하며 전류를 발생시켜 지상 전력망에까지 영향을 미치는 것입니다.

지자기 폭풍이 일어날 경우, 대기권을 벗어나 지구 주변을 도는 인공위성이나 국제우주정거장ISS은 우주 기상 현상으로 인해 발생하는 고에너지 방사선에 노출될 수 있습니다.

과학자들은 우주정거장과 우주비행사의 안전은 물론, 지구의 통신 및 전력 시스템을 보호하기 위해 태양에서 발생하는 태양풍과 지자기 폭풍의 영향을 예측하고 기록하며 피해를 최소화할 방법을 꾸준히 연구하고 있습니다. 현재까지 인류가 갖고 있는 유일한 방어 수단은 지구 궤도를 도는 다양한 인공위성의 관측을 기반으로 한 우주 기상 예보와 사전 경고 체계입니다.

한 걸음 더 — 태양의 활동 주기

우리는 지구에서 살기 때문에 태양의 활동 주기가 하루 또는 1년 단위로 반복된다고 착각하기 쉽습니다. 그러나 이는 태양의 움직임이 아니라 지구의 자전과 공전에 따른 변화입니다. 태양은 제자리에서 빛나고 있을 뿐이지요. 하지만 태양도 나름의 활동 주기를 지니는데, 이것이 바로 극소기와 극대기입니다.

일반적으로 태양은 11년 주기로 흑점이 많이 생기며 가장 강력한 에너지를 방출합니다. 흑점 수가 적은 상태에서 시작해 5년 정도 지나면 태양 극대기에 도달하는 것이지요. 극대기에는 하전 입자가 폭발적으로 방출됩니다. 반대로 극대기로부터 5년 정도 지나면 다시 극소기가 찾아와 흑점의 수가 줄어들며, 태양풍도 약해집니다.

과학자들이 태양을 연구하는 이유

◆

태양이 언제 태양풍이나 플레어를 일으켜 지구에 강력한 하전 입자와 방사선을 쏘아보낼지는 아무도 정확히 예측할 수 없습니다. 그러나 분명한 것은 인공위성 등 지구의 통신과 교통 기술 네트워크가 어떤 식으로든 태양 활동의 영향을 받는다는 점이지요. 그렇기 때문에 대기학자와 천문학자는 태양의 변화에 관심을 갖고 연구하며 문제가 발생하기 전에 대책을 세우려고 노력하고 있습니다. 지속적으로 태양을 관찰하고 이로 인한 우주 기상 변화 데이터를 쌓으면 태양의 이상 활동을 감지하고 예측해 우리의 생활에 큰 변화나 위협이 생기지 않도록 예방할 수 있습니다. 태양 에너지가 지구에 직접적인 피해를 입혔던 사건을 하나 살펴봅시다.

1989년 퀘벡 대정전

1989년 3월, 태양에서 어마어마한 규모의 태양풍이 지구를 향해 날아왔습니다. 태양풍이 발생하고 3일 만에 지구는 현대사상 가장 심각한 지자기 폭풍을 경험했지요. 이 폭풍으로 거대한 오로라가 생겨났고, 일부 인공위성은 기존 항법에서 벗어나 통제 불가능한 상태가 되었습니다. 특히 캐나다 퀘벡에서는 도시 전체의 전력망에 거대한 과부하가 걸렸습니다.

 당시 퀘벡에서 9시간 이상 정전이 지속되며 600만 명 이상이 어둠 속에서 불편한 일상을 보내야 했습니다. 이를 두고 사람들은 '해가 빛이 아닌 어둠을 가져왔다'고 말했지요. 퀘벡 대정전이 발생한 뒤 과학자들과 전기 회사 연구원들은 다시는 이러한 정전 사태가 발생하지 않도록 안정적인 시스템을 구축해야 함을 깨달았고, 그때부터 천문학자들은 태양의 활동을 보다 정밀하게 예측하고자 노력하고 있습니다.

한 걸음 더 — 갑자기 GPS가 작동을 멈춘다면

인공위성을 이용해 위치를 정확히 알아낼 수 있는 GPSGlobal Positioning System는 우리 사회 곳곳에서 유용하게 쓰이고 있습니다. 차를 몰고 집 앞 마트를 가거나 비행기를 타고 멀리 휴가를 떠날 때 사용하는 내비게이션과 항법 장치에 모두 GPS 기술이 탑재되어 있지요.

GPS가 측정한 인공위성 시간 신호는 사용자의 위치를 정밀히 파악할 수 있게 합니다. 또한 우리가 매일 사용하는 스마트폰부터 전 세계로 돈을 보내는 금융 네트워크도 GPS 시간 신호에 의존합니다.

태양 플레어로 인해 지자기 폭풍이 발생하면 지구 대기 상층의 전자 밀도가 증가합니다. 그 때문에 인공위성에서 지상으로 전파하는 신호가 지연되어 데이터에 오류가 발생하는 것이지요. 이런 일이 발생하면 잠시 GPS를 종료하고 기다렸다가 대기 상태가 원래대로 돌아온 뒤 다시 시작하는 것이 좋습니다.

태양계에서 가장 작은 행성
작지만 가장 뜨거운 곳, 수성

    수성은 태양계에서 가장 극단적인 환경이라고 해도 과언이 아닙니다. 태양과 가장 가깝기 때문이지요. 수성에서 보는 태양은 지구에서보다 약 3배가량 거대하게 보입니다. 게다가 수성은 대기가 거의 없기 때문에 낮과 밤의 온도차가 극단적으로 큽니다. 가장 더울 때는 표면 온도가 430도에 달하고, 추울 때는 영하 180도까지 떨어지지요.

    수성은 지름 2,440킬로미터로 가장 작은 행성이기도 합니다. 목성의 위성 가니메데와 토성의 위성 타이탄보다도 작습니다. 수성은 중심부 깊은 곳에 용융 상태의 핵을 지니고 있으며, 이로 인해 강한 자기장을 형성합니다. 수성 표면에는 다른 어떤 행성보다 크레이터(충돌구)와 균열이 많습니다. 수성의 탄생사를 하나씩 짚어가면 왜 그렇게 극단적인 환경이 되었는지 자연스럽게 알 수 있습니다.

⁑ 수성에 대한 사실 ⁑

1. 태양과 가장 가까운 지점: 약 4,600만 킬로미터

2. 태양에서 가장 먼 지점: 약 6,980만 킬로미터

3. 공전 주기: 88일

4. 자전 주기: 59일

5. 자전축의 기울기: 0도

6. 중력: 지구 중력의 0.38배

공기는 희박하고 분화구가 많은 곳, 수성

◆

수성은 태양의 높은 온도를 견딜 수 있는 암석 물질로 구성되어 있습니다(내행성계를 구성하는 금성, 지구, 화성도 마찬가지지요). 수성의 핵은 용융 상태로 풍부한 철을 함유하고 있으며, '맨틀'이라 불리는 암석층으로 둘러싸여 있습니다. 맨틀은 마그네슘 원소와 규산철이라는 광물로 구성되어 있지요. 맨틀 위에는 화산 폭발과 기타 지질 현상으로 생성된 지각층이 덮여 있습니다. 금성, 지구, 화성은 모두 표면에 대기가 풍부하지만, 수성은 형성 초기에 강한 태양풍의 공격을 받아 원래의 기체 덮개를 거의 모두 잃었고, 희박한 기체층만 남아 있습니다.

    태양계의 다른 행성과 마찬가지로 수성에도 약 40억 년 전 '후기 대폭격Late Heavy Bombardment' 시기에 많은 유성 파편이 떨어졌습니다. 금성과 지구에 떨어진 유성 분화구는 대부분 대기 작용, 화산

활동, 흐르는 물에 의해 침식되어 사라졌습니다. 반면 수성은 그때 생긴 분화구 중 많은 수를 고스란히 보존하고 있습니다(화성도 마찬가지로 폭격의 흔적이 남아 있어 이후 역사를 알 수 있습니다).

일반적으로 표면에 크레이터가 많을수록 행성이나 위성이 오래되었다는 의미입니다. 이 기준으로 보았을 때 수성은 상당히 오래된 행성이지요. 수성의 일부 지역에는 충돌의 흔적이 겹겹이 쌓여 있는데, 이는 해당 지역이 오래전에 형성되었고 그 위에 파편이 여러 차례 떨어졌다는 것을 알려줍니다.

수성에는 '칼로리스 분지Calories Basin'라 불리는 크레이터가 있습니다. 지름 약 1,550킬로미터의 태양계에서 가장 큰 분화구 중 하나지요. 약 40억 년 전에 수성과 충돌한 폭 100킬로미터 정도의 거대 운석이 분지를 만든 것으로 추정됩니다.

수성으로 떠난 탐사선들

◆

우주 시대가 개막한 이래 인류는 수성을 향해 세 차례 탐사선을 보냈습니다. 첫 번째는 1973년에 발사한 마리너 10호Mariner 10였지요. 마리너 10호는 금성 중력장을 이용해 수성을 근접 통과하며 특수 장비로 수성의 자기장을 관측했고, 표면을 근접 촬영해 크레이터 사진을 전송했습니다.

두 번째로 2004년에 발사된 메신저호MErcury Surface, Space ENvironment, GEochemistry and Raning, MESSENGER는 약 7년 만인

2011년에 수성 궤도 진입에 성공했지요. 메신저호는 약 4년간 수성의 구성 성분과 밀도 등에 대한 데이터를 수집해 지구로 보내왔고, 2015년에 수성의 표면에 충돌하며 임무를 마무리했습니다.

마지막으로 지난 2018년에 베피콜롬보 탐사선BepiColombo이 발사되었습니다. 베피콜롬보호는 2026년 말에 수성 궤도에 진입할 예정입니다. 베피콜롬보호가 수집한 데이터를 통해 우리는 수성에 대해 더 많은 것을 알게 되겠지요.

수성과 지구를 이어준 '메신저호'

수성은 지구형 행성(내행성계 행성) 중 가장 밀도가 높습니다. 약 65퍼센트의 철과 35퍼센트의 기타 광물로 구성되어 있지요. 많은 행성학자들이 수성에 철이 많은 이유를 알아내기 위해 끊임없이 연구를 계속하고 있습니다.

수성의 역사와 형성 과정을 자세히 알아내기 위해 천문학자들은 메신저호를 우주로 보내 다년간의 탐사 임무를 수행했습니다. 2011년에 수성 궤도에 도착한 메신저호는 놀라운 데이터를 보내왔습니다. 핵심 내용은 다음과 같습니다.

1. 물의 흔적 발견: 극지방 그늘에서 얼음 발견
2. 구성 성분 분석: 행성의 70퍼센트를 차지하는 거대한 핵이 존재하고, 그 위에 용융된 황화철층과 규산염 암석 지각이 덮고 있음을 밝혀냄
3. 초기 환경 분석: 표면의 구불구불하고 긴 틈새 구조를 통해 과거 수성에서 화산이 활발하게 분출하고 용암이 흘렀을 것으로 추측

그러나 수성의 지각 표면에 영향을 미친 것은 화산 활동만이 아닙니다. 초기에 수성은 냉각되며 점점 작아졌습니다. 암석 지각은 매우 부서지기 쉬울뿐더러, 내부 지층이 변하면 표면 암석도 함께 변합니다. 메신저호가 보내온 수성의 표면 사진에서는 지각이 부서지며 형성된 벼랑과 절벽도 확인할 수 있었습니다.

또한 메신저호는 대기 분광기를 활용해 수성이 매우 희박한 기체로 덮여 있음을 알아냈습니다. 이 얇은 대기에는 소량의 수소, 헬륨, 산소, 나트륨, 칼슘, 칼륨 그리고 수증기가 포함되어 있습니다. 수성 대기는 대부분 수성 내에서 형성된 것이고, 표면의 오래된 화산은 여전히 기체를 내뿜고 있습니다. 또한 메신저호는 수성 대기에서 태양풍 입자도 발견했습니다.

그런데 과연 수성의 대기에서 수증기가 검출된 이유는 무엇일까요? 이 수증기는 극지방의 얼음 퇴적물에서 나온 것으로 보입니다. 즉, 오랫동안 과학자들이 예측해온 '수성에 얼음이 존재한다는 가설'을 뒷받침하는 결정적 증거가 발견된 것입니다. 메신저호는 수소와 다른 기체를 감지하며 극지방에 얼음과 여러 화학 물질이 존재한다는 것을 밝혀냈고, 탄소 유기 화합물로 보이는 흔적도 발견했습니다. 탄소 유기물과 얼음 퇴적물은 수성 표면에 충돌했던 운석에서 발생했을 가능성이 높습니다.

수성 탐사에 지대한 공헌을 남긴 메신저호는 2015년에 연료가 소진되며 궤도에서 벗어나 수성 표면에 충돌했습니다. 그 결과 지름 약 16미터의 '메신저 크레이터'를 남겼고, 이는 인류가 수성에 남긴 최초의 흔적이 되었습니다.

+ 메신저호가 촬영한 수성 표면

2013년 메신저호에 탑재된 광각 카메라로 촬영한 수성의 표면 사진이다. 후기 대폭격 시대에 쏟아진 운석의 파편으로 인해 생긴 크레이터가 보인다.

반짝반짝 빛나는 지구의 쌍둥이
이산화탄소로 가득한 금성

금성은 하늘에서 매우 밝게 빛납니다. 초저녁에 서쪽 하늘을 올려다보면 종종 달 옆에서 유난히 반짝이는 것을 볼 수 있는데, 바로 그 별이 금성이지요. 금성은 샛별, 비너스 또는 개밥바라기라는 여러 이름으로 불립니다.

금성이 다른 행성보다 밝게 보이는 이유는 지구와 가까운 이웃 행성이며, 햇빛을 반사하는 구름에 이루어져 있기 때문입니다. 금성에는 두터운 대기가 있는데 대부분 태양의 열을 보존하는 온실 기체, 이산화탄소로 이루어져 있습니다.

금성 표면은 험준한 사막 지형으로 이루어져 있습니다. 금성은 460도에 달하는 표면 온도와 지구의 90배에 달하는 기압 때문에 생명체가 존재할 수 없는 척박한 곳이지만, 크기와 밀도가 지구와 비슷해 종종 지구의 '쌍둥이 별'이라고 불립니다.

⁑ 금성에 대한 사실 ⁑

1. 태양과 가장 가까운 지점: 약 1억 750만 킬로미터

2. 태양에서 가장 먼 지점: 약 1억 890만 킬로미터

3. 공전 주기: 225일

4. 자전 주기: 243일

5. 자전축의 기울기: 177도

6. 중력: 지구의 0.9배

베일에 싸인 비밀스러운 행성, 금성

금성은 태양과 두 번째로 가까운 행성이자 지구형 행성입니다. 이는 수성, 지구, 화성과 마찬가지로 주로 규산염 암석과 금속 원소로 이루어져 있다는 뜻입니다. 다른 지구형 행성과 마찬가지로 금성에서도 화산 활동, 지질 활동, 침식, 풍화 작용이 일어났으며 표면은 단단한 암석으로 덮여 있습니다.

금성 탄생 초기에는 표면에 물이 있었을 가능성이 있습니다. 그러나 알 수 없는 이유로 금성의 물은 모두 사라졌고 현재 모습과 같은 두꺼운 이산화탄소 대기로 뒤덮였습니다. 생성 초기 금성은 다른 내행성계 행성과 마찬가지로 수많은 잔해와 종종 충돌했고, 금성 탄생 초기부터 지속된 화산 활동은 외부 잔해와의 충돌로 생성된 분화구를 채웠습니다.

금성에서는 지구와 달리 대륙이 이동하고 충돌한 흔적이 보이지

않습니다. 금성의 내부 구조는 아직 명확히 밝혀지지 않았지만, 현재까지 가장 설득력 있는 가설에 따르면 부분적으로 용융된 핵 위에 맨틀과 지각이 차례로 덮여 있는 구조로 추정됩니다. 금성의 맨틀은 중심핵에서 방출되는 열을 흡수하다가 온도가 지나치게 높아지면 약해져 붕괴되며, 이로 인해 지각 일부가 녹아내립니다. 이러한 과정은 반복적인 화산 활동을 유발하고 분출된 용암이 다시 표면을 덮는 순환 구조를 만들어냅니다.

금성은 지구와 달리 자체적인 자기장을 생성하지 못합니다. 그러나 금성 대기층에서 약한 자기장이 관측되는데, 이것은 태양풍이 금성의 상부 대기와 부딪히며 생성되는 것으로 보입니다. 유럽우주국European Space Agency, ESA에서 발사한 탐사선 비너스익스프레스호Venus Express는 금성의 극지방 위 대기권에서 흥미로운 '플럭스 로프Flux ropes'를 관측했습니다.

플럭스 로프란 꼬인 자기장 선들이 한데 묶여 있는 플라스마 구조 형태로 강한 태양풍이 빠르게 금성을 지나가다가 자기장에 부딪혀 만들어지는 현상으로 보입니다. 자기장이 강한 행성에서 플럭스 로프를 발견하는 것은 당연하지만, 자기장이 거의 없는 금성에서 이런 현상이 관측된 것은 놀라운 일이지요. 천문학자들은 금성에 자기장이 없는 이유가 느린 자전 속도 때문인지 가설을 세워 연구하고 있습니다. 더불어 자기장이 없는데도 플럭스 로프 현상을 보이는 이유 또한 금성을 연구하는 학자들의 주된 관심사입니다.

금성에는 무엇이 있을까?

✦

금성에서는 오랜 시간 화산 활동으로 지층에 새로운 암석이 퇴적되었으나, 여전히 놀라울 정도로 많은 분화구가 남아 있습니다. 폭이 최소 4킬로미터에서 최대 280킬로미터에 이르는 약 1,000개의 크레이터가 있지요. 이 크레이터들은 폭이 50미터 이상인 물체만이 대기권을 뚫고 들어와 행성 표면에 충돌할 수 있다는 사실을 보여줍니다. 그보다 작은 충돌체는 두꺼운 금성 대기를 뚫지 못하고 기화되어 버렸을 것으로 보입니다.

지옥 같은 이산화탄소 행성

일부 학자들은 금성이 형성 초기에는 습하고 온난해 비교적 안정적인 환경을 유지했다고 봅니다. 그러나 금성은 시간이 흐를수록 변화를 겪으며 불모지로 변했습니다. 가장 유력한 것은 태양이 열에너지를 내뿜기 시작하면서 금성이 가열되었다는 설입니다. 금성의 바다는 끓어올랐고 모든 수증기가 증발해 우주로 빠져나갔습니다. 이때부터 이산화탄소 대기와 황산 구름만이 남아 금성의 표면을 가리고 있는 것이지요.

레이더 관측과 금성 탐사선을 통해 우리는 금성의 상층 대기가 약 4일 만에 금성 주위를 순환하는 반면 금성 자체는 훨씬 느리게 회전한다는 사실을 알게 되었습니다. 또한 금성의 극지방에서는 지구와 비슷한 '극소용돌이Polar voltex'라는 현상이 관측됩니다. 적도 쪽에서 따뜻해진 공기가 상승해 극지방으로 올라오고, 극지방에서 차가워져 다시 하강하는 과정에 발생하는 이 소용돌이는 시속 400킬로미터라는 어마어마한 속도로 휘몰아칩니다.

과학자들은 종종 지구 대기에 이산화탄소가 누적되어 산소 농도가 떨어진다면 지구도 금성처럼 변할 것이라고 예측하기도 합니다. 산업화 이후 지속적으로 증가하는 온실 가스 배출량에 대해 경고하는 것이지요. 그러나 현실적으로 지구가 단기간에 갑자기 금성처럼 변할 확률은 매우 낮습니다. 금성은 지구가 먼 미래에 맞이할지도 모를 아주 극단적인 예시 중 하나에 불과합니다.

금성으로 떠난 탐사선들

◆

인류는 오랜 시간 금성을 관찰했습니다. 처음에는 망원경을 사용해 이 구름 가득한 행성을 탐사했지요. 그러다가 우주 항공 기술의 발달로 금성을 가까이에서 연구할 수 있는 길이 열렸습니다.

미국, 소련, 유럽, 일본 등에서 금성을 연구하기 위해 여러 차례 경쟁적으로 탐사선을 쏘아올렸습니다. 그중 어떤 탐사선은 장비가 고장났고, 어떤 탐사선은 궤도를 벗어나 실종되었습니다. 금성으로 떠나 유의미한 관측과 탐사 결과물을 가져온 대표적인 탐사선은 아래와 같습니다.

· 베네라 4,5호(1967, 1969): 금성 대기권 최초 진입, 데이터 수집
· 베네라 9호(1975) : 금성 표면에 착륙해 최초로 사진 전송

- 파이어니어금성 궤도선(1978) : 금성 궤도를 돌며 전파 고도계로 금성 전체 관측
- 마젤란호(1989): 금성 궤도를 선회하며 행성 표면과 중력장의 작동 원리 조사
- 비너스익스프레스호(2005): 금성 대기 조사 및 분석

+ 마젤란호에서 찍은 금성 북반구 표면

1989년에 발사되어 5년간 금성을 조사한 마젤란호가 촬영한 북반구 모습이다. 천문학자들은 먼 훗날 지구 대기가 이산화탄소 포화 상태에 이른다면 금성처럼 변할지도 모른다고 예측한다.

한 걸음 더 — 금성 관측하기

금성은 지구에서 달 다음으로 잘 보이고 자주 관측되는 천체입니다. 종종 금성을 보고 유난히 밝은 별이나 외계인이 보낸 미확인 비행물체UFO라고 생각하는 사람이 있을 정도지요.

금성은 일출이나 일몰 직전에 가장 잘 보이지만 가끔 대낮에도 발견되기도 합니다. 망원경이 있다면 금성이 태양 주위를 도는 모습을 몇 주 동안 꾸준히 관찰해보세요. 지구에서 관측하는 금성은 달과 마찬가지로 서서히 기울고 차오르는 것처럼 보입니다.

금성은 달보다 멀어 크기도 드라마틱하게 변합니다. 관심을 가지고 지속적으로 관측한다면 작은 원형부터 조금 큰 초승달 모양까지 다양한 형태의 금성을 관찰할 수 있을 겁니다.

창백한 푸른 점
우리의 고향, 생명으로 가득한 지구

1969년, 달 탐사를 위해 떠난 아폴로 11호Apollo 11가 달에서 보내온 사진을 통해 인류는 처음으로 외부에서 바라본 지구의 전체 모습을 볼 수 있었습니다. 그로부터 20여 년 후인 1990년에는 태양계 탐사를 위해 쏘아올린 보이저 1호Voyager 1가 지구에서 약 60억 킬로미터 떨어진 지점에서 태양계 행성들의 '가족 사진'을 찍어 보냈습니다.

보이저 1호가 찍은 사진에서 지구는 아주 작고 희미한 푸른 점으로 보입니다. 천문학자 칼 세이건은 이를 '창백한 푸른 점Pale Blue Dot'이라고 표현했지요. 그는 같은 제목의 저서에 "당신이 사랑했던 모든 사람들, 당신이 아는 모든 사람들, 당신이 한 번이라도 들어봤던 모든 사람들, 지금까지 존재했던 모든 인류가 저 점 위에서 살았다"라는 감성적이고 문학적인 글을 남겼습니다.

지구는 현재까지 알려진 바로는 생명체가 존재하는 유일한 행성입니다. 태양계에서 적당한 거리인 '생명체 거주 가능 지역'에 위치한 덕분에, 지구에는 약 900만 종이 넘는 다양한 동식물이 살아가고 있습니다. 그러나 우리가 지구에 살고 있음에도 불구하고, 지구에 대해 아는 것은 아직 일부에 불과합니다. 지구의 자전축 기울기와 타원형 공전 궤도는 사계절의 뚜렷한 변화를 만들어내며, 이는 생태계와 인간 삶에 깊은 영향을 미칩니다. 천문학자들은 이러한 기후 변화는 물론, 지구의 지형과 구조, 태양계 내에서의 위치 등을 종합적으로 연구하며 지구를 이해해 나가고 있습니다. 지구는 단순한 행성을 넘어, 생명의 진화를 품고 있는 우리의 유일한 고향이자 매우 특별한 우주의 일부입니다.

∵ 지구에 대한 사실 ∵

1. 태양과 가장 가까운 지점: 약 1억 4,700만 킬로미터
2. 태양에서 가장 먼 지점: 약 1억 5,200만 킬로미터
3. 공전 주기: 365일
4. 자전 주기: 1일(24시간)
5. 자전축의 기울기: 23.5도

우리 삶의 터전, 지구는 어떻게 만들어졌을까?

◆

태양계는 약 46억 년 전 원시 성운이 중력 붕괴를 일으키며 형성되

었습니다. 태양을 비롯해 모든 행성이 비슷한 시기에 함께 형성되었지요. 지구도 이때 원시 성운의 한가운데에서 작은 암석 행성으로 탄생했습니다. 다른 내행성계 행성과 마찬가지로 지구도 파편과 잔해가 서로 충돌하고 뭉쳐지는 과정을 거쳐 오늘날의 크기로 성장했지요. 초기 지구는 용융된 땅이었고, 신생 태양을 둘러싼 먼지 구름에 지속적으로 노출되었습니다. 그뿐만 아니라 화산이 끊임없이 폭발해 그 연기와 분출물이 지구 대기에 뒤섞여 매캐하고 어두운, 생명체가 살기 적합하지 않은 상태였습니다.

지구는 다른 행성과 마찬가지로 핵을 가지고 있습니다. 내핵과 외핵으로 구분되는 거대한 핵 위에 맨틀이 덮여 있지요. 맨틀 위에는 지구가 식으며 형성된 '대륙판'이라는 단단한 지각이 덮여 있습니다. 화산 폭발로 지구 내부의 용암이나 가스 등이 표면으로 대량 방출되고, 서서히 식어가며 지각이 형성되는 것이지요. 이렇게 지층이 형성되고 변화하는 것을 '분화Differentiation'라고 합니다. 분화는 지구뿐만 아니라 대부분의 행성에서 일어나는 일로 앞서 살펴본 수성과 금성도 분화층을 가지고 있지요. 때때로 왜소행성, 위성, 일부 소행성에서도 분화층이 관찰됩니다.

약 38억 년 전, 후기 대폭격의 잦은 충돌이 끝나고 지구의 지각이 식으며 바다가 형성되기 시작했습니다. 그리고 얼마 지나지 않아 최초의 생명체인 원핵생물이 등장했습니다. 뒤이어 등장한 특이한 박테리아 종 등이 주변 공기를 산소로 채우기 시작했고, 시간이 흐르며 다른 생명체가 숨쉴 수 있는 맑고 깨끗한 기체 덮개, 즉 대기가 형성되었습니다. 생명이 등장하기에 적합한 환경이 되자

단세포 생물들은 점점 진화를 계속했고, 오늘날 우리가 아는 생명 다양성으로 가득한 푸른 행성이 된 것이지요.

지구는 다른 태양계 행성과 마찬가지로 앞으로 50억 년 이상 존재할 겁니다. 많은 천문학자들이 태양계의 수명을 약 100억 년으로 봅니다. 지금까지 50억 년 정도 지났으니 비슷한 기간 더 존재하다가 소멸하겠지요. 그때가 되면 태양 중심핵에서 수소가 소진되어 적색거성이 되고, 태양계 전체를 더 뜨겁게 달굴 것입니다. 그렇게 되면 지구의 바다는 끓어오르고 모든 생명은 잿더미로 변할 것입니다.

우리 고향의 다채로운 환경

◆

지구 대기에는 여러 기체가 섞여 있습니다. 대부분 질소와 산소로, 상세히 분석하면 질소가 약 78퍼센트, 산소가 약 20퍼센트로 전체의 98퍼센트 정도를 차지합니다. 나머지는 아르곤, 이산화탄소, 네온, 헬륨, 메탄, 크립톤, 수소, 아산화질소, 그 외 다른 원소와 수증기로 이루어져 있지요.

대기는 마치 담요처럼 태양에서 오는 강력한 자외선을 흡수하고, 지구의 온도를 적절히 유지하는 데 중요한 역할을 합니다. 특히 이산화탄소, 메탄과 같은 온실가스는 태양에서 받은 에너지가 지표면에서 반사되어 우주로 빠져나가는 것을 막아, 지구를 따뜻하게 유지하는 '온실 효과'를 만들어냅니다. 그러나 온실가스가 지나치게 증가하면 기후 변화와 생태계 불균형을 불러오기도 하지요.

지구 표면의 약 4분의 3은 바다, 호수, 강 등 물의 형태로 덮여 있습니다. 이를 '수권Hydrosphere'이라고 합니다. 해양은 장단기적인 기후와 날씨에 영향을 미치고, 공기·바다·땅 사이에서 탄소가 적절히 순환하도록 돕습니다. 해양은 여전히 인류에게 미지의 영역으로 남아 있는 지구의 마지막 개척지입니다. 해양학자들에 따르면, 지금까지 탐사된 해저는 전체의 약 5퍼센트에 불과하다고 합니다. 많은 과학자들은 해양과 수권에 생명의 기원을 밝힐 단서가 숨어 있을 것으로 보고, 다른 행성에서는 찾기 어려운 이 독특한 환경을 집중적으로 연구하고 있습니다.

한 걸음 더 — 바다는 어디에서 왔을까요?

지구 형성 초기에는 바다가 없었습니다. 생명의 원천이기도 한 물은 도대체 어떻게 생겨난 것일까요? 한 학설에 따르면 바다는 '혜성 핵 Cometary nucleus'이라고 불리는 거대한 얼음 덩어리 폭격으로 지구에 전해졌다고 합니다. 태양계에서 행성이 형성되는 동안 주변을 떠돌던 많은 혜성이 지구와 충돌했던 것이지요.

그러나 지구에 자체적인 물 공급원이 있었을 가능성도 무시할 수 없습니다. 앞에서 지구가 탄생 초기에 다양한 원시 성운 파편과 부딪혔다고 설명했지요. 이때 물과 얼음이 포함된 잔해와 부딪혔을 수도 있습니다. 즉 바다는 지구가 생성될 때 이미 지구를 구성하고 있던 초기 암석이나 파편에서 나온 물로 형성되었을 수도 있지요.

생명의 기원

우리의 고향 지구는 지금까지 전체 우주에서 생명이 존재하는 유일한 행성입니다. 과연 생명은 어디에서 기원했을까요? 최초의 생명체는 무엇이었으며 어떻게 탄생했을까요?

이 질문에 정확히 답하기는 어렵지만, 최초의 생명이 유기 화합물에서 기원했다는 사실은 분명합니다. 몇몇 학자들은 생명이 얕은 연못의 유기 분자층에서 시작되었다고 봅니다. 다른 학자들은 심해의 화산 분출구 주변에 생명의 필요조건인 물과 온기 그리고 탄소 유기물이 있었다고 주장하기도 하지요. 또한 대기 중에 떠다니던 복잡한 무기 분자가 번개를 맞고 그 열에너지로 인해 유기 분자로 진화했고, 이것이 생명체이 기원이라는 다소 도발적이며 논란을 불러일으키는 가설도 있습니다.

과학자들은 여전히 지구에서 어떻게 유일하게 생명이 탄생할 수 있었는지 답을 찾기 위해 노력하고 있습니다. 대부분은 화학 원소가 특정한 방식으로 결합해 생명이 탄생했다는 데 동의합니다. 생명의 탄생에는 기본적으로 적절한 환경과 물, 에너지 그리고 시간이 필요합니다. 우주 어딘가에 지구와 비슷한 곳이 있다면 어쩌면 우리는 근미래에 외계 이웃을 만날 수 있을지도 모릅니다.

인류가 방문한 유일한 다른 세상
지구의 유일한 위성, 달

달은 지구의 유일한 위성이자 인간이 유일하게 방문해본 천체입니다. 1961년에 시작된 미국항공우주국 나사의 아폴로 계획Apollo Program은 결국 1969년 최초로 인류를 달에 무사히 보내 착륙시키기에 이릅니다.

아폴로 11호는 닐 암스트롱Neil Armstrong, 버즈 올드린Buzz Aldrin, 마이클 콜린스Michael Collins를 태우고 달을 향해 출발했습니다. 1969년 7월 20일 닐 암스트롱이 인류 최초로, 뒤를 이어 버즈 올드린이 달에 발을 내디뎠습니다. 마이클 콜린스는 우주선에 남아 달 궤도를 도는 임무를 수행했지요. 이들은 달 표면을 분석하기 위한 암석과 먼지 등 귀중한 자료를 수집해 지구로 귀환했습니다.

아폴로 계획은 인류의 달 착륙을 위해 수십 번의 테스트와 궤도 비행을 거쳐 총 9번의 시도 중 6번 성공적으로 달에 착륙했습니다.

달을 방문해 발자국을 찍고 지구로 돌아온 우주비행사는 지금까지 총 12명입니다.

달은 어떻게 형성되었을까?

◆

달의 탄생에 대해서는 여러 가설이 있지만, 현재까지는 '거대충돌설'이 가장 유력합니다. 약 45억 년 전 갓 태어난 지구와 '테이아Theia'라는 화성 크기 천체가 거대한 충돌을 일으키며 형성되었다는 설이 있지요. 당시 충돌로 발생한 열기는 갓 등장한 신생 달의 표면을 녹여 마그마 바다를 형성했을 것입니다. 흥미롭게도 아폴로호를 타고 달에 방문한 우주비행사들이 가져온 암석은 지구의 암석과 비슷한 특성을 지니고 있습니다. 이는 달을 형성하는 물질 중 최소 일부는 지구에서 비롯되었다는 사실을 암시하며 거대충돌설에 힘을 실어줍니다.

이외에도 달의 형성에 대해 많은 학자들이 오늘날까지 각종 이론을 바탕으로 연구하고 있습니다. 아직은 거대충돌설이 유력하지만, 몇 년 전에는 테이아와 같은 하나의 거대 천체가 아닌 작은 천체들과 지구의 반복적인 충돌 과정에서 달이 탄생했다는 '다중소충돌설'도 등장했지요.

한편, 달 탐사선이나 달을 연구하는 기관에는 종종 '루나'라는 이름이 붙는데, 이는 고대 로마 신화에 등장하는 달의 여신 '루나Luna'에서 유래한 것입니다.

달에 대해 밝혀진 사실들

◆

달은 인류가 실제로 방문한 유일한 천체이기 때문에, 다른 먼 행성들에 비해 비교적 많은 정보를 알고 있는 대상입니다. 지구의 위성인 달은 우리 곁을 돌고 있어 접근이 가능했고, 그 덕분에 여러 차례 탐사와 연구가 이루어졌습니다. 또한 밤하늘에서 맨눈으로 볼 수 있는 가장 크고 밝은 천체이기도 하지요. 이제 달에 대해 좀 더 자세히 살펴보겠습니다.

달의 표면

시력이 좋은 사람은 맨눈으로도 달의 어둡고 밝은 부분을 구분합니다. 어두운 영역은 고도가 낮은 '달의 바다'입니다. 과거에 몇몇 학자들은 이 지역에 지구의 바다와 마찬가지로 물이 있을 것이라 생각했지만, 망원경으로 자세히 살펴보면 물이 존재하지 않으며 바위가 많은 평원처럼 보입니다. 즉 달의 바다는 평원이나 분지인 셈입니다. '돔'이라는 화산 분출구에서 녹은 용암이 흘러나오고 그 표면이 덮이며 형성된 것으로 보입니다.

밝은 영역은 달의 '달의 고지대'라고 합니다. 이들은 대부분 달의 바다보다 고도가 높은 언덕입니다. 달의 바다와 고지대를 비롯해 표면 전체는 혜성이나 위성의 파편이 달과 충돌하며 생긴 크레이터로 뒤덮여 울퉁불퉁합니다.

달에는 과연 물이 존재할까요? 여러 학자들이 의문을 가지고 꾸준히 연구해왔지요. 결론부터 말하자면 달에도 물이 존재합니다.

여러 탐사선을 통해 물의 흔적이 확인되었지요. 그러나 이는 광물과 화학적으로 결합해 암석 속에 포함되어 있거나, 달의 극지방에 얼음 형태로 존재하는 것으로 보입니다. 이러한 물은 물을 함유한 소행성이나 운석이 달과 충돌하면서 전달되었을 가능성이 큽니다. 만약에 달에 생명이 존재할 수 있을 만큼 충분한 양의 물이 있다면 근미래에는 인류가 지구를 떠나 달로 이주하는 SF 영화 속 스토리가 현실이 될 수도 있겠지요.

달의 내부

달의 내부는 지구처럼 여러 층으로 나뉩니다. 각 층은 다른 성분으로 이루어져 있지요. 표면은 '레골리스Regolith(표토)'라고 불리는, 먼지가 많고 불균일하며 아주 퍼석퍼석한 두꺼운 토양으로 덮여 있습니다. 그 아래에는 지각이 있는데 달의 지각은 대부분 지구에서도 확인할 수 있는 '사장석Plagioclase'이라는 규산염 광물로 이루어져 있지요. 두께는 60~150킬로미터 정도 됩니다. 지각 아래층엔 맨틀이 있는데 달의 맨틀은 지구에도 흔한 감람석 같은, 철분이 풍부한 광물로 이루어져 있습니다. 맨틀 아래의 핵은 부분적으로 용융된 철로 구성됩니다.

    달에서는 지진 현상도 꽤 자주 일어나는 것으로 보입니다. '달 지진'은 지구와의 상호 작용, 다른 천체와의 충돌 또는 표면이 얼었다가 녹을 때 발생하는 것으로 보입니다. 달의 지진은 주기적으로 발생하며, 특히 1969년 이후 지금까지 약 2만 번 이상의 지진 현상이 관측되었지요.

우리가 달에 갈 수 있다면

◆

달의 중력은 지구의 6분의 1에 불과합니다. 지구에서 60킬로그램인 사람이 달에 가면 약 10킬로그램밖에 되지 않습니다. 이렇게 다른 환경에서 인간이 살아가기는 어렵습니다. 게다가 달에는 숨쉴 수 있는 대기가 없고 표면에 액체 상태의 물도 없습니다. 한마디로 인간이 생존할 수 없는 환경이지요.

달 탐사를 떠난 우주인은 물과 산소를 공급하기 위한 우주복을 입어야 합니다. 우주복은 태양열과 방사능으로부터 우주인을 보호

+ 달에서 바라본 지구

달 정찰 궤도선 Lunar Renaissance Orbiter, LRD이 달 궤도에서 촬영한 지구의 모습이다. 아프리카 대륙과 대서양이 보인다.

인류가 방문한 유일한 다른 세상 | 69

합니다. 인류가 달에 도시를 짓고 정착하기 위해서는 우선 방사능을 막아줄 거대한 보호막을 세워 안에 산소를 채우고, 수로를 만들어 물이 흐르도록 해야 합니다. 혹독한 달 표면에서 살아남기란 거의 불가능하므로 지하에 도시를 건설하는 것도 하나의 선택지가 될 수 있겠지요.

탐사선명(발사 연도)	탐사 목표	국가	현재 상태
달 정찰 궤도선(2009)	달 표면 지도 작성	미국	활동 중
창어 2호(2010)	달 연구, 소행성 투타티스 탐사	중국	활동 중
래디LADEE(2013)	달 대기와 표면 연구	미국	2014년 임무 종료
창어 3호(2013)	달 착륙, 자외선 연구 수행	중국	활동 중
구글 루나엑스프라이즈 GLXP(2017)	달 착륙, 영상 촬영	사설 경쟁	발사 실패
창어 4호(2018)	달 뒷면 착륙	중국	활동 중
찬드라얀 2호(2019)	달 착륙, 극지방 관측	인도	착륙 실패, 활동 중
창어 5호(2020)	달 표면 샘플 수집	중국	지구 무사 귀환
다누리호(2022)	달 궤도에서 달 연구	한국	활동 중
찬드라얀 3호(2023)	달 극지방 착륙	인도	2024년 임무 중단
루나 25호(2023)	달 착륙, 극지방 관측	러시아	궤도 이탈, 착륙 실패
슬림호(2023)	달 정밀 착륙	일본	활동 중
창어 6호(2024)	달 뒷면 샘플 수집	중국	지구 무사 귀환

✦ 계속되는 달 탐사 경쟁

21세기 오늘날까지 미국, 중국, 러시아, 인도 등 여러 국가가 달과 달 궤도로 우주선을 쏘아올리며 탐사와 연구를 계속하고 있다.

인류가 달을 탐사하는 이유

인류가 꾸준히 달로 우주선을 발사하고 탐사를 이어가는 이유는 달이 과학적으로 큰 연구 가치를 지닌 천체이기 때문입니다. 달을 이해하면 지구의 형성과 진화 과정을 더 깊이 파악할 수 있습니다.

특히 달은 천문 관측에 적합한 환경을 갖추고 있습니다. 자전 주기가 약 27일인 달은 한쪽 면에 약 13.5일 동안 밤이 이어지며, 대기가 없어 빛 공해도 없습니다. 이러한 조건은 심우주 관측에 매우 유리하며, 달에 관측 기지를 구축한다면 더욱 정밀한 우주 연구가 가능해집니다. 또한 달은 미래 인류의 전진 기지가 될 가능성도 있습니다. 자원을 활용해 에너지 문제를 해결하거나, 우주 이주의 발판이 될 수도 있습니다.

 한 걸음 더 — 달의 얼굴은 왜 한쪽뿐일까?

지구에서 보는 달의 모습은 시간이 흐를수록 점점 변화합니다. 이런 변화를 달의 '위상 변화'라고 합니다. 달은 초승달에서 시작해 상현달, 보름달, 하현달, 그믐달로 변하지요. 달의 위상 변화는 약 30일 주기로 반복됩니다.

달의 공전 주기와 자전 주기는 27일로 거의 같습니다. 이 말은 달이 지구를 공전하는 시간과 자전축을 중심으로 한 바퀴 회전하는 데 걸리는 시간이 같다는 뜻입니다. 때문에 지구에서는 달의 앞면밖에 볼 수 없습니다. 달의 뒷면을 관측하기 위해서는 탐사선을 보내야 하지요. 중국의 달 탐사선 창어 4호는 2019년 최초로 달 뒷면에 착륙했습니다.

화성에는 외계인이 있을까?
우주 생명체를 찾는 화성 탐사

태양계의 네 번째 행성이자 서양 문화권에서 종종 '전쟁의 신'에 비유되는 화성은 오랜 시간 인류를 매료시켰습니다. 화성은 언뜻 보면 지구와 비슷하게 보입니다. 산과 평원, 협곡, 얼음으로 덮인 극지방, 해가 뜰 때면 붉게 물들었다가 낮이면 황갈색으로 변하고 때로는 구름이 끼는 하늘까지 말이지요.

그러나 화성에는 지구와 달리 표면에 물도, 대기도, 어떤 생명체도 없습니다. 또한 화산은 지구보다 충돌 크레이터가 많습니다. 화성의 토양에는 산화철 성분이 풍부해, 우리가 흔히 '녹슨' 상태라고 부르는 색이 지표 전체에 퍼져 있어 행성 전체가 붉은빛을 띠게 되었습니다. 하나의 위성만을 가진 지구와 달리 화성에는 '포보스'와 '데이모스'라는 두 개의 위성이 있지요. 이들은 먼 과거에 태양계를 떠돌다가 화성 궤도에 진입한 소행성이었을 가능성이 높습니다.

>< 화성에 대한 사실 ><

1. 태양과 가장 가까운 지점: 약 2억 660만 킬로미터

2. 태양에서 가장 먼 지점: 약 2억 4,900만 킬로미터

3. 공전 주기: 1.88년

4. 자전 주기: 24시간 37분

5. 자전 축의 기울기: 25도

6. 중력: 지구의 0.38배

과거 화성에는 강이 흘렀다

화성은 형성 초기에 따뜻하고 습하고 두꺼운 대기로 뒤덮여 있었습니다. 화성 표면의 해안선, 강바닥, 범람원은 과거에 액체 상태의 물이 존재했음을 암시하지요. 그러나 오늘날 화성에서는 물도 대기도 찾아볼 수 없습니다. 어떻게 된 일일까요?

화성은 지구와 거의 같은 시기에 탄생했습니다. 초기 화성은 빠르게 냉각되어 두꺼운 지각을 형성했지만 지구와 같은 지각판은 존재하지 않았지요. 이후 중심부의 핵까지 냉각되면서, 화성 내부에서는 더 이상 '다이너모 현상'(자기장 안에서 운동하는 도체에 의해 전기가 생성되는 현상)이 일어나지 않게 됩니다. 이로 인해 화성에서는 강한 자기장이 사라졌고, 중력 또한 지구보다 약했기 때문에 대부분의 대기가 우주로 흘러나가고 말았습니다.

그 결과, 화성의 온도와 기압은 액체 상태의 물이 존재할 수 없

을 만큼 낮아졌습니다. 다만 많은 과학자들은 과거에 존재하던 물이 완전히 사라진 것이 아니라, 현재는 극지방의 얼음 퇴적물 아래나 지하에 갇혀 있을 가능성이 높다고 보고 있습니다.

지구에서 지표면 아래의 얼음이 녹으면 지형 변화가 생깁니다. 화성도 마찬가지입니다. 지난 몇십 년에 걸쳐 화성 탐사선이 보내온 이미지를 보면, 화성의 극지방에서 얼음이 얼었다가 녹은 흔적이 보입니다. 물이 흐르며 암석층이 침전되어 형성된 복잡한 지형과, 거대한 수로의 흔적도 보이지요.

화성에는 얼음뿐만 아니라 어마어마한 화산 활동도 있었습니다. 화성의 적도 부근에는 '타르시스Tharsis'라고 불리는 거대한 용암 대지가 있는데, 여기에는 현재까지 태양계에서 관측된 가장 큰 화산인 올림푸스 산Olympus Mons이 우뚝 솟아 있습니다. 시간이 지나며 지각이 변형되며 표면이 갈라져 마리너 협곡Valles Marineris이 생겼지요. 마리너 협곡은 깊이가 7킬로미터, 길이는 4,000킬로미터에 달하며 화성 둘레의 4분의 1에 걸쳐 뻗어 있습니다. 마리너 협곡은 바람과 흐르는 물에 침식된 부분이 있어 과거 화성에 기상 현상과 강이 있었음을 증명합니다.

그러나 오늘날 화성은 건조하고 척박한 사막 행성입니다. 화성 대기는 대부분 이산화탄소이며 소량의 질소와 아르곤, 산소와 수증기를 포함하고 있습니다. 화성의 중력이 지구보다 작은 만큼, 평균 대기압도 지구 대기압의 약 0.6퍼센트밖에 되지 않습니다.

화성의 자전축은 지구와 비슷하게 25도 정도 기울어져 있지만 공전 주기는 지구의 거의 2배에 달합니다. 즉 화성에서의 계절 변화는 지구보다 약 2배 정도 오래 걸린다는 뜻이지요. 나사의 화성 탐사선 오퍼튜니티호Opportunity가 측정한 데이터에 따르면, 화성의 한여름 적도 기온은 최고 35도까지 올라갑니다. 그러나 여름을 제외한 대부분의 기간 화성의 평균 기온은 영하 60도밖에 되지 않고, 추운 겨울철 극지방은 영하 140도까지 떨어집니다. 추운 계절에 촬영한 화성 사진을 보면 지구의 겨울처럼 땅에 서리가 덮여 있는 모습이 보입니다. 언젠가 미래에 마주하게 될지도 모를 화성인은 기온 변화에 잘 적응하고, 희박한 공기로 무리 없이 호흡한다는 신체적 특성을 보일지도 모릅니다.

+ 화성 제제로 크레이터의 오래된 삼각주
2020년 발사된 화성 탐사선 퍼서비어런스호가 탐사 중인 제제로 크레이터Jezero Crater의 삼각주다. 이 지역은 과거 물이 흘렀던 흔적이 남아 있어, 생명체가 존재했을 가능성이 가장 유력하게 거론되는 곳 중 하나다.

> **한 걸음 더**
>
> ## 끊임없이 화성을 연구하는 이유
>
> 인류가 화성에 계속해서 탐사선을 보내는 가장 큰 이유는 외계 생명체가 존재했다는 증거를 찾기 위해서입니다. 과연 태양계에 우리 지구인 외에 다른 생명이 존재할까요? 현재까지 밝혀진 바에 따르면 화성은 과거에 온습했을 가능성이 있고, 이는 생명의 탄생 조건과 맞아 떨어집니다.
>
> 과연 과거에 화성에 생명체가 있었을까요? 그렇다면 그 생명체는 어떻게 되었을까요? 어쩌면 오늘날까지 화성 또는 우주 어딘가를 떠돌고 있지 않을까요? 화성 탐사는 이런 모든 질문에 대한 답을 찾기 위한 길고 오랜 여정입니다.

화성 탐사 시대의 개막

◆

지구 바깥쪽에서 태양을 중심으로 공전하는 화성은 지금까지 가장 많이 연구된 행성 중 하나입니다. 전 세계 곳곳에서 수많은 망원경들이 끊임없이 화성을 관측하고 있지요. 허블 우주망원경은 지난 몇십 년간 지구 궤도를 돌며 화성을 지켜보고 있습니다.

1960년대 초부터 미국, 러시아, 일본, 유럽 등 전 세계의 우주 연구소에서 수십기의 탐사선을 화성으로 쏘아 보냈습니다. 이후로도 꾸준히 무인 탐사선, 궤도선 등을 쏘아올려 화성에 대해 점점 많은 사실이 밝혀지고 있지요. 21세기 이후 지구에서 화성으로 떠난 탐사선은 다음과 같습니다.

- 오디세이호 Mars Odyssey(2001)
- 스피릿호 Spirit(2003)
- 오퍼튜니티호 Opportunity(2003)
- 화성 정찰 궤도선 MRO(2005)
- 큐리오시티호 Curiosity(2011)
- 망갈리안호 Mangalyaan(2013)
- 메이븐호 MAVEN(2013)
- 엑소마스호 ExoMars(2016)
- 인사이트호 Insight(2018)
- 아말호 Amal(2020)
- 톈원 1호 天問 1(2020)
- 퍼서비어런스호 Perserverance(2020)

　이들은 놀라운 사진을 촬영해 지구로 전송했고, 화성의 먼지와 암석을 연구해 물의 흔적이나 생명체의 잔해를 조사했으며, 대기 상태를 측정했습니다.

　특히 2013년에 발사된 메이븐호는 화성 대기와 표면의 물이 언제 그리고 왜 사라졌는지를 조사했고, 2016년에 발사된 엑소마스호는 화성의 표면과 지하에서 생명체의 흔적을 찾고 있습니다. 아랍에미리트의 아말호와 중국의 톈원 1호, 미국의 퍼서비어런스호는 모두 2020년에 발사되며 화성 탐사 시대의 개막을 알렸지요.

과연 화성에 생명체가 살았을까요? 이는 오늘날 대중과 천문학자 모두의 관심을 불러일으키는, 답하기 어려운 질문입니다.

한 걸음 더 — 대중 문화 속의 화성

화성은 피를 연상시키는 붉은빛 때문인지 인류 역사에서 오랜 시간 전쟁의 신에 비유되어 왔습니다. 이런 관점은 근대 문학 작품과 영화 등 대중 매체에도 영향을 미쳤지요.

SF 작가 허버트 조지 웰스H. G. Wells는 자신의 소설 『우주전쟁』에서 화성인을 피에 굶주린 잔혹한 침략자로 그렸습니다. 『타잔』의 작가 에드거 라이스 버로스Edgar Rice Burroughs 역시 다른 작품에서 화성인을 온갖 외계인과 전생을 벌이는 전사로 묘사했습니다. 반면 미국 SF의 3대 거장 중 하나로 꼽히는 로버트 앤슨 하인라인Robert A. Heinlein은 화성인을 평화를 추구하는 '오래된 존재들Old ones'로 상상했습니다.

1996년에 개봉한 팀 버튼의 영화 《화성 침공》은 화성인을 지구에 쳐들어온 침략자로 그렸습니다. 2016년 개봉한 영화 《마션》은 화성 탐사 도중 사고로 동료를 모두 잃고 홀로 생존을 이어가는 한 지구인의 이야기를 통해 관객들의 큰 공감을 얻었습니다.

오늘날에는 탐사 로버가 직접 화성 표면에서 SNS에 사진과 메시지를 올리기도 하며, 나사는 화성 탐사 전용 웹사이트(science.nasa.gov/mars)를 운영해 누구나 최신 탐사 정보를 실시간으로 확인할 수 있도록 공개하고 있습니다.

태양계에서 가장 큰 행성
행성들의 제왕, 목성

목성은 태양계에서 가장 큰 거대 행성입니다. 지름은 지구의 약 11배이고, 부피는 1,300배, 질량은 300배에 달하지요. 태양계의 다섯 번째 행성이자 외행성계의 첫 번째 행성인 이 거대 기체 행성은 내부도 굉장히 기묘합니다.

목성의 내부 중심에는 지구 크기 정도의 암석 핵이 있고 그 위를 액체 금속 수소층이 덮고 있습니다. 때문에 목성은 태양계에서 가장 강력한 자기장을 자랑하며, 중력은 지구의 2.5배가 넘습니다.

목성은 태양계 천체들 중 가장 많은 대기를 지니고 있습니다. 목성의 대기는 대부분 수소와 헬륨으로 구성되어 있고, 대기 상단부는 구름층으로 덮여 있습니다. 구름층은 각각 암모니아 얼음 결정, 암모니아와 유황의 혼합물, 수증기로 이루어져 있지요. 목성 대기의 최상층은 띠와 구역으로 나뉘며, 시속 600킬로미터 이상의 강한 바람이 이곳을 휩쓸고 지나갑니다.

　목성의 남위 22도 지점에는 '대적점Great Red Spot'이 있습니다. 이는 목성 대기 내 물질이 태양 자외선과 반응해 유기 화합물을 생성하며 생기는 거대한 붉은빛 폭풍 현상을 가리키지요.

※ 목성에 대한 사실 ※

1. 태양과 가장 가까운 지점: 약 7억 4,000만 킬로미터
2. 태양에서 가장 먼 지점: 약 8억 1,600만 킬로미터
3. 공전 주기: 11.8년
4. 자전 주기: 10시간
5. 자전축의 기울기: 3.13도
6. 중력: 지구의 2.5배

목성의 작은 가족

✦

목성 주변에는 90개 이상의 위성이 존재합니다. 그중 가장 큰 위성은 이오Io, 유로파Europa, 가니메데Ganymede, 칼리스토Callisto로, 갈릴레오 갈릴레이에게 발견되어 '갈릴레이 위성'이라고 불리지요.

　갈릴레오 갈릴레이는 1610년에 망원경으로 하늘을 관측하다가 최초로 목성의 위성을 발견했습니다. 그로부터 몇 년 지나지 않아 독일의 천문학자 시몬 마리우스Simon Marius도 목성의 위성을 관측하고 오늘날까지 사용되는 '이오', '유로파', '가니메데', '칼리스토'

라는 이름을 붙였습니다.

  목성에서 가장 가까운 이오는 화산의 세계로, 수백만 년에 걸쳐 어마어마한 양의 용암을 분출하고 있습니다. 이처럼 격렬한 화산 활동이 일어나는 원인은 이오가 목성과 다른 세 개의 갈릴레이 위성 사이에 놓인 강력한 중력장 속에 있기 때문입니다. 목성과 위성들이 잡아당기는 힘에 의해 이오의 형태가 왜곡되고, 그 과정에서 내부에 마찰열이 생겨 핵이 가열되며 화산 활동이 활발해지는 것이지요. 이를 '조석 가열'이라고 합니다. 조석 가열은 이오뿐만 아니라 태양계 내의 다른 위성에서도 종종 일어나는 현상입니다.

  유로파는 달보다 약간 작은 크기이며 철 성분의 중심핵을 규산염이 뒤덮고 있습니다. 표면은 얇은 산소 분자로 이루어진 대기층으로 덮여 있지만 대기가 비교적 희박합니다. 과학자들은 유로파 내부에 방사성 원소의 붕괴로 인해 가열된 지하 바다가 존재할 가능성이 높다고 보고 있습니다. 이는 생명체가 존재하기에 유리한 조건으로 평가됩니다. 하지만 유로파는 목성의 강력한 자기장 영향권 안에 있기 때문에, 고에너지 방사선에 지속적으로 노출됩니다. 따라서 이곳에 생명체가 존재한다면, 방사선에 매우 강한 특성을 지녔을 가능성이 큽니다.

  가니메데는 매력적인 위성입니다. 태양계에서 가장 큰 위성으로, 행성인 수성보다도 거대합니다. 가니메데의 표면은 어둡고, 골짜기와 능선이 교차되어 있습니다. 또한 태양계 형성 초기의 파편이 충돌해 형성된 크레이터 주변에서 얼음이 튀어나와 밝은 반점처럼 보이는 특징도 있습니다. 가니메데에는 약한 자기장이 존재하며, 희박하긴 하지만 오존과 수소를 포함한 얇은 대기층도 확인됩니다.

칼리스토는 오래된 충돌 크레이터가 표면 여기저기에 흩어져 있어 목성에서 가장 어둡게 보이는 위성입니다. 칼리스토에서는 어떤 내부 활동도 일어나지 않는 것처럼 보이지만, 얼음 지각 아래에 바다가 있을 가능성도 무시할 수 없습니다.

+ **제임스웹 우주망원경이 촬영한 목성**

제임스웹 우주망원경이 2022년 촬영한 목성 사진이다. 목성의 강한 자기장으로 인해 극지방에는 오로라가 발생하며, 목성 주변으로 희미한 하얀 고리가 보인다.

목성의 희미한 고리

◆

1977년, 나사에서는 태양계 천체를 순차적으로 탐사하고자 보이저

1호를 쏘아올렸습니다. 보이저 1호는 1979년경 목성을 지나며 목성 주변 고리를 사진으로 촬영해 지구에 전송했습니다. 이로써 목성은 토성, 천왕성에 이어 세 번째로 고리가 발견된 행성이 되었습니다. 하지만 목성의 고리는 대부분 먼지로 이루어져 있어 매우 어둡고 희미하게 보여, 탐사선이 가까이 접근하기 전까지는 그 존재조차 인지하기 어려웠습니다. 이후 1989년에는 목성 탐사를 위해 갈릴레오호가 발사되었고, 이 탐사선은 목성의 고리를 더욱 정밀하게 관측했습니다. 현재는 허블 우주망원경도 목성 고리에 대한 지속적인 관측을 이어가고 있습니다.

목성의 고리는 안쪽부터 차례로 세 영역으로 나뉩니다. 가장 안쪽에 위치한 '헤일로 고리'는 수직 두께가 가장 두껍고, 그다음의 '주 고리'는 가장 밝게 빛나는 구조입니다. 바깥쪽에 있는 '거미줄 고리'는 다시 '아말테아 고리'와 '테베 고리'로 나뉘며, 이는 각각 목성의 위성인 아말테아Amalthea와 테베Thebe의 공전 궤도에 영향을 받아 형성된 것으로 추정됩니다.

목성으로 향한 탐사선들

◆

20세기 중반 이후 우주 탐사 시대가 본격화되면서 1972년과 1973년에는 각각 파이어니어 10호와 11호Pioneer 10·11, 1977년엔 보이저 1·2호, 1990년에는 율리시스호Ulysses 등 많은 탐사선이 우주를 탐사하며 목성에 대한 데이터를 수집해 보내왔습니다.

1989년에 발사되어 6년 후에 목성 궤도에 진입한 갈릴레오호는 목성 궤도에 안착한 최초의 탐사선으로, 7년 이상 목성의 자기권과 위성 관련 데이터를 수집했습니다.

2011년에 지구를 떠난 주노호Juno는 2016년에 목성 궤도에 안착해 열 복사를 연구하고 오로라 현상 등을 분석하고 있지요. 2023년에 유럽우주국에서 쏘아올린 목성 얼음위성 탐사선Jupiter Icy Moons Explorer, JUICE은 2031년에 목성에 도착해 3년가량 목성과 주변 위성을 연구할 예정입니다. 2024년에는 나사에서 목성의 위성인 유로파가 생명체가 살기 적합한 환경인지 조사하고자 유로파 클리퍼호Europa Clipper를 발사했습니다. 목성 탐사가 계속될수록 우리는 점점 더 놀라운 사실을 알게 되겠지요.

목성, 거대한 우주 청소기

거대한 목성은 혜성과의 충돌도 상대적으로 잦은 편입니다. 인류가 태양계 천체끼리의 충돌을 관측한 최초의 행성도 목성이었지요. 1993년, 천문학자 슈메이커 부부Eugene & Carolyn Shoemaker와 데이비드 레비David Levy가 캘리포니아주 샌디에이고의 팔로마천문대에서 슈메이커-레비 9 혜성Comet Shoemaker-Levy 9이 목성에 충돌하는 것을 실시간으로 관측했습니다. 이 충돌은 천문학계에 큰 충격을 주었고, 이후 목성의 중력 영향력에 대한 새로운 연구가 활발히 이루어졌습니다.

2009년에는 목성의 남반구에서 또 한 번 소행성과의 충돌 흔적이 발견되었습니다. 이 일련의 관측을 통해 목성이 태양계 내 혜성이나 소행성과 같은 파편을 끌어당기고 궤도를 바꾸는 역할을 한다는 사실이 알려졌고, 이로 인해 목성은 '우주의 진공청소기'라는 별명을 얻게 되었습니다.

한 걸음 더 — 목성의 대적점

목성 상층 구름 꼭대기에서 부는 바람은 지구의 사이클론과 비슷한 어마어마한 폭풍을 일으킵니다. 다만 사이클론이 저기압으로 인해 발생한다면 목성의 폭풍은 고기압에서 발생하는 '안티사이클론'이라고 볼 수 있습니다. 1665년 이탈리아 태생의 프랑스 천문학자 조반니 도메니코 카시니Giovanni Domenico Cassini에 의해 최초로 관측되었으니 목성의 대적점을 만든 이 폭풍은 최소 350년 동안 계속되고 있는 셈입니다.

목성의 대적점은 매우 거대합니다. 지구가 3개는 들어갈 수 있을 정도의 규모지요. 대적점은 붉은 인과 약간의 황, 그리고 다른 유기 화합물이 섞여 화려한 색을 띱니다. 주로 붉은빛이지만 때로는 누렇게 변하고, 가끔은 아주 희미해지기도 합니다. 많은 천문학자들이 대적점을 놀라운 현상으로 여기며 꾸준히 관측하고 있습니다.

아름다운 모자를 쓴 행성
태양계에서 두 번째로 큰 토성

 토성은 망원경으로 관측하기에 가장 좋아서 인기가 많은 행성입니다. 목성에 이어 두 번째로 큰 행성이자, 아주 아름답고 눈에 잘 띄는 고리를 가지고 있기 때문이지요. 1610년에 갈릴레오 갈릴레이가 토성 주변의 부속 천체를 발견한 이후, 많은 학자들이 이를 연구해왔습니다.

 토성의 고리 안쪽에는 지구가 760개나 들어갈 정도로 거대한 기체 행성이 있습니다. 대부분의 다른 행성들처럼 토성도 여러 층으로 이루어져 있지요. 토성의 자전 속도는 매우 빨라 행성을 평평하게 만듭니다. 토성은 태양계의 모든 행성 중 가장 긴 타원형을 띕니다. 토성과 주변 대기의 어마어마한 자전 속도 때문에 토성에서는 시속 약 1,800킬로미터에 달하는 바람이 휘몰아칩니다. 때문에 가끔 토성에서는 폭풍이 나타나 구름 사이로 소용돌이치다 사라지기도 하지요.

   토성의 가장 큰 특징은 북쪽 극지방에 육각형 모양 구름이 있다는 것입니다. 그 중심에 태풍의 눈과 같은 소용돌이가 있습니다. 많은 천문학자들이 우주망원경과 우주 탐사선을 활용해 이런 현상의 원인을 알아내고자 오늘날까지 연구를 계속하고 있지요.

⁂ 토성에 대한 사실 ⁂

1. 태양과 가장 가까운 지점: 약 13억 4,950만 킬로미터

2. 태양에서 가장 먼 지점: 약 15억 킬로미터

3. 공전 주기: 29.4년

4. 자전 주기: 10시간 47분

5. 자전축의 기울기: 26.73도

6. 중력: 지구의 약 0.92배

거대한 토성이 만드는 에너지

◆

태양계의 다른 행성과 마찬가지로 토성도 약 45억 년 전에 갓 태어난 태양을 둘러싼 먼지구름 속에서 탄생했습니다. 태양에 가까운 영역에는 주로 암석 입자를 포함한 무거운 원소가 있었는데 이들이 내행성계 행성인 수성, 금성, 지구, 화성을 이루었습니다. 반대로 태양과 멀어 온도가 낮은 바깥쪽에서는 휘발성 기체 물질과 얼음이 모여 거대한 외행성계 행성들이 형성되었지요.

외행성계 행성들은 중력이 너무나 강해 남은 물질을 대부분 휩쓸었고, 이것이 행성의 수소층과 대기가 되었습니다. 오늘날 토성의 핵은 태양으로부터 받는 복사열의 2.5배에 이르는 에너지를 방출합니다. 이 어마어마한 열에너지는 토성 대기층의 구름 꼭대기에서 발생하는 폭풍우의 원인이 되지요.

토성의 가족: 어마어마한 수의 위성들

◆

토성은 아주 아름다운 고리를 가지고 있을 뿐만 아니라 200개 이상의 많은 위성을 거느리고 있습니다. 그러나 토성의 위성 중 규모가 충분히 커서 안정적인 형태를 띠는 것은 7개에 불과합니다. 타이탄Titan, 미마스Mimas, 엔셀라두스Enceladus, 테티스Tethys, 디오네Dione, 레아Rhea, 이아페투스Iapetus입니다.

토성의 위성은 대부분 암석이 소량 섞인 얼음 덩어리입니다. 이들은 태양계가 형성될 때 모행성인 토성을 둘러싸고 있던 작은 성운에서 탄생한 것으로 보입니다.

신비로운 타이탄

1997년, 나사와 유럽우주국, 이탈리아우주국이 공동 개발한 토성 탐사선 카시니-하위헌스호Cassini-Huygens가 긴 여정을 시작했습니다. 1998년에 금성을 지난 이 탐사선은 2004년에 토성 궤도에 진입했고, 2005년에는 하위헌스호가 모선인 카시니호에서 분리되어 타이탄의 표면에 착륙했습니다. 하위헌스호는 타이탄 표면을 조사하며 액체 메테인과 에테인(탄소와 수소의 화합물)으로 이루어진 바다가 있으며, 비가 내리고 눈이 오는 등 기상 현상도 있다는 사실을 발견했지요. 타이탄의 표면 아래에는 물과 암모니아로 이루어진 바다가 숨어 있을지도 모릅니다. 하위헌스호의 조사 결과를 종합하면 타이탄은 초기 지구와 매우 비슷한 환경으로, 과거에 생명체가 존재했거나 앞으로 새로운 생명이 탄생할지도 모른다는 가능성을 보여주었습니다.

위성과 중력이 만든 예술 작품, 토성의 고리

1610년 갈릴레오 갈릴레이는 직접 만든 망원경으로 하늘을 관측해 토성과 그 주변 천체를 발견하고 스케치를 남겼습니다. 그의 스케치는 마치 가운데 있는 큰 행성에 귀가 달린 것처럼 보였지요. 그로부터 45년 뒤인 1655년, 네덜란드 천문학자 크리스티안 하위헌스Christiaan Huygens는 더 정교한 망원경으로 토성 주위에 원반 형태의 고리가 있다는 사실을 알아냅니다. 또 얼마 지나지 않아 조반니 도메니코 카시니는 토성의 고리가 여러 개로 이루어져 있고, 각 고리 사이에 틈이 있음을 발견했습니다.

 토성 고리의 정확한 정체를 알아내는 데에는 그로부터 두 세기 이상이 걸렸습니다. 1859년, 제임스 맥스웰James Clerk Maxwell은 토성의 고리가 주변 궤도를 도는 작은 입자들로 만들어졌다는 것을 이론적으로 증명했습니다. 20세기 이후에는 우주 탐사선을 발사해 토성 주변에 무수히 많은 고리가 있으며 사이사이에 복잡한 파동과 패턴이 있음을 관찰했지요.

  토성의 고리는 토성으로부터 약 12만 킬로미터 떨어진 곳까지 길게 뻗어 있습니다. 고리 사이에는 위성이 지나가며 생겼거나 토성과 위성의 중력이 상호 작용하며 만들어진 틈이 있습니다. 넓은 고리 너머에는 더 좁은 고리가 있고, 이 고리들은 작은 위성들의 궤도를 향해 길게 뻗어 있습니다. 토성의 고리는 작은 암석과 얼음 입자로 구성되어 있으며, 학자들은 여전히 그 형성 과정을 연구하고 있습니다.

+ 우주에서 가장 아름다운 풍경, 토성의 고리

카시니호가 토성을 탐사하며 촬영한 사진이다. 토성은 마치 챙 넓은 모자를 쓴 공 같은 모습을 하고 있다. 온 우주를 탐사해도 토성 고리만큼 아름답고 세밀한 풍경은 보기 어려울 것이다.

토성으로 향한 탐사선들

◆

인류는 토성을 연구하기 위해 수많은 탐사선을 쏘아 보냈습니다. 1970년대 말과 1980년대 초에는 파이어니어 11호와 보이저 1·2호가 토성 주변을 지나갔지요. 하위헌스호는 2005년에 토성의 위성 타이탄에 착륙해 얼어붙은 표면을 관측했습니다. 당초 2008년까지 임무를 수행할 예정이었던 하위헌스호는 9년이나 기한을 연장하며 토성 위성을 관찰하고 자기권을 분석하다가, 2017년 토성의 대기권에 진입해 마찰열로 소멸되며 비로소 오랜 임무를 종료했지요.

한 걸음 더 — 맑은 얼음 위성, 엔셀라두스

토성의 위성인 엔셀라두스는 아주 매혹적인 곳입니다. 표면은 대부분 깨끗하고 맑은 얼음으로 덮여 있고, 이 때문에 햇빛을 거의 모두 반사해 굉장히 밝게 빛나지요.

남극 지역에서는 수증기와 나트륨 화합물을 내뿜는 간헐천이 발견되었으며, 이 간헐천에서 분출된 물질은 토성의 고리까지 도달했다가 다시 미세한 입자가 되어 엔셀라두스에 떨어지기도 합니다. 이러한 활동은 '얼음 화산'이라 불리며, 외행성계의 다른 얼음 위성들에서도 유사한 현상이 관측됩니다. 또한, 카시니호는 엔셀라두스의 표면 아래에 깊이 약 10킬로미터에 달하는 바다가 존재할 가능성을 포착했습니다. 여러 관측 결과를 종합해 볼 때, 엔셀라두스는 생명체가 존재했거나 존재할 수 있는 유력한 후보지로 여겨지고 있습니다.

삐딱하게 기울어진 행성
독특한 자전축을 가진 천왕성

청록색 안개로 덮인 천왕성은 독특하게도 '옆으로' 누운 채 태양 둘레를 공전하고 있습니다. 다른 행성들은 가로 방향으로 공전하는데 천왕성 기준에서는 세로 방향으로 공전하는 것이지요. 이런 특이한 성질 때문에 천왕성은 형제 행성들과 다른 환경을 가지고 있습니다.

천왕성의 북극과 남극이 가리키는 방향은 다른 행성의 적도가 가리키는 방향과 비슷합니다. 다른 행성들보다 훨씬 많이 기울어진 이 행성에서는 시간과 계절이 이상하게 흐릅니다. 예를 들어 한쪽 극지방은 42년간 끊임없이 태양빛에 노출되는 반면 반대쪽 극지방은 오랜 시간 태양을 보지 못해 어마어마한 기온차를 보이지요.

천왕성은 목성이나 토성보다 물, 메탄, 암모니아 얼음의 비율이 높아 '거대 얼음 행성'이라고 불립니다. 천왕성의 특징을 하나 더 꼽자면 인류가 맨눈으로 발견하지 못하다가 망원경으로 하늘을 관측하기 시작한 뒤 비로소 발견한 첫 행성이라는 점이지요.

천왕성은 두 번에 걸쳐 발견되었습니다. 1690년에 영국의 천문학자 존 플램스티드John Flamsteed가 처음 관측했지만 항성으로 착각했고, 이후 1781년 윌리엄 허셜이 다시 관측해 행성이라는 것을 밝혀냈지요.

⋊ 천왕성에 대한 사실 ⋉

1. 태양과 가장 가까운 지점: 약 27억 3,600만 킬로미터
2. 태양에서 가장 먼 지점: 약 30억 킬로미터
3. 공전 주기 : 84년
4. 자전 주기: 17시간
5. 자전축의 기울기: 97.77도
6. 중력: 지구의 약 0.87배

천왕성은 왜 기울어져 있을까?

✦

천왕성은 수소와 다른 화합물이 얼어붙을 만큼 추운 지역에서 공전하는 거대 기체 행성입니다. 그러나 최근 연구에 따르면 천왕성은 처음에 지금보다 태양과 더 가까운 곳에서 형성되었고, 어느 정도 시간이 지난 뒤 현재의 위치에 자리 잡았다고 합니다.

천왕성은 다른 외행성계 행성들처럼 중심핵은 암석과 얼음의 혼

합물로 이루어져 있고 그 위를 액체 금속 수소와 헬륨 층이 덮고 있으며 두꺼운 대기에 뒤덮여 있습니다. 대기 상층부를 구성하는 다량의 메테인이 가시광선과 근적외선을 흡수해 천왕성을 옅은 청록색으로 보이게 합니다.

천왕성은 과연 처음부터 기울어져 있었을까요? 천문학자들은 그렇지 않다고 봅니다. 무언가가 천왕성을 뒤집은 것이지요. 과연 무슨 일이 있었던 걸까요? 지금까지 가장 유력한 가설은 초기 천왕성이 지구와 비슷한 크기의 천체와 강하게 충돌해 옆으로 기울었다는 것입니다.

이러한 충돌 가설은 단순히 기울기만 설명하는 것이 아닙니다. 천왕성의 독특한 자기장 구조, 계절 변화의 특이성, 고리와 위성들의 기울어진 궤도 등 다양한 천문 현상을 함께 설명할 수 있어, 현재까지 가장 설득력 있는 시나리오로 받아들여지고 있습니다.

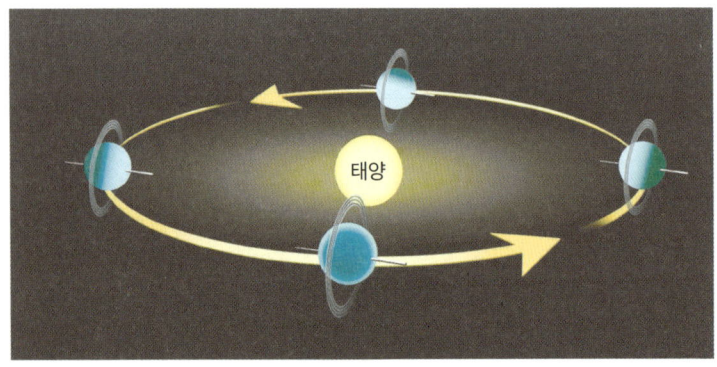

+ 천왕성의 공전 궤도
천왕성은 거의 직각에 가깝게 기울어져 있다. 때문에 공전 과정에서 극지방과 적도 지역이 집중적으로 햇빛을 받으며 다른 행성과 다른 계절의 흐름을 보인다.

천왕성의 위성과 고리

✦

천왕성은 28개의 위성을 거느리고 있습니다. 이들 대부분에 셰익스피어와 알렉산더 포프Alexander Pope의 작품에 등장하는 인물과 정령의 이름이 붙여졌지요.

음악가이자 천문학자인 윌리엄 허셜은 1787년에 티타니아Titania와 오베론Oberon을 발견했습니다. 이후 1851년에는 윌리엄 라셀William Lassell이 아리엘Ariel과 움브리엘Umbriel을 발견했지요. 그로부터 약 100년간 천왕성의 위성이 발견되지 않다가 1948년에 미란다Miranda가 관측되었습니다. 이 다섯 개가 천왕성의 대표 위성들입니다.

그중 가장 최근에 발견된 미란다에는 지금까지 알려진 태양계에서 가장 깊은 절벽 지형, 베로나 루페스Verona Rupes가 있습니다. 깊이 20킬로미터에 달하는 이 절벽은 과거 미란다에서 강력한 지질 현상이 일어났음을 보여줍니다.

천왕성의 위성들은 고리와 같은 방향으로 궤도를 그리며 돌고 있습니다. 천왕성에는 13개의 고리가 있는데 어두워서 눈에 잘 보이지 않습니다. 작은 얼음 덩어리와 먼지 입자로 이루어진 천왕성 고리는 약 6억 년 전에 형성된 것으로 보이며 위성 일부가 충돌하며 생겼을 가능성이 큽니다. 파편이 제각각 흩어졌다가 평평한 고리로 모여든 것이지요. 토성의 고리가 수 킬로미터의 두께를 자랑하는 반면 천왕성의 고리는 상대적으로 얇습니다. 이들은 천왕성으로부터 9만 8,000킬로미터까지 길게 뻗어 있습니다.

천왕성 관측과 탐사

◆

지구에서 보는 천왕성은 매우 희미해 맨눈으로 관측하기 어렵습니다. 목성과 토성이 비교적 간단한 망원경으로 관측 가능했던 것과 달리 천왕성은 정밀한 망원경이 나온 뒤에 비로소 관측되었지요. 지금까지 알려진 천왕성의 최초 발견자는 영국 천문학자 존 플램스티드입니다. 1690년에 천왕성을 발견한 그는 천왕성이 행성이 아니라 스스로 빛을 내는 항성이라고 생각해 황소자리 34번 별이라고 이름 붙였습니다. 한 세기 뒤인 1781년에야 윌리엄 허셜이 공식적으로 천왕성을 발견하고 행성으로 기록했습니다.

1986년에 보이저 2호가 천왕성에 접근하기 전까지 천왕성은 알려진 게 거의 없는 미지의 세계였습니다. 지구에서 망원경으로 보는 데에는 한계가 있었지요. 보이저 2호는 천왕성의 대기권 구름 꼭대기를 지나며 행성과 5개 위성을 촬영하고 특이한 기체와 자기장 현상을 발견했습니다.

지구 궤도를 돌며 우주를 관측하는 허블 우주망원경도 천왕성에 대해 많은 것을 알아냈습니다. 허블을 비롯한 여러 우주망원경의 장기적인 임무는 천왕성 대기를 관찰하고 계절 변화를 추적하며 천왕성의 자기장과 태양풍의 하전 입자 흐름 사이 상호 작용으로 발생하는 오로라를 찾는 것입니다.

보이저호 발사 이후 한동안 천왕성 탐사 계획은 주춤했지만, 2024년 12월에 나사는 천왕성의 위성에 바다가 있는지 알아보기 위해 탐사선을 보내겠다는 계획을 밝혔습니다. 탐사가 성공적으로 진행된다면 앞으로 천왕성에 대해 많은 사실이 알려지고, 더 나아가 생명체의 흔적을 발견할 수 있을지도 모릅니다.

한 걸음 더
천왕성이 '조지성'이 될 뻔했다?

'천왕성Uranus(우라노스)'은 사실 이 행성의 첫 이름이 아니었습니다. 이 행성을 처음 관측하고 이름을 붙인 사람은 영국의 천문학자 윌리엄 허셜이었는데, 그는 자신의 후원자인 조지 3세 국왕을 기리기 위해 이 행성에 '조지의 별Georgium Sidus'이라는 이름을 붙이고자 했습니다. 하지만 다른 유럽 국가들은 새로 발견된 행성에 특정 국가의 군주 이름을 사용하는 것에 반대했고, 결국 고대 신화 속 하늘의 신 우라노스Uranus에서 이름을 따오기로 결정되었습니다. 이는 기존 행성들이 모두 로마 신화의 신들에서 이름을 따왔다는 전통을 따른 것이기도 합니다.

천왕성이 발견되고 얼마 지나지 않아 독일의 화학자 마르틴 클라프로트Martin Klaproth는 새로운 방사성 원소를 발견하고 천왕성과 비슷하게 '우라늄'이라고 이름 붙였습니다.

외딴곳에 위치한 청록색 행성
태양계의 막내가 된 해왕성

　태양계의 마지막 행성인 해왕성은 놀라운 기록들을 가지고 있습니다. 우선 태양까지의 평균 거리가 45억 킬로미터나 됩니다. 때문에 태양 주변을 한 바퀴 공전하는 데 약 165년이라는 어마어마한 시간이 걸리지요.

　해왕성은 외행성계 행성 중 가장 작습니다. 또한 모든 행성 중 가장 추운 곳으로, 대기 상공 온도가 영하 220도까지 내려가기도 합니다. 바람이 가장 강한 곳이기도 해 시속 2,100킬로미터의 초강풍이 불지요. 해왕성의 대기와 바람, 자전축 기울기, 내부 열원은 서로 상호작용해 뚜렷한 계절과 강한 폭풍을 만들어냅니다.

　해왕성은 다른 거대 기체 행성과 비슷하면서도 독특한 내부 구조를 가지고 있습니다. 암석질의 중심핵을 물과 암모니아가 혼합된 얼음 맨틀이 덮고 있지요. 이 얼음층 위에는 수소, 헬륨, 메테인으로 이루어진 하층 대기가 있고, 그 바깥은 얼음 입자가 포함된 상층 대기가 둘러싸고 있지요. 천문학자들은 해왕성과 천왕성을 묶어 '거대 얼음 행성'이라 부르기도 합니다. 두 행성의 얼음 함량이 압도적으로 높기 때문이지요.

해왕성은 다른 행성들과 마찬가지로 약 45억 년 전에 형성된 것으로 보입니다. 초기에는 태양 가까이에서 공전했으나 행성들이 자리를 잡고 궤도에 안착하는 과정에서 지금의 위치로 밀려났다는 가설도 있지요.

⋋ 해왕성에 대한 사실 ⋌

1. 태양에서 가장 가까운 지점: 약 44억 6,000만 킬로미터
2. 태양에서 가장 먼 지점: 약 45억 3,700만 킬로미터
3. 공전 주기: 164.9년
4. 자전 주기: 16.1시간
5. 자전축의 기울기: 28.32도
6. 중력: 지구의 1.14배

해왕성의 위성과 고리

◆

해왕성은 16개의 위성을 거느리고 있습니다. 그중 14개는 그리스 신화에 등장하는 물의 신과 정령의 이름을 따서 명명되었고, 나머지 두 위성의 이름은 정해지지 않았지요. 해왕성의 위성은 해왕성

과 함께 탄생한 것이 아니라 나중에 해왕성의 중력에 이끌려 생겨난 것일 확률이 높습니다.

가장 큰 위성인 트리톤Triton은 역행 궤도를 따라 해왕성을 공전합니다. 해왕성의 자전과 반대 방향으로 운동한다는 뜻이지요. 이것은 트리톤이 해왕성과 함께 형성되지 않았고, 나중에 끌려온 위성이라는 단서입니다.

해왕성은 목성, 토성, 천왕성 등 다른 외행성계 행성과 마찬가지로 고리를 가지고 있습니다. 그러나 토성 고리처럼 화려하지는 않지요. 해왕성 고리의 구성 성분에 대해서는 아직 알려진 바가 거의 없지만, 과학자들은 규산염이나 탄소 화합물이 낀 얼음 입자일 것으로 추정하고 있습니다. 해왕성이 고리는 점점 희미해져 사라지는 것처럼 보이는데, 그 이유에 대해서는 천문학계의 분석과 논의가 계속되고 있습니다.

지각 활동이 활발한 트리톤

트리톤은 지름이 2,700킬로미터에 달하는 큰 위성입니다. 1846년에 영국의 천문학자 윌리엄 라셀이 발견했고, 1989년에 보이저 2호가 해왕성 주변을 탐사하며 트리톤 정밀 사진을 촬영했지요. 당시 사진은 질소와 물, 메테인 얼음으로 이루어진 트리톤의 얼룩덜룩한 표면을 보여줍니다.

트리톤 표면은 대부분 '캔털루프 지형'으로 이루어져 있습니다. 캔털루프 멜론의 껍질처럼 생겼다고 해 붙여진 이름이지요. 트리톤 중심부에는 암석과 금속으로 이루어진 핵이 있습니다. 트리톤의 가장 흥미로운 점은 내부 지각 활동으로 인해 질소 간헐천이 있다는 사실입니다. 간헐천은 최대 약 8킬로미터까지 분출하며 트리톤이 지질학적으로 활발히 활동하고 있음을 보여줍니다.

+ 트리톤 표면의 캔털루프 지형

트리톤은 해왕성의 가장 큰 위성이다. 보이저 2호가 1989년 해왕성계를 지나며 촬영한 트리톤 사진에서 멜론 껍질 같은 캔털루프 지형을 확인할 수 있다.

해왕성, 머나먼 미지의 세계

지금까지 해왕성에 접근한 우주선은 한 대뿐입니다. 1989년 8월 말, 보이저 2호는 해왕성계에 접근해 해왕성과 트리톤의 사진을 찍어 지구에 전송하고 자기장의 크기를 조사했지요. 이상하게도 해왕성의 자기장은 자전축에서 크게 기울어져 있었습니다. 또한 보이저 2호는 지구에서 관측할 수 없던 위성들과 고리도 발견했습니다. 보이저 2호 덕분에 해왕성 북반구의 고기압성 폭풍 대흑점, 남반구의 저기압성 폭풍 소흑점, 두 거대 폭풍 사이에 위치한 밝은 흰색 구름 스쿠터 등을 포착할 수 있었지요.

지금까지 해왕성에 대해 알려진 사실은 대부분 보이저호와 지상 천문대, 허블 우주망원경으로 관측한 것입니다. 해왕성에 대한 새로운 탐사 계획은 아직 없지만, 가까운 미래에 태양계의 가장 외곽 행성에 로봇 탐사선을 보내면 많은 것을 알게 될 것입니다.

르베리에 VS 애덤스

해왕성의 관측과 발견을 이야기하면서 위르뱅 르베리에Urbain Le Verrier와 존 쿠치 애덤스John Couch Adams를 빼놓을 수는 없습니다. 사실 해왕성은 갈릴레오 갈릴레이가 처음 관측한 것으로 보이는데, 그는 해왕성을 행성이 아닌 항성이라고 여겼습니다. 이후 다른 천문학자들도 맨눈으로는 제대로 관측하기 어려운 이 멀고 희미한 천체를 행성이라고 생각하지 못했지요.

1840년대에 학자들은 천왕성의 궤도를 관측하고 계산했습니다. 몇몇 학자들은 천왕성 궤도의 평형 상태가 흔들리는 것(궤도 섭동)은 다른 행성의 중력에 영향을 받기 때문이라고 보았지요. 1846년, 프랑스의 수학자이자 천문학자 르베리에는 천왕성 외부 행성의 존재 가능성을 보여주는 연구를 발표했습니다. 수학적 계산만으로 당시 잘 보이지도 않던 새로운 행성의 존재를 예측한 것이지요. 비숱한 시기에 영국의 수학자 존 쿠치 애덤스도 새로운 행성이 있을 것이라는 연구 결과를 발표했습니다.

  1846년 9월 23일, 르베리에의 편지를 받은 베를린천문대의 요한 고트프리트 갈레Johann Gottfried Galle는 염소자리와 물병자리 사이, 르베리에의 계산에서 단 1도가량 벗어난 지점에서 해왕성을 발견했습니다. 프랑스와 영국은 르베리에와 애덤스 중 누가 먼저 해왕성을 발견했는지 논쟁을 벌였으나 결국 둘의 공로를 모두 인정했습니다.

한 걸음 더 — 해왕성의 대흑점

  보이저 2호의 위대한 발견 중 하나는 해왕성에서 대흑점을 발견한 것입니다. 마치 목성에 붉은 거대 폭풍인 '대적점'이 존재하듯, 해왕성에도 그것에 대응하는 강력한 대기 현상이 있었던 것이지요. 이 대흑점은 몇 년간 유지되었지만, 1994년 허블 우주망원경이 지구 저궤도에서 해왕성을 관측했을 당시에는 이미 사라져 있었습니다. 이는 해왕성의 대기에서 강력한 폭풍이 비교적 짧은 주기로 발생하고 사라지고 있음을 보여줍니다. 실제로 이후에도 여러 차례 유사한 폭풍이 관측되었으며, 2023년에는 해왕성 북반구에서 새로운 대흑점이 다시 발견되기도 했습니다.

더 이상 '행성'이 아니다
명왕성의 새로운 이름

2006년, 국제천문연맹IAU에서 명왕성을 행성에서 제외하기로 결정하고 발표했을 때 많은 이들이 아쉬움과 안타까움을 표했습니다. 발견된 지 한 세기도 채 되지 않은 태양계 막내 행성을 무자비하게 쫓아내는 것처럼 보였기 때문일까요?

이제 명왕성은 세레스Ceres, 하우메아Haumea, 마케마케Makemake, 에리스Eris와 함께 '왜소행성'으로 분류됩니다. 그러나 명왕성이 수십 년간 카이퍼대에서 가장 유명하고 존재감 있는 천체였고, 여전히 그렇다는 사실은 변함없지요.

행성이든 왜소행성이든, 명왕성은 여전히 그대로입니다. 지위 변화는 명왕성에 어떤 영향도 미치지 않습니다. 그러나 명왕성을 재분류하며 행성과 왜소행성의 구분이 명확해졌고, 태양계 가족을 비롯해 외부 천체들을 더 논리적인 기준으로 분류할 수 있게 되었습니다.

이제 학계에서 부르는 이 천체의 공식 명칭은 '왜소행성 134340'이지만, 여기서는 우리에게 익숙한 이름인 '명왕성'으로 부르겠습니다.

:: 명왕성에 대한 사실 ::

1. 태양과 가장 가까운 지점: 약 44억 3,100만 킬로미터

2. 태양에서 가장 먼 지점: 약 73억 7,600만 킬로미터

3. 공전 주기: 248년

4. 자전 주기: 6.4일

5. 자전축의 기울기: 122.5도

6. 중력: 지구의 0.006배

한 걸음 더 — 행성과 왜소행성은 어떻게 다른가요?

국제천문연맹은 2006년 체코 프라하에서 열린 총회에서 행성과 왜소행성의 차이를 정의했습니다. 행성과 왜소행성은 둘 다 태양을 중심으로 하는 궤도를 가지고, 원형을 유지할 중력을 지닐 수 있도록 충분한 질량을 가지며, 궤도 주변의 다른 천체들을 흡수할 수 없고, 다른 행성의 위성이 아닌 천체를 가리킵니다.

그러나 행성이 충분한 중력으로 주변 천체를 청소하고 위성을 거느리는 반면 왜소행성은 주변을 청소하지 못하지요. 지금까지 공식적으로 알려진 왜소행성은 명왕성, 세레스, 하우메아, 마케마케, 에리스의 총 5개입니다. 명왕성의 위성으로 여겨졌던 카론을 명왕성과 동등한 왜소행성의 반열에 놓을지는 여전히 논쟁 중입니다.

태양계 외곽의 작은 천체

◆

명왕성은 카이퍼대라고 불리는 태양계 외곽 영역에서 공전하고 있습니다. 카이퍼대는 해왕성 궤도부터 외행성계 바깥쪽으로 뻗어 있는 거대한 영역을 가리키지요.

앞에서 살펴본 얼음 행성들과 비슷하게 명왕성도 암석과 얼음으로 이루어져 있으며, 표면은 소량의 이산화탄소와 메테인이 섞인 질소로 덮여 있습니다. 중심에는 암석으로 이루어진 핵이 있고, 그 위를 물과 얼음으로 된 맨틀이 덮고 있는 것으로 보이지요. 표면이 고르지 못한 것으로 보아 지각 아래에서 얼음 화산이 활동하며 내부 물질을 밀어내고 있을 가능성이 높습니다.

명왕성은 이심률(물체의 궤도가 완벽한 원에서 벗어나 있는 정도)이 큰 타원형 궤도를 따라 태양 둘레를 공전하고 있습니다. 앞서 살펴본 8개 행성의 궤도는 원형에 가까운데 명왕성 궤도는 홀로 크게 기울어져 있지요. 명왕성의 특이한 궤도는 천문학자들에게 흥미로운 사실을 암시합니다. 명왕성이 태양계가 형성될 때 다른 행성에서 떨어져 나온 잔해일 가능성을 보여주는 것이지요.

한때 천문학자들은 명왕성의 궤도가 기울어 있는 이유를 설명하고자 명왕성이 태양계 외부에서 진입해 들어온 행성이라는 가설을 세우기도 했습니다. 그러나 명왕성은 다른 외행성계 행성과 마찬가지로 처음엔 태양 주변에서 형성되었다가 점차 밀려나며 바깥 궤도에 자리를 잡은 것으로 보입니다. 해왕성이 이동하며 명왕성과 카이퍼대의 천체들을 현재의 위치와 궤도로 쓸어버렸을 가능성도 무시할 수 없지요.

명왕성은 1930년에 미국 천문학자 클라이드 톰보Clyder Tombaugh에 의해 발견된 이후 지금까지 아직 한 번도 공전 궤도를 완전히 돌지 못했습니다. 태양과의 거리가 너무 멀어 한 바퀴를 도는 데 무려 248년이 걸리기 때문이지요. 기껏해야 100년 정도를 사는 우리가 명왕성이 궤도를 한 바퀴 완주하는 모습을 직접 보기란 불가능합니다.

명왕성의 위성

✦

명왕성에는 5개의 위성이 있습니다. 발견 순서대로 나열하면 카론Charon, 닉스Nix, 히드라Hydra, 케르베로스Kerberos, 스틱스Styx이지요. 모두 그리스 신화 속 하데스가 다스리는 저승 세계와 어두컴컴한 밤 그리고 무시무시한 전설 속 괴물에서 따온 이름들입니다.

만약 우리가 명왕성에 서서 하늘을 올려다볼 수 있다면 가장 큰 위성인 카론이 선명하게 보일 것입니다. 몇몇 학자들은 카론을 명왕성의 위성이 아닌 '이중 행성'이라고 보기도 합니다. 카론이 명왕성 주변을 공전하기보다, 두 천체가 외부의 공통 무게중심 또는 서로의 중력에 이끌려 공전하는 것처럼 보이기 때문이지요. 이를 '조석 고정 현상'이라고 합니다. 명왕성과 카론은 서로 항상 같은 면을 마주하고 공전하고 있습니다.

닉스와 히드라는 표면에 밝고 어두운 무늬가 있는데, 이는 얼음 퇴적물의 존재를 암시합니다. 비교적 최근인 2011년과 2012년에 발견된 케르베로스와 스틱스는 각각 지름이 20킬로미터를 넘지 않는, 매우 작고 아직 많은 것이 밝혀지지 않은 신비로운 천체들입니다.

명왕성 관측과 탐구의 역사

◆

명왕성은 관측하기 위해서는 충분히 좋은 성능의 망원경과, 어마어마한 인내심이 필요합니다. 발견하기가 쉽지 않기 때문이지요.

19세기 후반, 천문학자들은 해왕성 너머에 또 다른 행성이 존재할 가능성을 두고 활발한 토론과 계산을 이어갔습니다. 앞서 살펴봤듯이 해왕성은 천왕성 궤도 섭동을 계산하는 과정에서 발견되었습니다. 그러나 해왕성의 존재만으로 충분히 설명되지 않는 부분이 있었고, 추가 관측 결과 다른 영향력이 존재한다는 주장이 나왔지요.

미국의 천문학자 퍼시벌 로웰Percival Lowell은 1894년 애리조나주에 자신의 이름을 딴 천문대를 설립하고 아홉 번째 행성을 찾기 위한 관측을 시작했습니다. 로웰과 천문대 동료들은 새로운 행성으로 보이는 천체를 발견하고 촬영했지만 이것이 행성인지 확인할 수 없었습니다. 결국 로웰은 1916년 세상을 떠났고, 그로부터 십여 년 후 로웰천문대의 연구원 중 하나였던 클라이드 톰보가 끈질기게 밤하늘을 올려다본 끝에 명왕성을 발견했습니다. 톰보는 명왕성이 있을 것으로 예상되는 하늘의 사진 건판을 만들어 실제 하늘과 비교하며 움직이는 물체를 찾았습니다. 톰보가 새로운 행성의 발견을 발표하자 전 세계가 열광했지요. 명왕성은 새로운 세기에 발견된 최초의 행성이었습니다.

행성의 발견 소식을 들은 영국의 한 소녀 '베네티아 버니Venetia Burney'는 로웰천문대에 편지를 보내 '플루토Pluto(명왕성의 영문명)'라는 이름을 제안했고, 이 제안을 받은 발견자 클라이드 톰보는 동료 천문학자들과 논의한 끝에, 이 이름을 공식 명칭으로 채택하게 되었지요. 'Pluto'의 첫 두 글자인 'PL'은 로웰 천문대를 설립한 퍼시벌 로웰Percival Lowell에 대한 경의의 의미도 담고 있습니다.

이처럼 명왕성은 천왕성과 해왕성의 궤도에서 나타나는 섭동을 설명하기 위해 오랜 기간 밤하늘을 관측한 끝에 발견된 행성이었습니다. 하지만 이후 연구를 통해 그 섭동 현상은 실제로는 명왕성과 무관한 단순한 계산 오류에서 비롯된 것으로 밝혀졌습니다.

태양계의 외곽 탐사

명왕성 탐사는 오랜 시간 지구 곳곳에 위치한 천문대와 허블 우주 망원경처럼 궤도를 도는 관측소를 통해 이루어졌습니다. 하지만 본격적인 근접 탐사는 2006년에 발사된 뉴허라이즌스호New Horizons에 의해 이루어졌습니다. 이 탐사선은 2015년 명왕성 근처를 통과하며 수많은 고해상도 이미지와 데이터를 수집해 지구로 전송했지요.

이 탐사선은 명왕성 너머 카이퍼대를 지나 더 멀리, 태양계 바깥 영역 탐사를 목표로 점점 미지의 세계로 나아가고 있습니다. 계획 대로라면 뉴허라이즌스호는 2029년경에 태양계를 벗어날 예정이 니, 앞으로 우리는 먼 우주에 대해 더 많은 것을 알게 되겠지요.

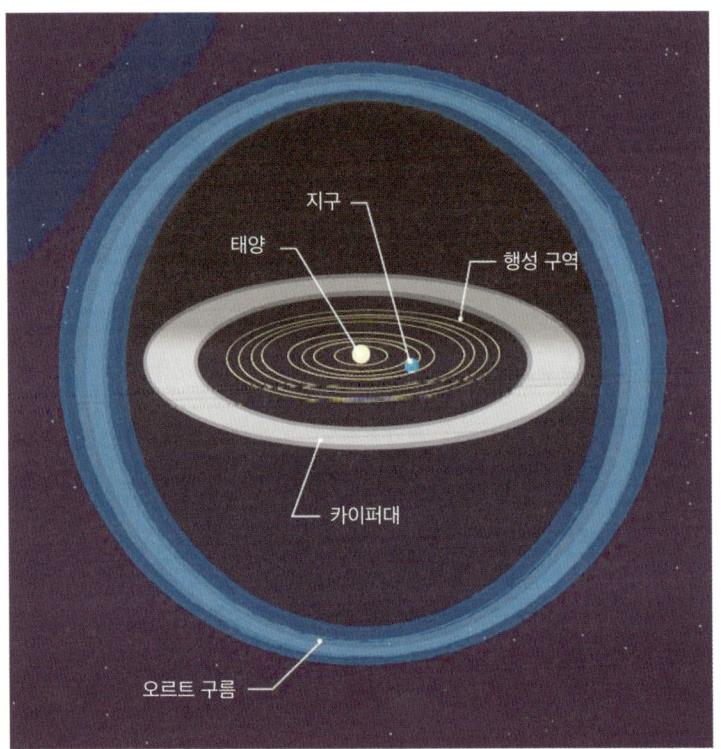

+ **행성계와 카이퍼대, 오르트 구름**

카이퍼대는 해왕성 너머로 뻗어 있는, 명왕성과 주변 왜소행성을 포함하는 태양계 외곽의 원반 형태 영역이다. 그 바깥은 거대한 구에 가까운 오르트 구름이 둘러싸고 있는 것으로 추정된다. 오르트 구름은 공전 주기가 긴 장주기 혜성의 근원지로 여겨지고 있으며, 그 범위는 최대 10만 천문단위$_{AU}$까지 확장될 수 있다. 오르트 구름은 태양계의 중력 경계를 넘나드는 천체의 저장소로, 카이퍼대보다 훨씬 더 먼 영역에 존재한다.

하늘을 가로지르는 한 줄기 빛
오랜 시간 관측되어온 혜성

우리 선조들은 밤하늘에서 종종 관측되는 혜성을 두려워하고 경계했습니다. 혜성의 정체가 무엇인지 전혀 알 수 없었으니 당연한 일이지요. 이들에게 혜성은 별 또는 행성과 달랐습니다. 혜성은 예고 없이 나타났다 사라졌고, 때에 따라 모양도 크기도 달라졌습니다. 어떤 이들은 혜성이 곧 일어날 재앙을 경고하는 불운의 전조이자 하늘의 경고라고 생각하기도 했습니다. 그러나 이제 우리는 혜성이 행성과 마찬가지로 태양 주위를 공전하는 천체 중 하나라는 사실을 잘 알고 있지요.

혜성은 주기가 200년 이상인 장주기 혜성과 200년 이하인 단주기 혜성으로 나뉩니다. 우리가 알고 있는 혜성 중 가장 유명한 것은 아마 '핼리 혜성'일 것입니다. 이번에는 혜성 관측의 역사와 혜성의 구조, 혜성 탐사의 의의를 살펴봅시다.

혜성 관측의 역사: 아리스토텔레스부터 핼리까지

◆

혜성을 연구한 최초의 인물은 고대 그리스 철학자 아리스토텔레스였습니다. 그는 혜성이 지구 대기의 상층부에서 발생한다고 생각했습니다. 그러나 그의 생각에는 오류가 있었지요. 만약 혜성이 지구와 가까이에서 움직인다면, 우주 전체(하늘 전체)를 빠르게 가로지르는 것처럼 보여야 합니다. 그러나 실제로 혜성을 관측하면 매우 느리게 움직이며, 하늘을 가로지르는 데 몇 주에서 몇 달까지도 걸리는 것을 확인할 수 있습니다.

16세기 덴마크의 천문학자 튀코 브라헤Tycho Brahe는 1577년에 등장한 밝은 혜성에 관심을 가졌습니다. 그는 동료 학자들과 몇 달간 혜성의 위치를 자세히 측정하고, 그 결과 혜성이 지구 대기권보다 훨씬 먼 우주에 있다는 사실을 밝혀내지요. 그로부터 한 세기 후, 또다시 밝은 혜성이 나타나자 천문학자들은 요하네스 케플러가 분석한 타원 궤도의 법칙을 활용해 혜성의 궤도를 정리했습니다. 1684년에는 에드먼드 핼리Edmond Halley가 혜성을 발견하고 궤도 운동에 대해 뉴턴과 토론을 나누기도 했지요.

핼리의 혜성 관측은 인류의 천문학적 지식을 크게 넓혀준 대단한 발견이었습니다. 에드먼드 핼리는 역사 기록을 살피며 혜성의 출현 주기를 연구해 특정 혜성이 약 76년 주기로 나타난다는 사실을 알아냈습니다. 그는 이 혜성이 1758년에 다시 나타날 것이라고 예측했고, 실제로 혜성은 중력으로 인한 궤도 변화 때문에 그 이듬해인 1759년에 나타났지요. 이 혜성은 발견자의 이름을 따 '핼리 혜성'이라고 명명되었습니다. 핼리 혜성은 1986년에 마지막으로 관측되었고, 2061년쯤 다시 관측할 수 있을 것으로 보입니다.

20세기에는 혜성이 본질적으로 우주의 먼지와 얼음 덩어리에서 만들어진다는 프레드 휘플Fred Whipple의 아이디어가 주류로 받아들여졌고, 이후 혜성 연구를 통해 많은 새로운 사실이 밝혀졌습니다. 도대체 혜성은 무엇으로 이루어져 있을까요? 어디에서 와서 어떻게 태양 궤도에 진입하는 것일까요?

> **한 걸음 더**
>
> ### 역사에 기록된 핼리 혜성
>
> 역사가들은 핼리의 계산을 거슬러 올라가며 1066년 유럽 상공에 핼리 혜성이 등장했음을 밝혀냈습니다. 노르망디 왕국의 정복왕 윌리엄 1세가 잉글랜드 군대를 정복한 헤이스팅스 전투를 묘사한 중세 사수 작품 '바이외 태피스트리Bayeux Tapestry'에 수놓아진, 꼬리 달린 태양 같은 것이 바로 핼리 혜성이지요.
> 또한 고대 바빌로니아의 설형문자 점토판에는 기원전 164년경에 출현했던 혜성에 대한 기록이 남아 있습니다.

혜성의 구조: 핵, 코마, 꼬리

◆

혜성은 핵, 코마, 꼬리로 이루어져 있습니다. 핵은 주로 암석과 먼지, 얼음, 고체 이산화탄소 등으로 이루어져 있습니다. 혜성이 태양

+ 1986년 지오토호가 촬영한 핼리 혜성의 핵
유럽우주국에서는 혜성 탐사를 목적으로 탐사선 지오토호Giotto를 개발했다. 사진은 지오토호가 1986년에 핼리 혜성 주변을 지나며 촬영한 핵을 보여준다. 지오토호는 최초로 혜성의 핵을 근접 촬영한 우주선이었다.

에 가까워져 열에너지를 받으면 공기에 노출된 드라이아이스처럼 승화되지요. 이때 핵 주위에 생겨나는 기체와 먼지로 이루어진 옅은 대기를 '코마'라고 합니다.

가벼운 가스인 코마는 태양풍에 휩쓸려 태양 반대 방향으로 흘러나가며 긴 꼬리를 형성합니다. 때때로 혜성의 꼬리가 혜성의 이동 방향을 따라간다고 착각할 수 있는데, 항상 그렇지는 않습니다. 혜성에는 두 종류의 꼬리가 생기는데 기체들로 형성되는 1형 꼬리(이온 꼬리)는 태양 자기력선의 방향대로 형성되고, 먼지가 쓸려나가며 만들어지는 2형 꼬리(먼지 꼬리)가 혜성이 지나간 궤도를 따라 만들어지지요. 따라서 간혹 망원경으로 혜성을 보면 두 꼬리가 서로 다른 방향을 가리키는 것처럼 보이기도 합니다.

혜성은 우주에 입자를 남깁니다. 입자들은 혜성이 지나간 궤도에 퍼져 있지요. 지구가 혜성의 궤도를 지나갈 때 이 입자들이 지구 대기와 부딪히는데, 대기를 뚫고 지구 표면에 떨어지는 것을 가리켜 바로 '별똥별' 또는 '유성'이라고 하지요.

> **한 걸음 더**
>
> ### 혜성의 탄생지, 오르트 구름?
>
> 1932년, 에스토니아 천문학자 에른스트 외픽Ernst Öpik은 혜성이 태양계에서 가장 먼 가장자리 궤도를 선회하는 무리에서 떨어져 나온 천체라고 보았습니다. 네덜란드의 천문학자인 얀 오르트Jan Oort는 외픽의 아이디어에서 착안해 태양계 바깥쪽에 얼음 천체가 모인 광대한 구형 구름이 있다는 가설을 세웠지요. 이것이 바로 '오르트 구름Oort Cloud' 개념입니다.
>
> 오르트 구름은 태양에서 약 1광년 정도 떨어져 있다고 추정됩니다. 오르트 구름에 얼마나 많은 혜성 핵이 존재하는지, 오르트 구름이 어떻게 형성되었는지는 아직 밝혀지지 않았습니다. 지금으로써는 태양계의 얼음 물질이 거대 행성들로 만들어져 지금 위치로 이동하고 남은 물질이 모여 오르트 구름을 형성했다는 이론이 가장 유력하지요.

혜성을 찾아 떠난 탐사선들

◆

이제 우리는 혜성이 약 45억 년 전, 태양계가 형성되던 시기부터 존재했던 오래된 물질들로 만들어졌다는 사실을 알고 있습니다. 혜성은 태양계 역사의 증인이자 보물과 같습니다. 최근 몇 년간 국제혜성탐사선, 베가 1·2호, 스이세이 위성, 지오토 탐사선, 딥스페이스 1호, 딥임팩트호, 스타더스트호 등 여러 탐사선이 혜성을 방문하거나 혜성의 파편을 채취했습니다. 특히 2004년에 유럽우주국이 쏘아올린 로제타호는 2015년에 추류모프-게라시멘코 혜성67P/C-G의 궤도에 성공적으로 진입해 탐사 로봇 필레Philae를 무사히 착륙시켰습니다.

서로 밀고 당기는 행성과 혜성

태양계가 형성되는 동안 원시 성운에는 풍부한 얼음 물질이 있었습니다. 일부 얼음은 태양열에 파괴되거나 행성이 되었지요. 나머지는 태양계 바깥으로 밀려나 오르트 구름이 되었습니다. 태양계 외곽이자 얼음 행성의 바깥쪽 카이퍼대에도 얼어붙은 혜성 핵이 많이 존재할 것으로 보입니다.

혜성은 궤도를 따라 먼 거리를 이동합니다. 어떤 혜성은 태양계의 아주 먼 곳에서부터 지구를 향해 날아오지요. 때때로 강력한 중력이 작용해 오르트 구름의 안정된 궤도에서 혜성의 핵을 밀어내면 혜성이 탄생합니다. 이 얼음과 먼지 덩어리는 카이퍼대의 가까운 이웃 천체나 해왕성과 근접하며 움직이기도 합니다. 행성들의 중력은 혜성의 궤도나 주기를 변화시키기에 충분히 강력합니다. 특히 목성과 토성의 경우 강력한 중력으로 종종 혜성의 궤도를 단축시키기도 합니다.

별똥별에 소원을 빌면 이루어질까?
우주의 유물, 운석과 유성

 두 눈으로 별똥별을 본 적이 있나요? 그렇다면 여러분은 태양계에 존재했던 한 천체의 종말을 본 것과 같습니다. 엄밀히 말하면 별똥별은 어떤 천체의 파편이 지구 대기권에서 소멸하며 남긴, 눈에 보이는 흔적이기 때문입니다. 별똥별은 다른 말로 '유성'이라고 하지요. 유성의 일부가 대기권에서 모두 타버리지 않고 남아 지상에 떨어진 파편을 '운석'이라고 합니다.

 지구에 떨어진 태양계 천체의 조각 중 일부는 어쩌면 태양과 행성이 형성되기 훨씬 전부터 존재해왔을지도 모릅니다. 오랜 시간 우주를 떠돌다가 우리 지구에 도착해 생을 마감하는 것이지요. 이들은 혜성과 소행성의 일부였거나, 달 또는 화성에서 떨어져나온 것일지도 모릅니다. 그래서 지구에 떨어진 운석은 태양계와 다른 천체를 연구할 귀중한 자료이자 타임캡슐과도 같습니다.

> **한 걸음 더**
> ## 당신이 발견한 게 정말 운석일까요?

산에서 트레킹을 하거나 넓은 초원에서 야영을 즐기는 캠핑족들은 종종 운석처럼 보이는 암석을 발견하곤 합니다. 당신이 만약 운석 같은 돌을 발견했다면, 아래 조건에 맞는지 확인해보세요.

우선 운석은 밀도가 몹시 높아 상당히 무겁습니다. 보통 자성을 띠고, '콘드륨Condrule'이라는 둥근 알갱이가 박혀 있지요. 또한 운석 표면에는 지구 대기권을 통과하며 군데군데 떨어져나가 손가락으로 누른 것 같은 함몰 흔적과, 녹았던 부분이 빠르게 식으며 생긴 '용융각'이 있어 어두운 색을 띱니다. 마지막으로 운석은 대부분 철과 니켈로 이루어져 있습니다.

운석을 발견했다면 근처 천문대나 연구소로 가져가 확인해보세요. 간혹 건설 공사 현장에서 버려진 철광석 폐기물이 운석처럼 보이는 경우도 많으므로 너무 큰 기대는 하지 마시고요.

현재 진행중인 운석의 폭격

◆

지구는 매일 밤낮없이 대기권 밖에서 쏟아지는 천체 조각의 세례를 맞습니다. 대부분은 자잘한 돌멩이나 먼지 입자 정도로 매우 작아 대기권을 통과하는 동안 사라집니다. 마찰열을 견디지 못하고 타버리는 것이지요. 그러나 거대한 조각은 대기권을 통과해 지상에 떨어집니다. 바다나 호수에 떨어져 물속에 가라앉는 것도 있고, 육지에 떨어져 운석 수집가의 손에 들어가는 것도 있지요. 사람의 발길이 닿지 않는 사막 한가운데 떨어져 아직 발견되지 않은 운석도 있을 겁니다.

만약 거대 운석보다 훨씬 크고 무거운 태양계 파편이 떨어진다면 어떨까요? 지구 전체에 영향을 미치지 않을까요? 이에 대한 답은 태양계의 역사에서 찾아볼 수 있습니다. 지구는 형성 초기부터 끊임없이 다른 천체와 충돌하고 파편의 폭격을 받았습니다. 그렇지만 아이러니하게도 이런 충돌과 폭격이 없었다면 지금의 지구는 존재하지 못했을 겁니다. 운석은 초기 지구 환경의 변화에 큰 영향을 미쳤습니다. 지구가 어느 정도 형성된 뒤에도 우주에서 파편이 쏟아져 지구에 새로운 물질을 추가하고, 크레이터 등 일부 지형을 만들었습니다.

다행히 오늘날 쏟아지는 파편들은 대부분 매우 작아 지구 생명체에게 큰 피해를 끼치지 않지만, 여전히 폭격은 계속되고 있습니다. 수십억 년간 폭격이 지속되었지만 태양계에는 여전히 많은 행성과 천체의 잔해가 남아 떠다니고 있지요. 그중에는 지구에 떨어지면 모든 생명이 멸종할 수도 있는, 지름 1킬로미터 이상의 거대 파편도 존재합니다.

다만 이런 충돌이 실제로 일어날 확률은 매우 낮아, 백만 년에 한 번 있을까 말까 한 수준입니다. 이를 대비해 과학자들은 소행성과 우주 파편의 궤도를 추적하며 충돌 위험을 감시하고 있습니다. 미국 애리조나의 스튜어드천문대에서 운영 중인 카탈리나 스카이 서베이Catalina Sky Survey, CSS는 그러한 위험을 조기에 탐지하기 위한 대표적인 프로젝트입니다.

유성과 운석은 어디에서 왔을까?

◆

밤하늘을 수놓는 유성, 즉 별똥별은 작은 먼지와 암석 조각입니다. 유성은 대부분 태양 주위를 돌던 혜성에서 떨어져나온 먼지와 얼음으로 만들어집니다. 지구의 궤도가 혜성의 잔해와 교차하는 순간 유성이 대기로 쏟아지는 '유성우'를 볼 수 있지요.

어떤 유성은 소행성끼리 충돌하고 남은 잔해에서 비롯됩니다. 부서진 잔해는 우주로 흩어져 떠돌다가 지구 궤도에 진입해 대기권에 부딪히게 되지요. 때로는 우주에 떠다니던 천체 파편이 달과 충돌하는 과정에서 유성이 발생하기도 합니다. 충돌로 인해 달의 암석이 작은 조각이 되어 지구 대기를 가로질러 뚫고 떨어지는 것이지요.

✦ 2017년 중국에서 관측된 유성우

2017년 쌍둥이자리 인근 하늘에서 촬영된 유성우 사진이다. 2021년 유성우 사진 대회에 출품되어 가장 아름다운 사진으로 뽑혔다.

지구에 떨어진 운석 중 가장 희귀한 것은 화성에서 온 파편입니다. 이들은 수백만 년에 거쳐 긴 여정을 겪은 우주 역사의 산 증인입니다. 화성의 파편이 어떻게 지구에 떨어졌을까요? 이는 달의 파편이 떨어지는 과정과 비슷합니다. 지구 바로 바깥 궤도를 도는 화성은 탄생 이후 꾸준히 소행성의 폭격을 받아왔습니다. 표면의 수많은 분화구와 크레이터로 알 수 있지요. 외부 충격으로 떨어져 나온 화성 파편이 지구 궤도 가까이 도달하면 중력에 끌려 결국 지구 표면으로 떨어지게 됩니다.

운석은 태양계 형성 초기의 성운과 혜성, 소행성, 달 또는 화성에 대한 정보를 담은 보물창고와 같습니다. 천문학자들이 지상에 떨어진 운석에 지대한 관심을 가지는 이유도 그 때문입니다. 운석은 태양계의 아주 깊은 곳, 미지의 공간에서 온 귀중한 샘플입니다.

유성우 관측하기

맑은 날 밤하늘을 관측하다가 운 좋게 마주하는 별똥별은 정말 경이롭고 아름답습니다. 유성우를 잘 보고 싶다면 늦은 밤이나 이른 새벽에 관측해보세요. 유난히 밝은 유성인 '화구'가 대기권을 통과하며 만드는 커다란 흔적과, 운이 좋으면 시간당 수십 개에 달하는 유성을 볼 수도 있습니다.

해마다 주기적으로 볼 수 있는 유성우들은 다음과 같습니다. 유성이 쏟아지는 쪽 하늘에서 보이는 별자리를 따서 이름 지어졌지요. 북반구에서 사분의 자리와 쌍둥이자리 유성우가, 남반구에서는 물병자리-에타 유성우가 특히 잘 관측됩니다.

유성우 이름	활동기	극대기
사분의자리 유성우	1월 1~5일	1월 4일
거문고자리 유성우	4월 16~25일	4월 22일
물병자리-에타 유성우	4월 19일~5월 28일	5월 6일
물병자리-델타-남쪽 유성우	7월 12일~8월 19일	7월 28~29일
페르세우스자리 유성우	7월 17일~8월 24일	8월 12일
오리온자리 유성우	10월 2일~11월 7일	10월 21일
사자자리 유성우	11월 14~21일	11월 17일
쌍둥이자리 유성우	12월 7~17일	12월 14일

+ 매년 관측할 수 있는 유성우

쌍둥이자리 유성우를 제외하고 모두 지구가 활동 중인 혜성 잔해의 흐름을 통과할 때 발생하는 유성우다. 12월에 관측되는 쌍둥이자리 유성우는 죽은 혜성으로 추정되는 소행성 3200 파에톤Phaethon의 파편 때문에 발생한다.

한 걸음 더
운석의 분류

19세기부터 과학자들은 지구에 떨어진 운석 표본을 세 종류로 분류했습니다. 첫 번째는 암석으로 구성된 석질 운석으로, '콘드라이트'라고 합니다. 콘드라이트는 종종 표면에 '콘드률'이라는 작고 둥근 알갱이가 보이며, 태양계 형성 초기에 만들어졌을 확률이 높습니다. 두 번째는 철과 니켈의 합금으로 구성된 '철운석'으로, 소행성의 핵에서 생성되었을 확률이 높고 아주 무겁지요. 세 번째는 암석과 금속의 혼합물인 '석철질 운석'인데, 이들은 소행성이나 초기 행성의 핵과 맨틀 사이 층에서 생성된, 다소 희귀한 운석입니다.

태양계를 떠다니는 작은 조각별
초기 성운과 행성의 파편, 소행성

태양계에는 태양, 행성, 혜성, 유성만 있는 것이 아닙니다. 수백만 개의 파편이 이들 사이를 떠다니고 있지요. 이들을 '소행성'이라고 합니다. 소행성은 태양계 초기 성운에 있던 잔해와 물질이 더 큰 행성에 흡수되지 않아 생기거나, 초기 행성이었다가 충돌로 부서져 궤도를 이탈하며 탄생한 천체입니다. 대부분의 소행성은 화성과 목성 궤도 사이의 소행성대에서 태양 주위를 공전하고, 행성보다 크기가 작으며, 암석 물질로 이루어져 있습니다.

소행성은 궤도의 위치나 구성 성분 등 다양한 기준으로 분류할 수 있습니다. 그중 가장 자주 쓰이는 분류법은 반사되는 빛의 스펙트럼을 활용하는 것이지요. 소행성에서 반사된 빛을 분광기로 분석하면 특징적인 선과 파장이 나타나 구성 성분과 특징을 알 수 있습니다.

소행성의 분류와 특징

스펙트럼 분류법에 따르면 소행성은 크게 셋으로 나뉩니다. C-형 소행성, S-형 소행성, M-형 소행성이지요.

  C-형 소행성은 탄소질 소행성입니다. 대부분 광물과 혼합된 탄소 화합물로 이루어져 있고, 화성과 목성 사이 소행성대 전역에서 관측됩니다. 빛의 반사도가 매우 낮아 어두우며 스펙트럼은 푸른색을 많이 띠고, 전체 소행성의 약 75퍼센트가량을 차지하지요.

  S-형 소행성은 석질 운석과 마찬가지로 암석 성분을 주성분으로 하며, 니켈과 철 등 금속물이 혼합되어 있기도 합니다. 주로 소행성대의 중앙보다 살짝 안쪽을 공전하고 있지요. 빛의 반사도가 높아 비교적 밝고, 전체 소행성의 약 17퍼센트가 여기에 속합니다.

  마지막으로 M-형 소행성은 대부분 금속 성분을 띠고 간혹 소량의 암석도 포함하는 소행성입니다. 충돌로 인해 부서진 천체의 금속 핵에서 탄생했을 확률이 높지요. S-형 소행성과 비슷한 위치에서 태양 둘레를 공전하며, 빛의 반사도는 중간 정도에 스펙트럼은 주로 붉은빛을 띠지요. 소행성 중 가장 드문 유형입니다.

소행성, 소행성군, 소행성대

태양계 내 대부분의 소행성은 화성과 목성 사이 소행성대에 위치합니다. 이곳에서 수백만 개의 소행성이 궤도를 따라 공전하지요.

태양계 형성 초기에 등장한 파편들이 자기들끼리 뭉쳐 독립적인 행성을 이루지 못하고 개별 조각으로 소행성대에 남아 있는 이유는 목성의 강력한 중력 때문이라는 분석이 있습니다. 그러나 일부 소행성들은 소행성대가 아니라 해왕성 바깥의 카이퍼대에 존재하기도 하지요.

소행성들은 종종 비슷한 궤도와 경로로 공전합니다. 이들은 한때 거대한 원시 행성을 이루었다가 외부의 거대 천체와 충돌해 비슷한 궤도를 도는 소행성군이 되었을 가능성도 있습니다. 자주 관측되어 널리 알려진 소행성 중 하나는 '베스타Vesta'인데, 베스타 근처에서 같은 궤도를 도는 소행성의 무리가 있습니다. 이들을 '베스타 소행성군'이라고 부르지요. 먼 과거에 베스타에 무언가가 충돌하며 거대한 크레이터를 만들고, 그 파편들이 흩어지며 베스타 소행성군이 되었을 것으로 보입니다.

어떤 소행성군은 다른 행성이나 위성의 궤도를 공유하며 함께 공전하기도 합니다. 이들을 가리켜 '트로이군Trojan'이라고 하지요. 가장 먼저 발견된 것은 목성 트로이군입니다. 이들은 대부분 목성 궤도에서 발견됩니다. 금성, 지구, 화성에도 트로이 소행성군이 존재하지요.

트로이 소행성군은 행성과 태양의 중력이 균형을 이루는 지점에 있기 때문에 다른 천체와 충돌하지 않고 안정적인 위치를 유지합니다. 이렇게 공전하는 두 천체 사이에서 중력과 위성의 원심력이 상쇄되어 실질적으로 중력의 영향을 받지 않는 평형점을 '라그랑주점Lagrangian Point'이라고 하지요.

| 한 걸음 더 | **소행성에 이름 붙이기** |

천문학자들은 새로운 소행성을 발견할 때마다 이름을 짓습니다. 소행성의 정식 명칭은 숫자와 이름으로 이루어져 있지요. 숫자는 발견 순서대로 붙이며, 이름은 발견자가 직접 붙이거나 생략하기도 합니다. 소행성 베스타의 공식 명칭은 '4 베스타'지만 보통 숫자를 생략하고 부르는 경우가 많지요.

소행성의 이름은 신화 속 신이나 정령, 뛰어난 업적을 남긴 천문학자, 때로는 유명 작가나 음악가에서 따오기도 합니다. 비틀스 멤버들은 모두 자신의 이름을 딴 소행성을 가지고 있습니다. 한국사 속 유명 과학자인 장영실과 실학자 홍대용의 이름이 붙은 소행성도 존재하지요.

재앙을 일으키는 근지구 소행성?

내행성계의 소행성 중 상당수는 지구의 궤도를 교차합니다. 이들을 가리켜 '지구 통과 소행성'이라고 부르지요. 소행성과 지구의 궤도가 교차하면 서로 위험할 정도로 가까워질 수도 있습니다. 그렇다고 항상 충돌하지는 않지요. 이렇게 지구 가까이 접근하는 소행성을 '근지구 소행성Near-Earth Asteroids, NEA'이라고 합니다.

근지구 소행성은 최소 수만 개 이상 존재할 것으로 보이고, 지름이 1킬로미터를 넘을 만큼 거대한 것도 꽤 많습니다. 이런 크기의 소행성은 지구에 충돌할 경우 전 지구적 재앙을 일으킬 수 있기 때문에, 더욱 면밀한 관측과 궤도 분석이 필요합니다. 천문학자들은 근지구 소행성의 궤도와 태양 사이의 거리, 지구와의 거리 등을 계산해 충돌 가능성을 예측하고 신중하게 관측합니다.

전 세계의 소행성 탐사 기록

천문학자들은 지상의 천문대와 지구 궤도를 도는 우주 망원경, 우주로 발사한 탐사선을 통해 소행성을 연구하고 있습니다. 처음으로 소행성대를 탐사한 우주선은 1970년대의 파이어니어 10호였습니다. 목성 탐사를 위해 발사된 갈릴레오호도 놀라운 업적을 남겼지요. 목성으로 향하던 도중, 1991년과 1993년에 각각 소행성대의 가스프라Gaspra와 이다Ida를 근접 비행했고, 최초로 소행성의 위성 다크틸Datyl을 발견한 것입니다. 1996년에는 니어 슈메이커호NEAR Shoemaker가 근지구 소행성인 433 에로스Eros 탐사를 목적으로 발사되었는데, 이 탐사선은 2001년 사상 최초로 소행성에 착륙하고 데이터를 수집해 지구로 전송했지요.

이후에도 인류는 소행성 연구를 위해 수많은 탐사선을 보냈습니다. 나사의 딥스페이스 1호는 브라유Braille, 스타더스트호는 안네프랑크AnneFrank, 일본 하야부사 1호는 소행성 이토카와, 유럽우주국의 로제타호는 슈타인스Steins와 루테티아Lutetia에 대한 정보를 각각 수집해왔습니다.

2020년에는 미국의 오시리스-렉스호가 소행성 베누Benu의 표면 토양을 채취해 지구로 보냈고, 2022년에는 일본의 하야부사 2호가 소행성 류구의 샘플을 가지고 지구로 무사 귀환했습니다.

한 걸음 더
세레스로 떠난 탐사선

태양계에서 가장 큰 소행성은 '세레스'입니다. 세레스는 왜소행성으로 분류되기도 하지요. 아직도 '소행성'과 '왜소행성'의 차이점이 헷갈린다고요? 이렇게 생각하면 쉽습니다. 왜소행성은 일반 행성과 소행성의 중간 성격을 가진 천체로, 행성처럼 둥근 형태를 이루지만 자신의 궤도 주변을 완전히 정리하지 못한다는 점에서 행성의 조건을 충족하지 못합니다.

스펙트럼 분류에 따르면 C-형 소행성인 세레스는 1801년 이탈리아의 천문학자 주세페 피아치Giuseppe Piazzi가 최초로 발견했습니다. 이후 거의 반세기 가까이 행성으로 여겨지다가 다른 소행성들이 발견되며 소행성으로 분류되었지요. 세레스는 표면이 물과 얼음으로 덮여 있는 것으로 추정됩니다. 나사에서 소행성을 탐사하기 위해 발사한 탐사선 돈호Dawn는 2015년에 세레스와 베스타의 정밀 사진을 촬영해 지구로 보냈습니다. 2018년에 연료가 떨어져 지구와의 교신이 끊겼지만 향후 20여 년간 세레스의 위성처럼 궤도를 공전할 것으로 예측됩니다.

2부
태양계 너머의
광활하고 놀라운 세상

태양계 바깥에 다른 태양이?
스스로 발광하는 별, 항성

지금까지 우리 지구가 몸담은 태양계의 구성원을 살펴보았습니다. 태양계에는 '태양'이라는 하나의 항성과 수성부터 해왕성까지 8개의 행성, 명왕성을 비롯해 에리스, 하우메아 등의 왜소행성, 세레스와 베스타 등 소행성, 꼬리를 물고 이동하는 혜성 그리고 유성이 존재합니다. 더 멀리서 보면 카이퍼대와 오르트 구름이 태양계를 감싸고 있지요.

태양계를 벗어나면 더 넓은 우주가 등장합니다. 태초부터 밤하늘을 수놓은 별들은 인간을 매료시켰습니다. 지구에 지성을 가진 존재가 처음 등장했을 때, 그들에게 별은 어떤 의미였을까요? 어두운 밤을 밝히는 수천 개의 반짝이는 별은 놀라움과 경탄의 대상이었을 것입니다. 아무도 저 위에 무엇이 있는지 정확히 몰랐지만, 그렇기에 온갖 상상력을 발휘할 수 있었지요.

우리는 모두 항성에서 왔다

◆

별Star을 천문학 용어로 표현하자면 '항성'입니다. 태양은 태양계의 유일한 항성이지요. 태양계를 벗어나 더 넓은 우리은하로 시선을 돌리면 최소 수천억 개의 항성이 있습니다. 태양계 기준으로 태양은 중심을 잡아주는 거대한 항성이지만, 우리은하 기준으로는 수없이 많은 항성 중 하나에 지나지 않습니다.

모든 항성은 중심부의 핵이 주변 플라스마와 반응해 빛나는 구형 발광체로, 자체 중력으로 뭉쳐 있습니다. 항성은 핵 원소를 융합해 다른 원소로 바꿉니다. 이런 핵융합 과정에 어마어마한 열과 빛을 방출하는 것이지요. 핵융합 작용과 자체 중력이 결합해 항성을 굉장히 뜨겁지만 안정적인 구체로 만들어냅니다.

항성은 일생 대부분의 시간을 수소를 융합시켜 헬륨을 만들며 보냅니다. 오래된 항성일수록 수소가 부족해지고, 일부는 헬륨을 탄소로 융합하며, 가장 오래되고 무거운 항성의 경우 심지어 철로 융합하기까지 합니다. 원소를 융합해 새로운 원소를 만드는 이 과정을 '핵합성'이라고 부르지요.

오래된 항성이 소멸할 때 그 구성 물질은 온 우주로 흩어져 새로운 항성이나 행성, 기타 천체에 재활용됩니다(우리가 모르는 먼 우주 어딘가에는 항성 물질로 이루어진 또 다른 생명이 살고 있을지도 모릅니다). 천문학자 칼 세이건은 자신의 저서 『코스모스』(사이언스북스, 2006)에 "우리는 별의 잔해로 이루어져 있다We are made of star-stuff"라고 썼지요. 우리가 숨 쉬는 산소부터 혈액 속 철분, 뼈의 칼슘, 세포 분자의 탄소는 모두 오래전 소멸한 별에서 나온 것입니다.

> **한 걸음 더**
>
> ## 별의 이름은 어떻게 지어질까요?

저 멀리서 반짝이는 별은 오랜 시간 인류에게 영감의 근원이자 낭만의 원천이 되어왔습니다. 멜로 영화나 드라마에서 간혹 주인공들이 밤하늘을 올려다보며 '저 별은 너의 별, 그 옆은 나의 별'이라며 사랑을 속삭이는 모습을 볼 수 있지요. 과연 별의 이름은 어떻게 지어질까요?

천문학자들이 사용하는 별의 공식 명칭은 보통 다양한 문화권에서 기원합니다. 예를 들어 아르크투루스Arcturus(대각성)와 베텔게우스Betelgeuse는 각각 '곰의 감시자'와 '거인의 겨드랑이'라는 뜻으로 그리스어와 아랍어에서 유래한 이름입니다. 그리스 신화 속 개의 이름에서 유래한 시리우스Sirius는 '큰개자리 알파'로도 알려져 있으며 'α CMa'로 표기합니다. 큰개자리Canis Major에서 가장 밝은 별이라는 뜻이지요. 알파α는 가장 밝은 별을, 베타β는 두 번째로 밝은 별을 의미합니다.

별 이름은 목록에 따라서 달리 표기됩니다. 시리우스는 『히파르코스 목록Hipparcos Catalog』(1989년부터 1993년까지 활동한 유럽우주국 인공위성 히파르코스가 관측한 항성의 목록)에서는 'HIP 32349'라고 불립니다. 별 이름을 검색하다가 'NGC'라는 표기가 보인다면 이는 성단, 성운, 은하 등 심우주 천체 목록인 『새일반 목록New General Catalog』에서 가져온 명칭이지요. 프랑스의 천문학자 샤를 메시에Charles Messier도 천체 목록을 작성했습니다. 오리온성운은 『새일반 목록』에서는 'NGC 1976'으로, 『메시에 목록Messier Catalog』에서는 42번, 즉 M 42라고 표기됩니다.

항성은 어떤 기준으로 분류할까?

◆

항성은 광구 색을 기준으로 분류됩니다. 광구란 우리의 눈에 보이는 항성의 표면을 가리키지요. 천문학자들은 별에서 방출된 빛을 분광기에 통과시켜 스펙트럼을 분석합니다. 항성에 존재하는 각 원소는 '흡수선'이라는 어두운 선 형태의 흔적을 남깁니다. 이 선들이 별의 온도와 성분을 분석하는 자료가 되어 주지요.

항성 빛의 스펙트럼은 우리에게 많은 것을 가르쳐줍니다. 항성이 얼마나 빠르게 자전하고 공전하는지, 어떤 화학 원소를 포함하는지, 자기장이 얼마나 강한지, 심지어 대략적인 탄생 시기까지도 알 수 있지요. 이렇게 항성 빛의 스펙트럼을 분석하는 학문을 '항성분광학'이라고 합니다.

항성 스펙트럼의 분류

'스펙트럼형Spectral class'이라는 표준적인 분류 체계가 있습니다. 대부분의 항성은 이 기준에 잘 들어맞지요. 스펙트럼형은 항성을 온도가 높은 것부터 차례로 O, B, A, F, G, K, M형으로 나눕니다. O형 항성은 가장 뜨겁고 밀도가 높은 '극대거성', M형 항성은 차가운 '적색왜성'이지요.

이 분류에 부합하지 않는 일부 항성들은 L, T, Y로 분류되는데, 행성과 항성 사이 준항성 천체인 갈색왜성도 여기에 포함됩니다. L, T, Y형에 속하는 일부 항성이 행성보다 더 온도가 낮은 경우도 있습니다.

O에서 M형까지 항성 분류는 각각 다시 표면 온도를 기준으로 0에서 9까지의 아라비아 숫자로 나눕니다. 그 뒤에는 항성의 부피에 따라 O, III, V, VII의 로마 숫자로 표기하지요. 이는 차례대로 초거성, 거성, 주계열성, 백색왜성을 가리킵니다. 가령 태양은 'G2V'로, 표면 온도가 G형에서 세 번째로 뜨거운 그룹에 속하고, 주계열성이라는 뜻입니다.

온도와 광도에 따른 항성의 일생

✦

천문학자들은 항성이 시간에 따라 어떻게 변화하는지 이해하기 위해 온도와 광도를 분석해 그래프를 그렸습니다. 천문학에서 가장 널리 알려진 그래프는 '헤르츠스프룽-러셀 도표Hertzsprung-Russell Diagram'입니다. 항성 온도와 광도 사이 관계를 표시한 것이지요.

그래프에서 대부분의 항성은 '주계열성'이라 불리는 좁고 구부러진 띠를 따라 존재합니다. 주계열성이란 항성의 일생 중 대부분을 차지하는, 핵융합이 안정적으로 일어나는 단계를 뜻합니다. 항성의 질량은 주계열성에 얼마나 오래 머무를지를 결정하지요. 핵융합을 멈춘 항성은 색과 밝기가 변합니다. 그때부터 주계열성 군단에서 벗어나 그래프의 다른 부분으로 이동하게 되지요. 태양 질량의 25퍼센트가 되지 않는 작은 별은 주로 백색왜성이 되고, 태양을 포함한 거대한 별들은 팽창하여 적색거성이 되었다가 나중에 백색왜성이 됩니다. 가장 큰 별은 적색초거성이 될 확률이 높습니다.

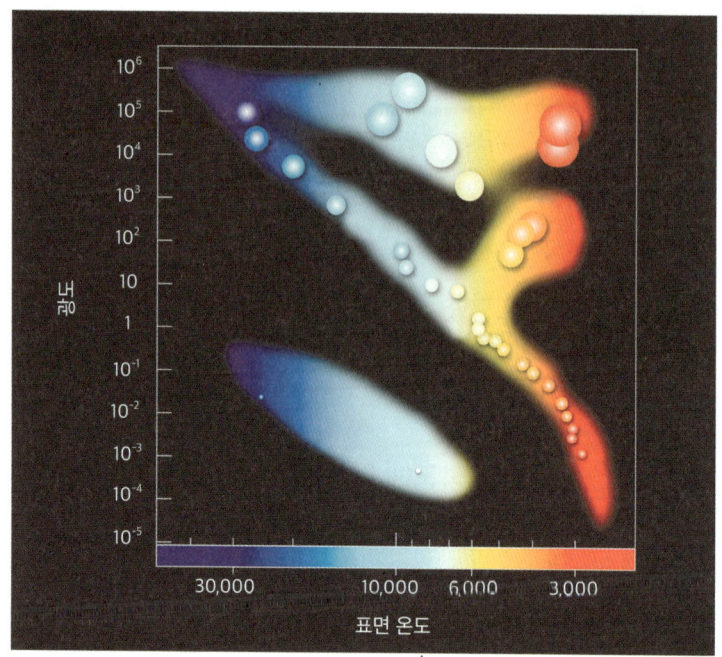

✦ 헤르츠스프룽-러셀 도표

별을 온도와 광도에 따라 정렬한 그래프다. 왼쪽 위에서 오른쪽 아래로 이어지는 대각선은 '주계열성'에 속하고, 왼쪽 아래에는 백색왜성, 오른쪽 위에는 거성과 초거성이 분포한다.

항성은 얼마나 오래 살아남을까?

항성의 수명은 저마다 다릅니다. 짧게는 수백만 년에서 길게는 수십억 년 이상 지속되는 것도 있지요. 우리가 하늘에서 볼 수 있는 대부분 항성의 수명은 10억~100억 년 사이라고 보면 됩니다.

질량이 클수록 항성의 수명은 짧아집니다. 태양의 질량은 우주에서 평균 정도 됩니다. 지금까지 45억 년간 존재해온 태양은 앞으로 50억 년 정도 더 지속되다가 백색왜성이 될 것입니다. 태양보다 질량이 큰 항성은 초신성으로 폭발하기 전까지 기껏해야 수백만 년 정도 더 살게 됩니다. 반면 질량이 매우 작은 항성은 핵융합에 많은 에너지가 필요하지 않아 아주 오랜 시간 밤하늘에 떠 있지요. 어쩌면 영원히 존재하는 것처럼 보이기도 합니다. 지금까지 밝혀진 바에 따르면, 우주가 시작된 이래로 수명을 다해 소멸한 적색왜성(온도가 낮고 질량이 가벼운 항성)은 단 하나도 없었습니다.

한 걸음 더
항성의 밝기

항성은 저마다 다른 빛으로 빛나 밝기에 따라 등급을 매길 수 있지요. 항성의 밝기 등급은 '겉보기 등급'과 '절대 등급'으로 나뉩니다. 겉보기 등급은 지구에서 항성을 관찰할 때 보이는 밝기를, 절대 등급은 항성을 10파섹 떨어진 곳에서 볼 때의 밝기를 나타냅니다. 모든 항성을 동일한 거리에서 보면 실제 밝기를 알 수 있지요.

항성의 밝기 등급은 숫자가 작을수록 더 밝다는 뜻입니다(음수까지 포함하지요). 겉보기 등급 기준으로 사람의 눈은 평균 6등급까지만 볼 수 있지요. 허블 우주망원경으로 관측한 가장 어두운 천체는 약 30등급이고, 태양은 마이너스 27등급으로 분류됩니다.

별은 어디에서 탄생했을까?
성간 구름과 별 탄생의 비밀

1985년, 물리학자 하인츠 파겔스Heinz R. Pagels는 항성의 탄생을 가리켜 "베일에 싸인 비밀스러운 사건Veiled and secret event"이라고 표현했습니다. 오늘날에는 향상된 기술과 관측 도구, 각종 연구와 복잡한 수식 계산을 통해 항성이 수소와 헬륨, 기타 원소로 이루어진 성간 구름이 붕괴하며 탄생한다는 사실이 널리 알려져 있습니다. 그러나 100년 전만 해도 이런 관측이 불가능했지요.

138억 년 전에 우주가 시작된 이래로 수많은 항성이 등장하고 소멸했습니다. 인류는 하늘을 올려다보기 시작한 직후부터 항성의 진화 과정을 연구하고 있습니다. 그 연구 범위가 매우 넓고 복잡해 일평생을 항성의 '탄생'에만 바치는 천문학자도 있을 정도이지요. 이번 챕터에서는 밤하늘을 수놓은 별이 어떻게 탄생하는지 자세히 살펴봅시다.

먼지 구름에서 별이 탄생하다

항성은 별과 별 사이 '성간星間'에서 태어납니다. 구체적으로는 기체와 먼지가 밀집된 성간 구름, 특히 수소가 분자 상태로 존재하는 거대 분자 구름에서 탄생하지요. 분자 구름이 어떠한 계기로 수축을 시작하면 밀도가 높아지고, 밀도가 높아진 분자들은 여러 덩어리로 분열되어 각자 수축합니다. 수축이 계속되면 성운의

+ 항성 탄생의 순간

허블 우주망원경으로 포착한 '센타우루스자리 A은하'의 항성 탄생 순간이다. 빽빽한 기체와 먼지로 이루어진 분자 구름이 붕괴하며 항성이 탄생한다.

중심 온도가 높아져 각 덩어리들은 저마다 다시 분열합니다. 분열된 덩어리들이 제각각 수축을 계속하다가 중심 온도가 400만 도를 넘어가면 핵융합이 시작되어 항성이 탄생합니다. 거대한 분자 구름에서 갈라져 나온 분자들이 수많은 별로 태어나는 것이지요.

갓 태어난 항성이 계속 가열되면 생성 초기에는 극지방에서 기체가 뿜어져 나옵니다. 이는 뜨거운 열을 방출하는 데 도움이 됩니다. 갓 태어난 별 주변에 다른 성간 물질이 남아 있으면 이들은 때때로 행성이 되기도 합니다.

홀로 탄생한 별은 없다

약 45억 년 전, 분자 구름의 일부였던 작은 구름이 홀로 붕괴하기 시작했습니다. 이 구름에는 다른 항성이 소멸하며 흩어져나온 물질도 포함되어 있었습니다. 이들 원소 중 일부는 적어도 한 번, 아니면 여러 차례의 거대한 폭발에서 발생했습니다. 수소 분자 구름의 중력이 붕괴하자 곧 태양이 탄생했지요.

천문학자들은 주변의 노화된 별에서 나오는 강한 항성풍이나 폭발로 인한 충격파가 갓 태어난 작은 항성 태양을 회전시키고 주변 파편과 뭉쳐지게 했다고 봅니다. 어쨌든 항성은 분자 구름 중심부가 핵융합을 시작할 수 있을 만큼 뜨거워졌을 때 탄생합니다. 즉 태양과 태양계 행성들은 단독으로 만들어지지 않았습니다. 기존에 있던 오래된 별들이 흩어지며 남긴 무리의 일부에서 시작되었을 가능성이 높지요. 별들도 지구 생태계와 마찬가지로 돌고 돌며 존재하는 것입니다.

별의 요람

별이 태어나는 곳을 '항성 형성 영역'이라고 합니다. 우리은하에도 항성이 탄생하는 몇몇 구역이 있습니다. 가장 유명한 곳은 오리온성운입니다. 오리온성운은 오리온자리의 허리띠 아래에 위치한 발광 성운으로, 지구로부터 약 1,350광년 정도 떨어져 있습니다. 오리온성운의 중심에는 아직 젊고 온도가 높은 별들이 모여 있습니다. 가장 밝은 별 4개는 '트라페지움Trapezium(사다리꼴)'이라는 별명을 지니고 있지요. 이 갓 태어난 별들은 주변 구름을 가열하며 빛을 발합니다.

　우리은하의 이웃인 마젤란은하에는 '타란툴라성운'이 있습니다. 타란툴라성운도 많은 항성이 탄생하는 요람과 같지요. 지구에서 16만 광년이나 떨어져 있지만 정밀한 망원경을 사용하면 타란툴라성운에서 갓 탄생한 항성들을 관측할 수 있습니다. 이들 역시 주변 성운을 가열하고 남은 기체와 먼지 구름을 흡수하며 몸집을 불려 나가지요.

우주 최초의 원소와 성간 구름

✦

우주에서 최초로 탄생한 항성은 무엇으로 이루어져 있었을까요? 바로 가장 기본적인 원소인 수소와 헬륨이었습니다. 최초의 항성들은 우주가 탄생한 지 불과 수억 년 만에 뭉치기 시작한 무거운 별이었지요. 이들은 질량이 매우 높아 핵융합에 많은 연료를 소모했고, 핵합성 과정에서 무거운 원소들을 많이 만들어냈습니다. 이들이 소멸될 때 강한 항성풍과 초신성 폭발로 인해 원소들이 우주 전체에 흩뿌려졌지요. 그 파편과 원소들은 오늘날에도 계속해서 우주 곳곳 성간 공간에 원소를 퍼뜨려 새로운 항성과 행성을 만들고 있습니다.

성간 구름의 비밀

최초의 별(항성)이 형성되고 폭발하면서 방출된 물질들은 우주 공간에 퍼져 성간 구름을 형성했습니다. 성간 구름은 항성을 형성하는 데 필요한 원소들을 포함하고 있었습니다. 대부분 수소와 헬륨이지만 탄소, 산소, 질소 같은 무거운 원소들도 들어 있었지요.

성간 구름은 놀라운 물질들의 혼합체입니다. 성간 구름을 조사하던 천문학자들은 생명의 생성과 진화에 관여하는 '생물 이전Prebiological' 분자를 발견했습니다. 항성이 탄생한 성간 구름에는 생명의 기원이 되는, 어쩌면 그보다 훨씬 이전의 물질이 풍부하게 담겨 있지요. 그러니 지구상에 존재하는 모든 생명은 최초의 별 또는 성간 구름에서 시작되었다고 볼 수 있습니다.

별은 어떻게 나이들고 소멸하는가
항성의 마지막 순간, 초신성

인간 수명을 기준으로 보면 별은 '영원히' 존재하는 것처럼 보입니다. 아주 오래된 고문헌 속에 등장했던 별을 오늘날에도 쉽게 관측할 수 있습니다. 가장 수명이 짧은 별도 최소 100만 년 정도는 살아가지요. 백색왜성이라 불리는 밀도 높은 별은 수백억 년간 우주를 떠돌다가 서서히 식어 '흑색왜성'이라 불리는 차가운 암석 덩어리가 됩니다.

별은 살아가는 동안 핵융합 과정을 끊임없이 반복하며 열과 빛을 방출합니다. 바로 지금 태양이 하는 일과 같지요. 이렇게 안정적으로 핵융합을 일으키며 연료를 소모하는 시기를 '주계열성' 상태라고 합니다. 그러다가 별에서 핵융합에 사용할 원소가 모두 소진되면 별은 핵융합을 멈추고 주계열성에서 벗어나게 됩니다. 이때부터 별의 노화가 시작되며 흥미로운 일이 일어납니다.

태양이 사라지면 어떻게 될까?

♦

우리 태양계의 유일한 항성이자 지구에 다양한 생명체가 존재할 수 있도록 에너지를 불어넣는 태양이 수명을 다하면 과연 어떻게 될까요? 태양은 언제쯤 소멸할까요? 상상만으로도 아득하고 아찔한 문제지요. 역사상 수많은 천문학자가 이를 연구했습니다. 태양의 일생을 끝까지 따라가봅시다.

태양은 앞으로 약 50억 년간 계속 중심핵의 수소 원자로 핵융합을 반복할 것입니다. 그러다가 수소가 고갈되면 헬륨을 융합하고 더 무거운 탄소까지 만들기 시작하겠지요. 이 과정에서 태양은 주계열에서 벗어나게 됩니다. 주계열성 상태에서 벗어난 태양은 서서히 팽창할 것이고, 대기 중의 탄소 때문에 점차 붉은빛을 띠게 됩니다. 그렇게 나이든 적색거성으로 변해 풍부한 탄소 대기를 우주로 뿜어내고, 그 과정에서 질량을 잃게 되겠지요.

태양이 방출한 탄소 대기는 성간 물질이 되거나 '행성상성운'과 결합해 먼지 껍질을 형성합니다(행성상성운은 윌리엄 허셜이 소멸 단계의 항성을 망원경으로 관측하고 마치 행성 모양 성운처럼 보인다고 해서 붙인 이름입니다). 결국 태양 주변 대기가 모두 사라지면 핵만 남아 있다가, 그 강력한 복사열이 행성상성운에 에너지를 공급해 폭발적인 빛을 내고 태양의 핵은 점차 쪼그라들어 백색왜성이 될 것입니다. 이렇게 항성의 소멸 단계에서 강력한 에너지를 방출하며 폭발적으로 발광하는 것을 바로 '초신성'이라고 합니다. 즉 초신성의 탄생은 항성의 죽음과 같습니다.

+ 초신성 1994D

허블 우주망원경이 1994년에 NGC 5426 은하 인근에서 초신성의 순간을 촬영했다. 왼쪽 아래에 밝게 빛나는 것이 초신성이다.

항성의 소멸, 행성의 끝

항성의 죽음은 행성에도 영향을 미칩니다. 가령 태양이 적색거성이 되면 주변 대기가 팽창해 태양계로 퍼져나갈 것입니다. 그 과정에서 태양과 가장 가깝던 수성과 금성이 파괴될 확률이 높지요. 지구도 함께 파괴되거나 화성 궤도로 밀려날 수 있습니다. 그렇게 되면 화성도 현재의 궤도를 벗어날 것입니다.

결국 외행성계의 얼음 행성까지 따뜻한 열이 전달되며 행성들이 새로운 모습으로 변화할지도 모릅니다. 그러나 이후 백색왜성으로 변한 태양이 식으면 행성들은 빠르게 얼어붙을 것입니다. 얼마 지나시 않아 태양은 차가운 잿더미가 되고, 그러면 태양계의 여덟 행성도 모두 빛을 잃겠지요.

무거운 항성의 종말
◆

그렇다면 태양보다 훨씬 더 무거운 별들은 어떻게 소멸할까요? 천문학에서는 일반적으로 태양 질량의 8배 이상 되는 항성을 '고질량 항성'이라고 합니다. 이들은 태양과 마찬가지로 핵융합 단계를 거칩니다. 그러나 태양이 수소에서 핵융합을 시작해 탄소까지 방출하는 반면, 이들은 탄소를 네온으로, 네온을 산소로, 산소를 규소로 융합하며 궁극적으로 철로 이루어진 핵을 만들어냅니다. 철이 핵융합을 하기 위해서는 항성이 공급할 수 있는 것보다 많은 에너지가 필요하기에, 이 지점에서 핵융합 반응이 멈춥니다. 이 단계에서 고질량 항성은 매우 밀도 높은 중성자별로 변하지요.

중심부의 핵이 변화를 겪는 동안, 항성의 나머지 부분은 바깥층부터 질량을 빼앗깁니다. 이 과정에서 바깥층이 핵과 충돌해 충격파를 만들어내는데, 충격파가 주변 기체에 에너지를 공급하며 일어나는 거대한 폭발을 가리켜 '제II형 초신성'이라고 합니다. 제II형 초신성은 태양보다 질량이 9~45배 정도 큰 거대한 별에서 주로 일어납니다.

때때로 백색왜성도 자체적으로 격렬한 폭발을 일으키는데, 이를 '제Ia형 초신성'이라고 합니다. 보통 백색왜성은 핵융합이 끝나 생의 주기가 종료된 상태의 별인데, 어떤 원인으로 내부 온도가 높아지면서 에너지를 방출하며 폭발이 일어나는 것이지요. 제Ia형 초신성에서 나오는 빛은 우주의 거리를 측정하는 데 활용되는 귀한 자료입니다.

1054년의 초신성

우리은하뿐만 아니라 다른 은하에도 초신성의 잔해가 흩어져 있습니다. 가장 유명한 초신성 잔해 중 하나는 작은 망원경으로 관측할 수 있는 '게성운'입니다.

역사 기록을 보면 1054년에 중국, 일본, 영국 등 세계 각지에서 어마어마한 천체 폭발을 관측했다는 내용이 있습니다. 게성운은 지구에서 약 6,500광년 정도 떨어진 머나먼 곳임에도 눈에 보일 정도로 거대한 폭발이 일어난 것이지요. 동양의 한자 문화권에서는 이를 '객성客星(손님별)'이라고 불렀습니다.

게성운의 중심에 위치한 중성자별은 맥동 같은 전파 신호를 방출합니다. 1968년 게성운을 관측하던 천문학자들은 이렇게 맥동하는 천체를 가리켜 펄서Pulsar라고 이름 붙였습니다(펄서에 대해서는 뒤에서 더 자세히 살펴보겠습니다).

시공간이 뒤틀리는 블랙홀의 비밀
강력한 중력이 만들어낸 별의 무덤

블랙홀에 대해서는 누구나 한 번쯤 들어보았을 겁니다. 공상과학 영화나 소설에서 주요 소재로 등장하지요. 블랙홀은 누구든 한번 빠지면 결코 빠져나올 수 없는 무시무시한 중력장이자 미지의 세계로 그려집니다. 밤하늘을 관측하는 천문학자에게도 블랙홀은 몹시 드라마틱하고 놀라운 존재입니다. 많은 학자들이 지난 몇십 년간 블랙홀의 정체와 발생 원인을 연구해왔습니다. 블랙홀은 대체 무엇이고, 어떤 원리로 작동할까요?

 블랙홀은 중력이 너무 강해 빛조차 빠져나갈 수 없는, 무겁고 밀도 높은 천체입니다. 가까이 접근하는 것은 고사하고 직접 관측하기조차 어렵고 불가능합니다(빛조차 흡수해 버리기 때문이지요). 그러나 블랙홀을 감지하고 존재의 증거를 찾아낼 수는 있습니다. 블랙홀 주변 천체와 공간이 비정상적으로 빠른 속도로 빨려들어가

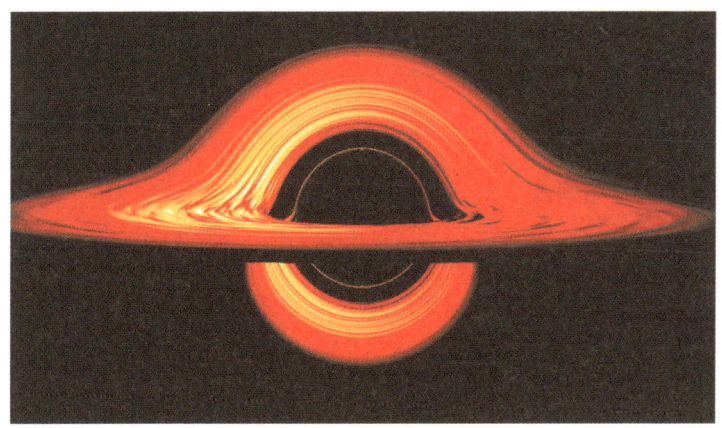

✦ 블랙홀 상상도

나사에서 그래픽으로 제작한 블랙홀 상상도다. 블랙홀은 특이점, 사건의 지평선, 광자 구로 이루어져 있다. 특이점은 블랙홀의 중심부로 밀도가 무한대인 지점이다. 사건의 지평선은 블랙홀의 중력에서 절대 빠져나올 수 없는 경계선을 가리킨다. 광자 구는 블랙홀의 중력에 붙잡힌 빛 입자가 끊임없이 궤도를 도는 주변 영역이다.

기 때문입니다. 천문학자들은 전파 장비로 적외선, 자외선, 엑스선 등을 측정해 블랙홀 주변을 추적하고 분석합니다.

놀라운 블랙홀의 세계

✦

블랙홀은 규모에 따라 크게 셋으로 분류할 수 있습니다. 가장 작은 원시 블랙홀, 중간 크기의 항성 질량 블랙홀, 가장 큰 초대질량 블랙홀이지요.

 원시 블랙홀은 빅뱅 직후 우주가 팽창하는 동안 존재하던 물질의 밀도가 극에 달하며 형성된 것으로 추정됩니다. 크기는 원자 하나 정도로 작지만 질량은 어마어마합니다. 항성 질량 블랙홀과 초대질량 블랙홀에 대해서는 좀 더 자세히 살펴봅시다.

항성 질량 블랙홀

항성 질량 블랙홀은 태양보다 수십에서 수천 배가량 무겁습니다. 우주에서 가장 널리 관측되는 블랙홀 유형이기도 하지요. 일반적으로 블랙홀은 별이 소멸될 때 생성된다고 알려져 있는데, 바로 항성 질량 블랙홀이 그렇습니다. 항성이 폭발하고 남은 핵이 붕괴하며 블랙홀의 중심인 '특이점'이 되지요.

항성 질량 블랙홀은 질량을 가질 뿐만 아니라 전하를 띠며, 대부분 붕괴한 항성의 운동에 영향을 받습니다. 항성 질량 블랙홀의 외부는 주변 항성의 움직임을 통해 어느 정도 관측할 수 있으나 내부를 들여다보는 것은 불가능합니다. 일단 블랙홀의 강한 중력 경계선인 '사건의 지평선'을 통과하는 순간 어떤 물질도, 심지어 빛도 빠져나올 수 없기 때문입니다. 블랙홀 외부에서는 사건의 지평선 내에서 일어나는 '어떤 일도' 감지할 수 없습니다.

블랙홀로 서서히 다가가는 어떤 천체를 관찰한다고 생각해봅시다. 블랙홀 주변은 어마어마한 질량으로 인해 중력이 굉장히 커서 시간이 느려지기에, 사건의 지평선에 가까워질수록 천체가 느리게 움직이는 것처럼 보입니다. 사건의 지평선 근처에서는 시간이 거의 정지된 것처럼 보이고, 천체가 블랙홀 안으로 사라지는 데에 무한한 시간이 걸립니다.

만약 독자 여러분이 블랙홀 안으로 빨려들어가면 시간이 정상적으로 흘러간다고 느낄 것입니다. 그러나 여러분의 몸은 어마어마한 타격을 입게 됩니다. 예를 들어 발부터 블랙홀에 떨어진다고 해봅시다. 블랙홀의 중력 범위에 닿는 순간 발이 국수 가닥처럼 길게 늘어날 것입니다. 이를 가리켜 '국수 효과Spaghettification'라고 합니다. 이 과정을 견딜 수 있다면 여러분은 자신도 모르는 사이에 사건의 지평선을 지나 특이점에 도달할 것인데, 그곳에서는 훨씬 큰 밀도에 눌려 납작하게 으스러질 수밖에 없습니다.

블랙홀은 주변에 부착원반Accretion disk을 가집니다. 블랙홀의 중력 때문에 주변 기체 등이 함께 회전하며 끌려들어갈 때 만들어지는 원반(고리) 형태를 뜻하지요. 부착원반은 주변 기체와 먼지, 행성 등을 끊임없이 빨아들이며 소용돌이치는 과정에서 점점 가열됩니다. 부착원반의 열과 에너지는 블랙홀 자기장과 상호작용해 수직으로 흐르는 제트Jet(물질이 분출되는 현상)를 통해 방출됩니다. 이를 관측해 블랙홀의 형태와 구성 물질을 연구할 수 있지요.

초대질량 블랙홀

초대질량 블랙홀은 은하 중심에 존재하며 은하의 진화와 형성 과정에 중요한 역할을 하기도 합니다. 초대질량 블랙홀의 질량은 태양보다 적게는 수십만 배에서 많게는 수십억 배에 달합니다. 아직 정확히 밝혀진 바가 거의 없지만, 그 내부를 구성하는 물질들은 항성 질량 블랙홀이나 초기 우주의 원시 블랙홀에서 비롯되었을 수도 있습니다. 은하 중심을 도는 초대질량 블랙홀은 주변 가스와 천체에 접근해 매우 크게 성장할 수 있지요.

초대질량 블랙홀의 탄생에 관해서는 다양한 설이 있습니다. 우선 밀도 높은 성단이 붕괴하며 어마어마한 크기의 블랙홀이 형성되었다는 이론이 있지요. 또한 은하들이 충돌하며 중심부에 있던 블랙홀끼리 서로 합쳐져 생겨났다는 가설도 있습니다.

천문학자들이 우주에서 점점 더 많은 블랙홀을 발견하며 새로운 사실들을 밝혀내고 있지만, 블랙홀은 여전히 우리 인류에게 매혹적인 미지의 천체로 남아 있습니다.

블랙홀을 감지하는 법, 중력 렌즈 효과

역사상 가장 위대한 물리학자로 평가 받는 아인슈타인은 상대성 이론을 발표하며 '무거운 물체의 중력은 시공간에 영향을 미친다'고 주장했지요. 무거운 물체는 회전하면서 자기 자신뿐만 아니라 주변 공간까지 끌어당기고 구부립니다. 블랙홀이 회전하면서 주변 공간을 왜곡시키고, 그 결과 주변 천체와 그 천체에서 나오는 빛이 블랙홀의 중력에 빠지게 됩니다.

이해하기 어렵다면 트램펄린을 떠올려보세요. 여러분이 트램펄린 위에 올라서 있으면 매트는 여러분의 발을 따라 둥글게 파입니다. 이 상황에서 매트 위에 공을 올려놓는다면 공은 자연스럽게 여러분의 발 쪽으로 굴러가겠지요. 여러분의 발이 블랙홀이고, 주변 천체가 공이라고 생각하면 됩니다. 블랙홀이 시공간을 왜곡시키면 주변 천체에서 나오는 빛의 경로도 휘어지게 됩니다. 즉, 블랙홀 때문에 관측 방향에 따라 왜곡된 은하 이미지를 보게 되지요. 이렇게 중력으로 인해 빛이 왜곡되어 보이는 것을 가리켜 '중력 렌즈 현상'이라고 합니다. 블랙홀은 눈에 보이지 않아도, 그 주변의 별이나 빛이 휘는 것을 통해 존재를 예측해볼 수 있습니다. 중력 렌즈 현상에 대해서는 뒤에서 더 자세히 살펴보겠습니다.

한 걸음 더 — 우리 이웃의 블랙홀

우리은하의 중심에는 궁수자리 A*Sagittarius A*라는 초대질량 블랙홀이 있습니다. 지구에서 궁수자리 방향으로 약 2만 7,000광년 정도 떨어진 곳에 위치하지요. 궁수자리 A*는 전파와 엑스선을 방출하며, 질량은 태양의 400만 배가 넘습니다. 천문학자들은 이 블랙홀의 부착원반 크기를 측정하기 위해 노력하는 한편 근처 항성의 움직임도 분석하고 있지요. 2022년에는 '사건의 지평선 망원경Event Horizon Telescope, EHT'을 활용해 처음으로 궁수자리 A* 사진을 촬영하기도 했지요.

하늘을 수놓는 아름다운 별의 무리
구상 성단과 산개 성단

은하에는 여러 곳의 '성단'이 있습니다. 성단이란 중력의 영향으로 서로 뭉쳐 있는 항성의 무리를 가리킵니다. 많은 항성들이 일생의 적어도 일부분을 성단에 묶인 채 보내지요. 성단은 형태에 따라 '산개 성단'과 '구상 성단'으로 나뉩니다.

산개 성단은 보통 수백 개 항성이 불규칙한 모양으로 흩어져 있는 성단을 뜻합니다. 이들은 주로 은하 원반에서 발견됩니다. 산개 성단의 항성들은 대부분 탄생한 지 100억 년이 채 되지 않았고, 일부는 여전히 성운에 묻혀 있습니다. 태양은 약 45억 년 전에 산개 성단에서 형성되었습니다. 이후 형제들로부터 멀어져 홀로 우리은하를 여행하고 있지요.

구상 성단은 수십만 개의 오래된 항성으로 구성되며, 항성들이 서로 끌어당기는 중력이 강하게 작용해 둥근 구형을 띱니다. 은하의 중앙을 둘러싼 가스나 기체의 띠를 가리켜 '헤일로Halo'라고 하는데, 구상 성단은 헤일로 주변에 분포합니다. 우리은하에서는 지금까지 150여 개의 구상 성단이 발견되었고, 다른 은하에는 그보다 훨씬 많을 것으로 보입니다.

성단은 어떻게 만들어질까?
✦

성단은 가스와 항성의 거대한 폭발이나 붕괴로 형성됩니다. 산개 성단의 경우 항성 집단의 폭발 등으로 분자 구름이 붕괴하는 과정에서 이들의 일부가 모여 만들어지지요. 구상 성단은 항성 형성 영역과 은하가 상호 작용하며 형성됩니다.

성단은 한번 형성되면 꾸준히 성장합니다. 그러나 시간이 지나 그 중력이 약해지면 항성들은 제각각 흩어지기 시작합니다. 같은 성단 내의 항성들은 서로 멀리 떨어져 있더라도 같은 방향, 비슷한 속도로 은하 내에서 이동하는데, 때로는 성단 내에서 서로 충돌하며 다른 경로로 빠져나가기도 합니다. 이 과정에서 기존 성단이 변화하거나 파괴되고 새로운 성단이 등장하기도 합니다. 생긴지 얼마 되지 않은 성단은 기체와 먼지 구름 잔해와 상호 작용합니다.

같은 성단에 속한 항성들은 거의 비슷한 시기에 형성되어 일반적으로 유사한 특성을 지닙니다. 성단 형성 초기에 가스 구름에 특정 원소가 많았다면 해당 성단 내의 항성은 그 물질을 더 많이 포함하고 있을 확률이 높지요. 만약 초기 성운에 수소와 헬륨이 많고 금속이 부족했다면, 그 성단 내의 항성은 금속 함량이 상대적으로 낮습니다. 그렇기에 성단은 별의 성분과 진화 단계, 소멸을 연구하기 위한 좋은 자료가 되어줍니다.

우주의 산 증인, 구상 성단

구상 성단은 우주에서 오래 존재해온, 나이든 항성의 집단입니다. 구상 성단의 항성들은 대부분 금속 등 무거운 원소 함량이 적고, 수소와 헬륨 등 가벼운 원소 비율이 높아 우주 형성 초기에 탄생했을 것으로 보입니다. 특히 별이 많이 생성되는 지역에 구상 성단이 많으며, 항성끼리 서로 충돌하고 상호 작용하는 은하에서 구상 성단이 많이 관측됩니다. 구상 성단의 중심부일수록 항성의 밀도가 빽빽합니다.

한 걸음 더 — 태양의 형제를 찾아라!

태양도 우리은하 내의 성단에서 태어났는데, 과연 태양의 형제들은 어디에 있을까요? 아직 확실히 밝혀진 바는 없지만 많은 천문학자들이 태양과 비슷한 성질의 항성을 찾고 있습니다. 이들은 가깝거나 먼 항성에서 오는 빛의 스펙트럼을 분석하고 연구합니다. 새로 발견한 별의 스펙트럼이 태양과 유사하고, 태양과 같은 방향으로 운동한다면 서로 관련이 있을 수도 있지요. 학자들은 지구로부터 325광년 이내 범위에 태양의 형제 항성이 있을 것으로 예상하고 있습니다.

우리은하 내 산개 성단들

100억 년 이상의 긴 시간 동안 성단들은 별을 만들어 은하로, 우주로 흩뿌렸습니다. 이 별들이 소멸하며 남긴 잔해는 다시 분자 구름에 흡수되어 새로운 별을 형성했지요.

산개 성단은 우리은하의 기본 구성 요소입니다. 나선형으로 뻗은 우리은하의 팔 부분 전체에 산개 성단이 흩어져 있습니다. 우리은하에는 1,000개 이상의 산개 성단이 분포하고 있습니다. 심지어 1만 개가 넘을 것이라는 예측도 있지요. 지구에서 관측할 수 있는 가장 유명한 산개 성단은 다음과 같습니다.

· 플레이아데스 성단
· 페르세우스 이중성단
· 프레세페 성단
· 보석상자 성단

플레이아데스 성단은 고대부터 관측되어 왔으며, 지구에서 약 440광년 거리에 있습니다. 별이 몹시 많아 맨눈으로도 관측 가능하지요. 페르세우스 이중성단은 두 성단 사이가 비교적 가까워 마치 하나의 성단처럼 보입니다. 프레세페 성단은 게자리 방향에 있는 성단으로 맨눈으로 보면 마치 작고 흐릿한 천체 하나처럼 보이기도 합니다. 그렇지만 망원경으로 자세히 관측하면 별들이 무리를 이루고 있는 것이 보입니다.

> **한 걸음 더**
>
> ## 플레이아데스 성단의 일곱 자매별
>
> 지구에서 가장 가까운 산개 성단 중 하나인 플레이아데스 성단은 약 1억 년 전에 형성되어 천문학적으로 상당히 어린 성단입니다. 매우 뜨겁고 밝은 청색 별들이 두드러지게 보이지요. 맑은 날 플레이아데스 성단을 관측하면 유독 밝은 7개의 별이 보입니다. 이들은 그리스 신화 속에 등장한, 어깨로 세상을 떠받들고 있는 거인족 아틀라스의 일곱 딸에서 영감을 받아 '일곱 자매별'이라고 이름 붙여졌습니다. 플레이아데스 성단의 별들은 앞으로 2억 5,000만 년간 은하를 가로질러 오리온자리 근처로 이동할 것입니다. 그 과정에서 중력이 약해지면 서로 조금씩 멀어지거나 흩어지면서 말이지요.

별들이 사는 도시와 마을
우주를 만들어내는 은하들

사람의 몸을 들여다보면 아주 작은 세포로 이루어져 있지요. 우주도 그렇습니다. 지구인인 우리에게 태양계는 그 자체로 굉장히 넓고 광대한 세상이지만 우주 전체로 보면 아주 작은 세포에 불과하지요. 태양계는 우리은하에 속해 있고, 우리은하 바깥에는 더 많은 성단과 은하가 존재합니다.

  은하란 항성과 행성 등 여러 천체 기체, 먼지, 암흑 물질 등이 중력에 의해 하나로 묶인 거대한 집합체입니다. 겨울에 내리는 눈송이 결정이나 사람 손가락의 지문을 자세히 관찰하면 저마다 다른 고유한 형태를 가지고 있습니다. 은하도 마찬가지입니다. 온 우주에 똑같이 생긴 은하는 존재하지 않지요. 천문학자들은 다양한 은하를 형태별로 묶어 진화 단계와 특징을 연구합니다. 이번에는 은하의 종류와 그 특성을 함께 살펴봅시다.

은하에는 모든 것이 담겨 있다

◆

은하의 모양은 제각각 다르지만 천문학자들은 크게 셋으로 분류합니다. 나선 은하, 타원 은하, 불규칙 은하지요. 대부분의 대형 은하들은 우리은하와 같이 나선형을 띱니다. 다음으로 흔한 것은 타원형입니다. 타원 은하는 둥근 모양이고 나선형과 다르게 뻗어나온 팔이 없습니다. 불규칙 은하는 여러 항성과 기체, 먼지가 특별한 형태 없이 모여 있습니다. 대부분의 작은 은하는 타원이나 불규칙 은하의 형태를 띠지요.

나선 은하의 경우, 중심에서 뻗어나온 밝은 팔에 많은 항성이 자리합니다. 대부분의 항성이 이곳에서 탄생하며, 기체와 먼지 구름이 흩어져 있지요. 천문학자들은 나선 은하인 우리은하에서 태양을 비롯해 행성을 거느린 항성을 많이 발견했습니다. 그러므로 다른 은하에도 행성계를 지닌 항성들이 있으리라 추론해볼 수 있겠지요. 우주는 우리의 상상 이상으로 매우 방대합니다.

항성은 소멸하며 은하의 성간 공간에 기체와 먼지 구름을 남깁니다. 어떤 항성들은 폭발하고 사라지지만, 다른 항성들은 중성자별, 백색왜성, 펄서로 진화해 오랜 기간 상태를 유지합니다. 항성이 소멸하며 남긴 기체와 먼지 구름은 다른 성간 물질과 섞여 성운을 만들고, 이 성운은 다시 새로운 별의 탄생으로 이어집니다.

앞에서 살펴본 것처럼 많은 은하의 중심에 초대질량 블랙홀이 있습니다. 이런 블랙홀 주위를 소용돌이치는 거대 원반에 성간 물질이 축적되면 때때로 제트가 방출됩니다. 전자기파나 제트의 방출 등 활동성을 보이는 은하의 핵을 '활동은하핵'이라고 부릅니다.

최근에 천문학자들은 은하가 '암흑 물질'이라는 숨겨진 질량도 가지고 있다는 사실을 알아냈습니다. 암흑 물질이 무엇인지는 여전히 베일에 싸여 있지만, 암흑 물질은 분명히 존재하며 은하에 미치는 효과도 측정할 수 있습니다(암흑 물질에 대해서는 뒤에서 다시 살펴보겠습니다).

> **한 걸음 더**
>
> ### 우주에는 몇 개의 은하가 있을까?
>
> 머나먼 은하를 관측하다 보면, 지구가 속한 태양계는 정말 작은 세상임을 깨닫습니다. 자연스럽게 과연 우주가 얼마나 넓은지 궁금해지지요. 우주에는 총 몇 개의 은하가 있을까요?
>
> 지금까지 연구된 바에 따르면 관측 가능한 우주에는 약 1,700억 개 이상의 은하가 존재하는 것으로 추정됩니다. 다른 연구에 따르면 2조 개가 넘는다고도 하지요. 게다가 우주는 계속해서 팽창하고 있기 때문에 끊임없이 새로운 은하가 생겨날 수 있습니다. 그야말로 '무한'한 세계입니다.

은하를 연구하는 법

은하를 연구하는 방법은 크게 두 가지입니다. 첫째는 우리은하를 관측하는 것, 둘째는 멀리 떨어진 외부 은하를 연구하는 것이지요. 지구에서 맨눈으로 관측할 수 있는 은하는 우리은하를 제외하면 안드로메다은하와 마젤란은하(성운이라고도 불립니다) 정도뿐입니다. 이들은 고대부터 관측되었지만 인류는 20세기가 되어서야 그 정체를 정확히 파악할 수 있었습니다. 다른 외부 은하를 보려면 하늘을 매우 높은 배율로 확대해 관찰할 수 있는 특수한 망원경이 필요합니다.

은하는 흔히 '심원천체Deep sky'라고도 불립니다. 깊고 먼 하늘이라는 뜻이지요. 이는 본질적으로 멀어서 어둡고 관측하기 어려운 천체를 뜻하기도 합니다. 이런 천체를 관측하기 위해서는 고성능 망원경으로 장기간 조준해 최대한 많은 '광자'를 수집해야 합니다. 오래 관측할수록 더 많은 천체를 발견할 수 있습니다. 외부 은하 연구는 대부분 이런 과정을 거쳐 이루어지며, 최근에는 허블 우주 망원경으로 우주를 관측한 결과 머나먼 곳에 있는 오래된 초기 은하를 발견하기도 했습니다.

은하군, 은하단, 초은하단: 광활한 은하의 세계

별이 무리를 지어 성단과 은하를 구성하듯이, 은하도 무리를 지어 은하군, 은하단, 초은하단을 이룹니다. 대부분의 은하는 다른 은하와 중력으로 엮여 있습니다. 우리은하는 '국부은하군'이라 불리는, 크고작은 50여 개의 은하로 구성된 은하군의 일원이지요.

국부은하군은 지름이 약 1,000만 광년에 달하는 넓은 은하군으로, 안드로메다은하와 마젤란은하를 포함합니다. 그러나 여기서 끝이 아니지요. 국부은하군은 100여 개의 은하단으로 구성된 더 큰 은하단인 '처녀자리 초은하단'에 속해 있습니다. 처녀자리 초은하단의 지름은 약 1억 1,000만 광년에 이르지요. 이렇게 상상하기조차 어려운 거대한 은하들이 함께 모여 비로소 우주를 구성하는 것입니다.

은하 연구의 역사

◆

은하 연구는 비교적 최근에 시작되었습니다. 18세기 천문학자 윌리엄 허셜은 망원경으로 우주를 관찰하고 '무한한 우주'는 별의 집단인 은하가 수없이 모여 이루어진다'는 우주생성론Cosmogony을 정립했습니다. 20세기에 접어들어서야 사람들은 분광기로 성운을 비롯한 각종 천체의 빛을 연구하기 시작했습니다. 스펙트럼은 천체들이 몹시 빠르게 움직이고 있으며 놀랍게도 우리은하 외부에서 온 빛임을 어렴풋이 드러냈습니다.

1920년대에 천문학자 에드윈 허블은 안드로메다은하가 우리은하에 속하지 않는다는 논문을 발표했습니다. 그는 안드로메다은하에 속한, 밝기가 주기적으로 변하는 항성인 '세페이드 변광성Cepheid'의 빛을 분석했고, 그 결과 당시 알려져 있던 우리은하의 지름인 10만 광년보다 훨씬 멀리서 왔다는 사실을 알아냈지요. 그 전까지 사람들은 모든 천체가 우리은하의 중력에 묶여 있고, 우주가 우리은하를 중심으로 돌고 있다고 생각했습니다. 허블의 발견으로 비로소 외부 은하의 존재를 알게 된 것이지요. 허블은 은하를 형태학적으로 분류해 도표를 만들었는데, 이를 '허블 소리굽쇠 Hubble tuning-fork diagram'라고 합니다.

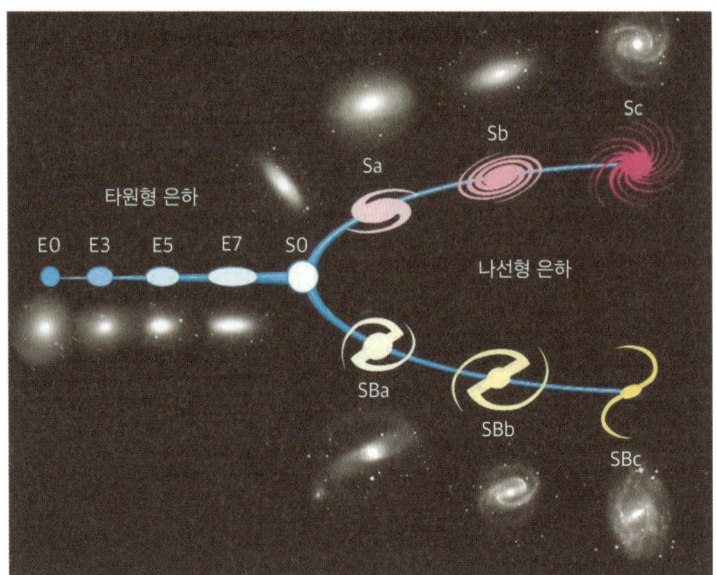

+ **허블 소리급쇠 도표**

허블은 은하를 형태에 따라 분류했다. 타원 은하는 편평도에 따라 E0부터 E7까지 분류하고, 나선은하는 '정상 나선 은하'(Sa, Sb, Sc)와 '막대 나선 은하'(SBa, SBb, SBc)로 분류했다. 허블은 은하가 타원형에서 나선형으로 진화한다고 생각했으나 나중에 예외도 있음이 밝혀졌다. 허블의 연구는 은하 분류학의 초석을 다졌다.

은하는 영원히 존재할까?
우주 탄생부터 별 무리 형성까지

 태초의 은하는 무엇으로부터 시작되었을까요? 은하는 얼마나 오래 존재할까요? 은하가 생성과 진화를 거쳐 소멸하기도 할까요?
 천문학자들은 빅뱅 직후 등장한 가장 오래된 초기 은하를 관측하며 위 질문의 해답을 찾고 있습니다. 또한 그늘은 우리은하의 탄생과 진화도 지속적으로 연구합니다. 은하는 우리가 아는 지금의 모습 그대로 탄생하지 않았습니다. 수십억 년에 걸쳐 다른 은하, 성운과 부딪히고 뒤섞이며 오늘날의 모습으로 변화해왔지요.
 은하는 우주에서 가장 오래된 구조 중 하나로, 대부분의 은하는 우리은하처럼 우주가 탄생한 지 얼마 지나지 않아 등장했습니다. 빅뱅 이후 첫 수십만 년간 우주는 뜨겁고 불투명했으며 원시 원자가 뒤섞여 있었습니다. 이들이 팽창하며 차가워졌고, 은하의 씨앗이 되었지요.

은하의 탄생과 진화

◆

빅뱅이 일어난 지 약 4억 년 뒤, 빛나는 조각에 불과했던 초기 은하에서 최초의 별이 탄생했습니다. 이후 은하들은 서로 충돌하고 결합하며 더 큰 별들의 집단을 형성했습니다. 그러는 동안 여러 세대의 별이 태어나 핵융합을 반복하다가 소멸했습니다. 최초의 별들은 죽어 새로운 별의 씨앗이 되었지요. 우리은하도 이런 과정을 거쳐 형성되었습니다. 우리은하에 존재했던 최초의 별들의 잔해 중 일부는 은하의 중심을 감싼 헤일로 속에서 천천히 냉각되어 백색왜성으로 여전히 존재합니다.

오늘날 우리은하는 가까이 다가오는 이웃 은하와 충돌하거나 결합하며 끊임없이 진화하고 있습니다. 작은 타원형 은하인 '궁수자리 왜소은하'는 마치 위성처럼 우리은하 주변을 돌고 있습니다. 게다가 우리은하의 강력한 중력은 마젤란은하도 끌어당기고 있습니다. 수십억 년 후에는 두 은하가 뒤섞일지도 모르지요. 마젤란은하는 대마젤란은하와 소마젤란은하로 나뉘며, 서로 상호 작용하고 있습니다. 이들 은하들의 병합을 천문학자들은 '마젤란 흐름 Magellanic Stream'이라고 부릅니다.

별들이 끊임없이 핵융합을 하듯, 은하도 끊임없이 진화합니다. 우리은하와 안드로메다은하는 중력으로 묶여 있습니다. 두 은하는 초속 110킬로미터의 속도로 서로 근접해지고 있지요. 약 50억 년쯤 후에는 서로를 통과할지도 모릅니다. 이때 별들은 서로 충돌하고, 은하간의 흐름을 만들어낼 것입니다. 수십억 년에 걸쳐 두 은하는 섬세한 상호 작용을 통해 결국 하나의 거대한 타원형 은하로 재탄생할 것으로 예측됩니다.

은하의 형태에 숨겨진 뒷이야기
✦

우리은하는 나선형 원반 은하입니다. 별, 기체, 먼지가 납작한 원반 형태로 뭉쳐 있지요. 은하 충돌이 일어나면 원반은 부서져 흩어질 수 있습니다. 이것이 일부 나선형 은하가 휘어진 원반처럼 보이는 이유입니다. 다른 은하와 가까이 부딪히면 중력의 교란이 일어나 은하의 모양이 뒤틀리기도 합니다.

타원형 은하는 대부분 수명이 오래되어 별의 형성이 거의 끝난 상태입니다. 은하 내부에 가스와 먼지가 거의 없기 때문이지요. 타원형 은하는 나선형 팔과 같은 독특한 구조는 없지만 가장 크고 거대한 별의 집단입니다. 작은 은하들의 격렬한 충돌로 형성되며, 중심부에 블랙홀을 지니고 일부는 은하 사이 공간으로 물질(제트)을 방출합니다. 타원형인 처녀자리 A은하 중앙에는 태양 질량의 65억 배 정도 되는 초대질량 블랙홀이 있는데, 이곳에서 과열된 물질을 외부로 흘려보내고 있지요.

우리은하 자세히 들여다보기
온 우주에 하나뿐인 우리의 고향

도시에 사는 사람이라면 시골로 캠핑이나 여행을 떠났다가 금방이라도 쏟아질 것 같은 은하수를 본 기억이 있을 겁니다. 은하수는 구름이나 흐르는 강처럼 보이는데, 이는 우리은하 내부에서 보았을 때의 모습이지요.

만약 우리에게 저 멀리 외부 은하로 떠나 먼 곳에서 우리은하를 관찰할 기회가 생긴다면, 긴 강이 아니라 나선형의 팔이 밝은 중심부를 감싸고, 중심부에 빛나는 나무토막이 놓여 있는 거대한 빛의 바람개비처럼 보일 것입니다. 중앙 소용돌이로 수많은 별이 빨려 들어가는 것처럼 보일 수도 있지요.

이번 장에서는 약 130억 년간 존재해온 우리 은하의 구조와 규모, 특징, 그 시작점 등을 함께 샅샅이 파헤쳐봅시다.

우리은하에 대한 모든 것

✦

우리은하에는 태양을 포함해 약 2,000억에서 4,000억 개 이상의 별이 있습니다. 지름은 약 10만 광년에 달하고, 한 바퀴 자전하는 데 2억 2,000만 년이 걸리지요.

우리은하의 중심부에는 궁수자리 A*라는 블랙홀과 항성들이 있습니다. 이곳은 기체와 먼지 구름에 가려져 있어 자세히 관측하기 어려운, 매우 혼잡한 곳이지요. 혼잡한 중심부에서도 가장 안쪽에는 우리은하에서 가장 오래된 별들이 지름 약 1만 광년의 구형 영역에 밀집되어 있습니다. 중심부는 마치 나무토막 같은 구조인데 나선형 팔인 스쿠툼-켄타우루스 팔Scutum-Centaurus Arm과 페르세우스 팔Perseus Arm을 연결합니다. 이외에도 다른 작은 팔들이 중심부에서 바깥쪽으로 뻗어 있지요.

우리은하를 측면에서 보면 볼록한 중심부를 얇은 원반이 감싸고, 그 주변을 두꺼운 원반이 감싼 것처럼 보입니다. 태양계는 우리은하의 중심부에서 2만 6,000광년 정도 떨어진 지점의 얇은 원반에 위치합니다. 얇은 원반은 새로운 별이 계속해서 생성되는 곳으로, 우리은하의 있는 별들 중 약 85퍼센트가 이 원반에 분포합니다. 반면 두꺼운 원반에는 은하 형성 초기에 만들어진 오래된 별들이 있습니다.

이 원반들은 둥근 구형의 '헤일로'에 둘러싸여 있습니다. 헤일로의 지름은 약 20만 광년에 달합니다. 헤일로의 가장 안쪽에는 아주 오래된 항성과 그들의 중력으로 묶인 구상 성단이 존재합니다. 그

중 많은 구상 성단이 우리은하 형성 초기에 함께 탄생한 것으로 추정되지요. 구상 성단 바깥쪽에는 이온화된 가스가 존재하며, 그보다 더 바깥에는 암흑 물질이 분포하고 있습니다. 이 암흑 물질은 은하 전체 질량의 상당 부분을 차지하며, 별들의 회전 속도와 헤일로의 중력 구조를 설명하는 데 핵심적인 역할을 합니다.

최근 엑스선 데이터 연구를 통해 우리은하는 매우 뜨거운 가스 거품에 둘러싸여 있다는 사실이 밝혀졌습니다.

+ 우리은하의 평면도

우리은하의 중심부는 빛나는 나무토막처럼 생겼으며, 그 주변으로 나선형 팔이 뻗어 나간다. 빨갛게 표시된 점이 바로 우리 태양계로, 은하 중심부에서 약 2만 6,000광년 떨어져 있다.

중심부의 막대 구조는 왜 생겨났을까?

우리은하의 중심에는 나선팔 둘이 이어지며 생긴 나무토막 같은 구조Galactic Bar가 있습니다. 많은 천문학자들이 이 구조가 어떻게 형성되었고, 어떤 기능을 하는지에 대해 연구하고 있습니다.

천문학자들은 우리은하 중심의 항성을 연구하다가 이 막대 구조를 발견했습니다. 은하 중심부는 긴 궤도를 도는 수백 개의 항성으로 이루어져 있으며, 막대는 이들 사이에서 거대한 거품기처럼 작용하며 별들의 움직임을 휘젓고 아마 원반과 바깥쪽의 별들에도 영향을 미치고 있는 것으로 보입니다.

우리은하는 어디에서 시작되었을까?

✦

천문학자들은 비교적 최근에 우리은하의 존재를 이해하기 시작했습니다. 지금까지 밝혀진 우리은하의 형성 과정을 살펴봅시다.

빅뱅으로부터 수십만 년 후, 우주의 한쪽에 밀도 높은 물질 덩어리가 형성됩니다. 최초의 별들은 이런 고밀도 성운에서 형성되었지요. 이 별들이 은하와 구상 성단을 형성하기 시작했습니다. 여기에서 탄생한 우리은하는 처음에는 구형으로 형성되었다가 별과 다른 물질의 질량이 임계치에 달하자 회전하기 시작했습니다. 그 과정에서 오늘날 우리가 관측하는 나선형 원반 모양으로 붕괴된 것이지요.

우리은하는 초속 630킬로미터로 우주를 이동하고 있으며, 미래에는 안드로메다은하와 부딪혀 결합할 것으로 보입니다. 약 40억 년 후에 두 은하의 별, 기체, 먼지, 중앙 블랙홀까지 뒤섞이게 될 것입니다. 그 결과 근본적으로 새로운 은하가 탄생해 엄청난 수의 항성이 탄생하고, 궁극적으로는 거대한 타원형 은하가 되어 국부은하군의 다른 은하와 다시 상호 작용을 시작하겠지요.

한 걸음 더
문화권마다 다른 은하수의 이름

전 세계 다양한 문화권에서 우리은하를 매우 시적인 이름으로 불렀습니다. 라틴어에서는 은하수를 '비아 락테아Via Lacted(우유의 길)'라고 불렀습니다. 한국에서는 '은빛 강(은하수)'이라는 아름다운 이름으로 불렸지요. 남미의 고대 잉카인들은 은하수가 라마와 콘도르 등 신성한 동물들이 다니는 천상의 강이라고 보았습니다. 호주 원주민들은 은하수가 타조처럼 거대한 토종 새 '에뮤Emu'와 같은 형태라고 생각했지요.

오늘날 은하수는 무수히 많은 별과 성단, 성운 등 천체가 모인 곳으로 천문학자들이 하늘의 비밀을 연구하는 데에 큰 도움을 줍니다. 별 보기 좋아하는 사람들에겐 아름답고 장엄한 풍경으로 관측의 즐거움을 선사하지요.

어마어마한 활동량을 자랑하는 괴물
강력한 빛을 방출하는 퀘이사

먼 우주에는 메가파섹 규모로 어마어마한 전자기파를 방출하며 존재를 과시하는 은하들이 있습니다. 우주에서 가장 빛나는 천체 중 하나로, 지구에서도 그 에너지를 감지할 수 있을 정도이지요. 과연 이들 은하에서는 어떤 일이 일어나고 있을까요? 답을 찾기 위해서는 과거로 거슬러 올라가야 합니다.

이들 은하 중심부의 별들은 빽빽하게 모여 있다가 서로의 중력에 이끌려 격렬한 충돌을 일으켰습니다. 은하 중심 블랙홀은 별들의 상호 작용으로 생겨난 새로운 블랙홀을 집어삼켜 점차 몸집을 불려갔지요. 시간이 지날수록 이 초대질량 블랙홀의 규모는 점점 커졌고, 어마어마한 중력으로 주변 기체와 먼지, 항성, 성간 물질을 끌어들여 회전하게 만들었습니다. 블랙홀 주변에서 회전하던 물질들은 마찰열로 점차 뜨거워졌고, 그러다 일부 물질은 제트가 되어 더 넓은 우주로 흘러나가기도 했습니다. 은하 중심부의 이런 활동적인 영역을 천문학 용어로 '활동은하핵Active Galactic Nucleus, AGN'이라고 합니다.

활동은하핵: 시퍼트 은하와 퀘이사
◆

천문학자들은 우주 형성 초기는 활동성 은하가 형성되기 좋은 환경이었고, 그래서 지금보다 많은 수의 활동은하핵이 있었을 것으로 봅니다. 당시에는 은하 중심에 서로 병합할 수 있는 블랙홀도 더 많았을 것이고, 별이 만들어지는 데 필요한 먼지 구름도 더 풍부했을 것입니다. 또 초기에는 작은 은하들도 지금보다 더 많았기 때문에 이들 사이 상호 작용도 활발했겠지요.

　많은 활동은하핵이 큰 적색 편이를 가집니다. 적색 편이가 크다는 것은 관측자, 즉 우리 지구로부터 멀리 떨어져 있다는 뜻이기도 하지요. 활동성 은하는 '시퍼트 은하Seyfert galaxy'와 '퀘이사Quasi-stellar raio sources, Quasar'로 나뉩니다. 시퍼트 은하는 중심부가 밝고 은하 전체 형태가 잘 보이지만 퀘이사는 매우 밝아 거의 하나의 별처럼 보입니다.

가장 강력한 은하핵!
퀘이사는 지금까지 알려진 가장 밝은 활동은하핵입니다. '퀘이사'란 '항성과 비슷한 전파원'이라는 뜻으로, 그 이름에서 알 수 있듯이 강력한 전파 방출을 통해 발견되었습니다. 그러나 가시광선도 방출해 눈으로도 관측이 가능하고, 강한 엑스선과 감마선도 방출합니다. 퀘이사의 온도는 매우 높습니다.

다른 활동은하핵과 마찬가지로 퀘이사는 어마어마한 속도로 물질을 빨아들이는 거대 부착원반으로 둘러싸인 초대질량 블랙홀에서 에너지를 얻습니다. 우주에서 가장 밝은 천체인 퀘이사는 매년 태양 1,000개에 해당하는 질량을 빨아들입니다. 그러다가 연료가 되는 성간 물질 등이 모두 소모되어 고갈되면, 그 순간 퀘이사에도 잠잠한 고요가 찾아오지요.

다른 활동성 은하들

활동성 은하는 방출하는 빛의 양과 그들이 중심부에서 제트를 방출하는지 여부에 따라 다양한 특징을 가집니다. 시퍼트 은하와 퀘이사 외의 몇 가지 유형을 더 살펴봅시다.

- 전파 은하Radio Galaxy: 전파 에너지를 방출하는 은하로, 대부분 타원형이지만 퀘이사처럼 활발한 은하핵을 가지는 경우가 많다. 전파를 방출하는 영역은 매우 방대하지만 눈에 보이는 부분은 상대적으로 작다. 주로 과열된 물질을 강력한 제트로 방출한다.
- 블레이저Blazer: 은하 중심의 초대질량 블랙홀과 연관이 있는 매우 작은 퀘이사다. 우주에서 가장 강렬한 천체로, 특히 강력한 감마선을 방출한다는 특징이 있다.

퀘이사는 누가 처음 발견했을까?

◆

활동은하핵은 20세기 초에 과학자들이 분광기를 활용해 은하 중심의 빛을 분석하며 발견되었습니다. 그들은 은하에서 나오는 밝은 광선 등을 주로 연구하며 중심 영역이 매우 활동적이고 과열되어 있음을 알아냈지요.

천문학자 칼 시퍼트Carl Seyfert는 1943년에 '활동성 은하'에 대해 처음으로 발표했습니다. 이 은하들의 방출선 덕분에 중심부에서 활발한 활동이 일어나고 있음을 알게 된 것이지요. 이후 1950년대에는 전파 망원경이 강한 전파원을 감지하기 시작했습니다. 종종 강한 전파원을 가진 은하가 관측되었고, 천문학자들은 이것이 은하의 중심부에서 나오는 제트라는 사실을 알아냈습니다.

퀘이사는 시퍼트 은하보다 늦게 발견되었습니다. 중심이 밝게 빛났고, 며칠에 걸쳐 밝기가 변하기도 했기에 처음에 학자들은 이를 항성으로 여겼습니다. 대부분의 퀘이사는 지구와 아주 멀리 떨어져 있지요. 1963년, 팔로마천문대에서 연구하던 네덜란드 출신 미국 천문학자 마르틴 슈미트Maarten Schmidt는 처녀자리 방향에서 '3C 273'이라는 방출원을 발견했습니다. 그는 여기서 나오는 방출선이 수소 원자로부터 비롯된 것이며 적색 편이가 크고 우리은하 외부에 존재한다는 사실을 알아냈고, 거의 별에 가깝다는 의미를 담아 '퀘이사'라고 이름을 지었습니다. 3C 273은 가장 처음 발견된, 그리고 지금까지 발견된 가장 밝은 퀘이사입니다.

오늘날 천문학자들은 퀘이사와 중심 블랙홀 질량 사이의 관계를 연구하고 있습니다. 특히 그들은 물질을 삼키는 블랙홀이 어떻게 은하에서 새로운 별의 탄생을 방해하는지 관심을 가지고 있지요. 블랙홀의 어마어마한 중력이 계속해서 질량을 증가시킬 성간 물질을 모두 흡수하면 결국 퀘이사도 붕괴하는 것으로 보입니다.

> **한 걸음 더**
> ## 마이크로퀘이사
>
> 퀘이사는 일반적으로 태양계에서 아주 먼 외부 은하에서 관찰할 수 있지만, 최근에는 우리은하의 어느 이중성계에서도 강한 전파를 지닌 제트가 발견되었습니다. 이 제트는 빛보다 빠른 속도로 움직이는 것처럼 보이는데, 이를 '초광속 운동'이라고 하지요. 학자들은 우리 은하에서 어마어마한 에너지를 출력하며 먼 외부 은하 중심의 퀘이사와 거의 똑같이 작동하는 이 천체를 '마이크로퀘이사'라고 이름 붙였습니다.

밝혀지지 않은 가장 미스터리한 물질
'암흑 물질'이라는 놀라운 세계

　우주에는 보이지 않는 물질이 존재합니다. 보이지 않지만 분명히 존재함을 알 수 있지요. 어떻게 알 수 있느냐고요? 그 물질이 다른 물질에 영향을 미치기 때문입니다. 보이지도 않는 물질이 어떻게 다른 물질에 영향을 미칠 수 있을까요? 이 알쏭달쏭한 현상을 이해하기 위해서는 일단 이 보이지 않는 물질이 어떻게 작용하는지를 알아야 합니다.

　우주를 유영하는 모든 천체는 '원자'라는 작은 입자로 구성되어 있습니다. 원자는 수소, 헬륨, 탄소, 질소, 산소, 규소 등 기본 원소들로 이루어지지요. 원자들이 결합해 우리가 관찰하는 모든 현상과 형태를 만들어냅니다. 그렇다면 우주의 빈 공간은 어떨까요? 검은 허공은 정말로 비어 있는 걸까요?

핵력부터 전자기력까지, 우주를 구성하는 네 가지 힘

♦

하나의 원자만으로는 아무것도 만들 수 없습니다. 이 원자들이 서로 결합하는 과정에 비로소 이런저런 새로운 물질이 등장하지요. 원자들을 하나로 결합시키거나 결합된 원자를 분열시키는 것은 바로 '힘'입니다. 원자들은 '강한 핵력'과 '약한 핵력', '중력', '전자기력'이라는 물리적 힘의 지배를 받습니다.

강한 핵력은 원자핵을 구성하는 양성자와 중성자에 작용합니다. 양성자와 중성자는 '쿼크Quark'라는 더 작은 입자로 이루어져 있습니다. 강한 핵력은 쿼크가 서로 결합해 핵을 유지하게 하는 힘입니다. 약한 핵력은 한 유형의 쿼크를 다른 유형으로 바꾸어 우라늄과 같은 방사성 원소를 붕괴시키는 힘이지요. 방사성 원소는 행성과 위성의 에너지원으로, 별이 죽을 때 대량 생성됩니다. 또한 핵력은 태양을 비롯한 항성의 핵융합 과정을 가능하게 합니다. 원자가 서로 융합해 더 무거운 원소가 될 때(가령 수소가 결합해 헬륨이 될 때), 빛과 열에너지를 방출하는 것이지요.

중력은 위에서 말한 두 핵력보다 더 크고 무거운, 원자 이상의 물체에 작용합니다. 중력은 한 물체의 질량이 다른 물체를 끌어당기는 힘으로, 우주에서 보편적으로 작용합니다. 아주 작은 먼지부터 거대한 은하단까지, 모든 천체는 자신이 지닌 질량에 따라 주변 천체를 끌어당깁니다. 즉 중력은 달과 지구, 태양과 행성, 우리은하의 항성들 그리고 성단과 초은하단을 서로 묶어주는 역할을 하지요. 마지막으로 전자기력은 일상 속에서 정전기가 일어나는 원인으로, 전하를 띤 물체들 사이에 작용하는 힘을 말합니다.

바리온 물질 VS 암흑 물질

◆

위에서 언급한 '강한 핵력'이 작용하는 입자를 '강입자'라고 하고, 그중 쿼크 3개로 이루어진 물질을 물리학에서는 '바리온 물질Baryonic matter'이라고 합니다. 그러나 천문학에서의 바리온 물질은 우리가 눈으로 확인할 수 있는 모든 일반 물질을 뜻합니다. 이 책을 쓰는 저와 읽는 독자 여러분, 지구와 태양, 다른 항성, 가스 구름이 모두 바리온 물질에 속합니다.

그러나 놀랍게도 우주 전체에서 바리온 물질이 차지하는 비중은 고작 5퍼센트에 불과합니다. 그러면 나머지 95퍼센트는 무엇으로 이루어져 있냐고요? 바로 '암흑 물질Dark matter'과 '암흑 에너지Dark energy'입니다. 지금까지 밝혀진 바에 따르면 우주는 5퍼센트의 바리온 물질, 27퍼센트의 암흑 물질, 68퍼센트의 암흑 에너지로 이루어져 있지요.

프리츠 츠비키와 암흑 물질의 발견

암흑 물질이 무엇인지는 아직 누구도 정확히 알지 못합니다. 심지어 암흑 물질이 바리온 물질과 비슷한 역학에 따라 움직이는지도 분명하지 않지요. 다만, 암흑 물질에도 중력이 있어 주변 물질을 끌어당긴다는 사실만이 밝혀져 있습니다. 또한 암흑 에너지는 쉽게 말하면 중력에 대항해 우주 시공간을 빠르게 팽창시키는, 미지의 에너지라고 생각하면 됩니다.

그런데 암흑 물질이 보이지도 않는데 천문학자들은 어떻게 그 존재를 알게 되었을까요? 이야기는 20세기 초반으로 거슬러 올라갑니다. 1933년, 미국 캘리포니아공과대학교에서 '코마'라는 은하단을 연구하던 스위스 천체물리학자 프리츠 츠비키Fritz Zwicky는 은하단에 눈에 보이지 않는 물질이 포함되어 있다고 주장했습니다. 눈에 보이는 은하의 중력만으로는 은하단이 그렇게 빠르게 공전할 수 없었기 때문이지요. 감지되지 않는 더 많은 질량과 끌어당기는 힘이 은하의 운동에 영향을 미치고 있었습니다. 츠비키는 관측되지 않는 어떠한 물질이 존재해야 한다고 생각하고, 이 물질을 '암흑 물질'이라고 이름 붙였습니다.

20세기 초부터 지금까지 진행된 연구와 가설 등에 따르면, 암흑 물질은 아래와 같은 속성을 지녔을 수 있습니다.

- 차가운 암흑 물질Cold dark matter: 매우 느리게 움직이는 미지의 물질
- 뜨거운 암흑 물질Hot dark matter: 빛과 가까운 속도로 움직이는 고에너지 물질
- 바리온 암흑 물질Baryonic dark matter: 블랙홀, 중성자별, 갈색왜성 등 눈에 보이는 바리온 물질로 이루어진 암흑 물질
- 윔프WIMP, Weakly interacting massive particles: 서로 약하게 상호 작용하는 무거운 입자들로 구성된 물질

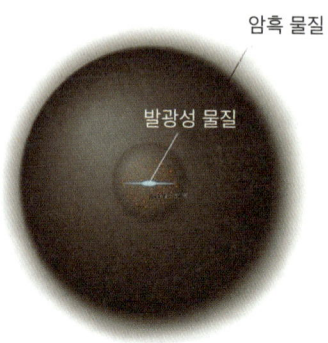

+ 츠비키가 생각한 은하의 구성
은하단의 운동을 연구하던 츠비키는 발광하여 눈에 보이는 천체 외에 은하의 질량을 차지하는 '암흑 물질'이 있다고 보았다.

암흑 물질과 암흑 에너지가 말해주는 것

◆

암흑 물질은 우주 전역의 은하와 은하단에 영향을 미칩니다. 천문학자들은 암흑 물질을 통해 우주가 계속 커질지, 오히려 줄어들지, 아니면 가만히 정지해 있을지 분석해볼 수 있습니다. 천문학에서도 특히 우주의 기원과 진화를 연구하는 분야를 '우주론'이라고 하는데, 우주론 연구자들은 우주를 '열린 우주Open universe', '닫힌 우주Closed universe', '평탄 우주Flat universe'로 나눕니다. 앞부터 차례대로 점점 팽창하는 우주, 수축하는 우주, 가만히 정지해 있는 우주를 뜻하지요. 우주를 연구할 때 중요한 것은 '질량'입니다. 질량은 우주가 어떻게 변하는지 판단하는 데 중요한 역할을 하지요. 우주 내 물질의 양이 얼마나 되는지 알려주는 지표와 같습니다.

사람들은 흔히 우주가 텅 비어 있다고 생각합니다. 그러나 이는 천문학을 잘 모르는 사람들이 하는 가장 큰 오해지요. 사실 우주 공간에는 물질이 빽빽하게 들어차 있습니다. 기체 원자, 작은 먼지 입자는 소위 말하는 '빈 곳'을 채우고 있습니다. 그것이 무엇인지 정확히 알 수는 없지만, 대부분의 천문학자들은 수학적 계산과 논리에 따라 우주에 '암흑 물질'이 존재한다는 사실을 인정하고 받아들입니다.

암흑 에너지, 우주의 마지막 구성 성분

암흑 에너지는 바리온 물질과 암흑 물질처럼 단순한 '물질'이 아니라, 우주의 속성이라고 보는 것이 더 맞습니다. 우주 자체의 에너지 공급원이라고 생각하면 쉽지요. 우주의 팽창 현상이 밝혀진 이후 성립된 고전적 우주론에 따르면, 팽창하는 우주에서 은하단의 거리가 서로 멀어지며 중력이 감소해 속도가 줄어드는 것이 논리적으로 옳습니다. 즉 우주의 팽창 속도가 점차 줄어들어야 하시요.

그러나 학자들의 관측 결과, 우주의 팽창 속도는 줄어들기는커녕 점차 가속화되고 있었습니다. 우주의 팽창을 가속시키는 이 알 수 없는 미지의 에너지가 바로 '암흑 에너지'입니다. 암흑 물질처럼 암흑 에너지에 대해서도 아직 밝혀진 것이 거의 없지만, 암흑 에너지가 우주의 팽창 속도를 가속화시키므로 우주는 무한히 팽창할 가능성이 있습니다. 그러나 21세기에 들어 새로 발견된 힉스 입자 Higgs Boson 연구에 따르면, 우주의 수명은 지금부터 수백억 년 내로 끝날 수도 있지요.

| 한 걸음 더 | **암흑 물질은 어디에 있을까요?** |

2012년 초, 일본의 천체물리학자들이 은하 분포 데이터와 중력 측정치 등 관측 자료를 기반으로 컴퓨터 시뮬레이션을 돌려 암흑 물질 모델을 만들었습니다. 이 시뮬레이션에 따르면 암흑 물질은 우주의 거의 전 영역에 분포되어 있으며, 은하는 눈에 보이는 바리온 물질이 중심부에 몰려 있고 암흑 물질이 그 주변을 그물처럼 감싸고 있습니다. 결론적으로는 각 은하가 바리온 물질과 암흑 물질의 집합체이며, 암흑 물질은 우주 전체에 퍼진 '거미줄'처럼 작용한다는 사실을 알아냈지요.

천체 사이의 거리를 측정하는 법
기준별을 잡고 밝기 비교하기

우주는 제각각 자전하며 궤도를 따라 이동하는 천체로 가득합니다. 지구를 예로 들어볼까요? 지구는 태양 주변 궤도를 돌지만 태양계의 일원으로 우주 내에서 끊임없이 이동하고 있기도 합니다. 태양계는 우리은하의 중심을 공전하고 있지요. 우리은하는 국부은하군이라는 은하 집단의 일부로 다른 은하와 함께 공전하고 있습니다. 일부 은하는 은하단을 중심으로 돕니다. 즉, 모든 천체는 태어난 직후부터 계속해서 회전하며 팽창하고 있습니다.

대부분의 사람들은 빅뱅으로 시작된 우주가 자신의 나이인 138억 년 가량의 공간을 차지하고 있을 것이라고 생각합니다. 그러나 작은 점에서 시작한 우주는 초기에 가속 팽창을 계속해 이제 관측 가능한 영역이 약 930억 광년에 이르는 광대한 공간이 되었습니다. 이렇게 넓은 공간을 과연 어떻게 측정한 것인지, 그 공간

사이는 무엇으로 연결되어 있는지 의문이 남지요. 항성, 행성 등 바리온 물질을 포함해 우주를 구성하는 모든 물질은 수십억 광년의 공간을 가로지르는 거대한 그물망처럼 퍼져 있습니다. 그물망의 가닥 사이에는 암흑 물질로 채워진 터가 있습니다. 이들은 암흑 에너지의 영향을 받아 점차 빠르게 팽창하고 있습니다.

우주 거리의 사다리: 거리 측정의 기준, 표준촉광

✦

우주를 연구하는 데 있어 거리는 중요한 기준입니다. 멀리 있는 천체보다는 가까이 있는 천체를 연구하는 것이 더 쉽기 때문이지요. 멀리 볼수록 더 먼 시간을 거슬러 올라갈 수 있기에 '거리'는 그 자체로 우주의 역사와 진화, 그 안에 포함된 천체를 연구하는 데에 중요한 요소가 됩니다.

그런데 천체가 얼마나 멀리 있는지는 어떻게 알 수 있을까요? 우주에서 아주 먼 곳에 있는 천체까지 거리를 측정하는 매우 유용한 방법이 있습니다. 바로 '표준촉광'을 활용하는 것이지요. 표준촉광이란 밝기의 절대 등급이 알려져 있어 거리를 구할 수 있는 천체를 말합니다. 표준촉광 천체의 겉보기 등급과 절대 등급을 측정하면, 겉보기 등급은 절대 등급(고유 밝기)에 비해 '거리의 제곱'에 반비례해 어두워집니다. 멀리 떨어질수록 물체가 훨씬 어둡게 보인다는 의미이지요. 즉, 물체의 광도를 활용해 거리를 계산할 수 있습니다.

가장 일반적으로 사용되는 우리은하 내 표준촉광은 세페이드 변광성과 거문고자리 RR형 변광성입니다. 외부 은하의 표준촉광으로는 제Ia형 초신성과 행성상성운이 있습니다. 때로는 적색거성도 표준촉광이 될 수 있지요. 이들 표준촉광은 우리가 천체의 거리를 측정할 수 있는 기준이 되어줍니다.

우리은하를 넘어, 더 먼 거리를 측정하는 방법

이 책의 서두에서 우주를 측정할 때 사용하는 단위로 천문단위AU, 광년, 파섹pc 등을 설명했지요. 파섹으로도 측정하기 어려운 경우 '킬로파섹Kpc(1,000파섹)'을 사용하기도 합니다. 우리은하 내의 천체는 이 정도 수준에서 측정할 수 있지요.

그러나 우리은하를 벗어나면 더 큰 단위가 필요합니다. 킬로파섹을 넘어 '메가파섹Mpc(100만 파섹)'과 '기가파섹Gpc(10억 파섹)'의 훨씬 광대한 거리를 다루게 되지요. 이를 은하 등 천체 사이의 '우주적 거리'라고 합니다. 이런 거대한 단위를 측정하는 데에는 종종 표준촉광만으로는 부족합니다. 그럴 때 사용할 수 있는 방법은 바로 '툴리-피셔 관계Tully-Fisher relation'를 활용하는 것이지요.

툴리-피셔 관계란 나선 은하의 고유 광도와 은하 중심 주변 별들의 궤도 운동을 비교하는 것입니다. 나선 은하가 회전하고 있을 때 그 속도는 은하의 질량과 비례합니다. 즉 회전 속도를 통해 질량을 유추해볼 수 있는 것이지요. 일반적으로 광도가 크면 질량이 큽니다. 밝은 은하일수록 빠르게 회전하지요. 회전 속도를 계산하기 위해 천문학자들은 분광기로 빛을 쪼개 연구합니다. 스펙트럼은 은하가 자전할 때 별들이 얼마나 빠르게 움직이는지를 보여줍니다.

  때로는 표면의 밝기 변화를 사용해 거리를 예측해볼 수도 있습니다. 이를 '표면밝기 요동법'이라고 합니다. 먼 은하일수록 관측할 때 표면의 밝기가 일정하고, 가까운 은하일수록 그 편차가 크다는 점을 이용한 것이지요. 표면 밝기 요동법은 100메가파섹 이상 떨어진 먼 천체를 측정할 때 주로 사용됩니다.

우주는 어떻게 지금의 모습으로 진화했을까?

◆

  천문학자들은 매일 하늘을 올려다보며 빛나는 천체로 가득한 우주를 관측하고 연구합니다. 우주가 어떻게 지금의 모습이 되었는지, 그 진화 과정을 연구하는 것도 그들의 일이지요.

  빅뱅이 일어난 지 수십만 년 후, 초기 우주에는 여러 물질이 분포해 있었습니다. 당시 우주는 아직 크게 팽창하기 전으로, 지금보다 훨씬 작고 불안정했습니다. 어떤 곳은 물질의 밀도가 주변 지역보다 미세하게 높았지요. 그 지역은 팽창 속도가 상대적으로 느려 밀도가 점점 더 높아질 수 있었습니다. 최초의 별은 이러한 과밀도 영역에서 형성되었고, 이 영역에서 별이 살아가다가 소멸하며 은하의 씨앗이 되었습니다.

  우주에서 가장 넓은 규모의 별 집단인 은하와 은하단은 초기 우주의 이런 작은 밀도 변화에서 시작되었습니다. 이들은 서로의 중력에 의해 팽창하고 뭉쳤습니다. 이렇게 성장한 은하단과 초은하단은 광활하고 공허하게 비어 보이는 우주 공간에서 혜성과 가스, 외곽 영역 그리고 암흑 물질이 모여 만드는 끊임없이 수축하고 변화해 경계가 불분명한 거대 구조 '필라멘트Filament'로 연결됩니다. 여러 은하를 이어주는 그물망을 상상해보세요. 오늘날 천문학자들은 우주의 그물망을 구성하는 별, 은하, 은하단, 초은하단의 생성과 지속적인 진화에서 암흑 물질과 암흑 에너지가 어떤 역할을 했는지 관심을 갖고 연구하고 있습니다.

우주에 셀 수 없을 정도로 많이 존재하는 초은하단은 우주 물질이 고르게 분포되어 있지 않고 특정 지역에 뭉쳐 있으며, 은하단의 형성 초기부터 비균질적 상태를 유지해 왔다는 사실을 증명해줍니다. 오늘날 초은하단은 수억 또는 수십억 광년에 걸쳐 뻗어 있지만, 그마저도 우리가 관측할 수 있는 우주의 극히 일부를 구성할 뿐이지요. 우주에 대해서는 여전히 밝혀낼 것이 아주 많습니다.

상상조차 버거운 초은하단

은하는 홀로 유유히 우주를 떠다니는 별들의 군집이 아닙니다. 우리은하를 포함해 주변의 안드로메다은하와 마젤란은하 등은 중력으로 서로를 끌어당기고 있지요. 은하단은 경우에 따라 수십에서 수천, 심지어 수만 개의 은하를 포함하기도 합니다.

거대한 초은하단의 한 가지 예는 '페르세우스-물고기자리 초은하단'입니다. 지구에서 페르세우스자리 방향으로 하늘을 올려다보면 관측할 수 있는 은하 필라멘트이지요. 페르세우스-물고기자리 초은하단은 길이 약 10억 광년에 폭 약 1억 5,000만 광년의 규모로, 지구에서 2억 5,000만 광년 이상 떨어져 있으며 여러 은하군과 은하단으로 구성되어 있습니다. 현재까지 관측 가능한 우주에는 약 1,000만 여개의 초은하단이 있는 것으로 보입니다.

한 걸음 더
우주와 인간의 공통점

사람의 몸은 아주 작은 세포로 이루어져 있습니다. 세포가 모여 조직을 만들고, 조직이 신체 기관을 형성하고, 각 부위와 기관이 모여 한 사람을 구성하지요. 우주는 사람과 아주 다른 물질로 만들어지지만, 작은 부분이 모여 형성된다는 점은 같습니다.

우주의 구성 요소도 인체처럼 단계적 구조로 이루어져 작은 것에서 큰 것으로 점차 확장됩니다. 개별 행성은 '항성계'에 속해 있습니다(마치 지구가 태양계에 속하는 것처럼 말이지요). 항성계는 더 큰 은하에 속하지요(태양계는 우리은하의 일부에 불과합니다). 은하는 은하군과 은하단이라는 더 큰 별들의 집합에 속해 있고(우리은하는 국부은하단에 포함되지요), 그 위에는 더 큰 초은하단이 있습니다. 거대한 우주 그물망 필라멘트는 은하단과 초은하단을 연결해 끊임없이 팽창하는 우주를 연결하고 있습니다.

자연이 만들어낸 왜곡된 망원경
중력 렌즈 현상이 발생하는 원리

1979년, 키트피크국립천문대에서 망원경으로 밤하늘을 관측하던 천문학자들은 이상한 것을 발견했습니다. 한 쌍의 동일한 퀘이사가 나란히, 그것도 상당히 가까이 존재하는 것처럼 보였습니다. 그들은 두 퀘이사를 묶어 '쌍둥이 퀘이사'라고 부르기로 했지요.

그런데 무언가 이상하지 않나요? 까마득하게 먼 은하에서 굉장히 밝은 빛으로 발광하는 퀘이사가 두 개씩이나, 그것도 아주 가까이 존재할 수 있을까요? 천문학자들은 전파 망원경으로 쌍둥이 퀘이사를 관찰하며 정말 두 개의 퀘이사가 맞는지 확인했습니다.

그 결과 쌍둥이 퀘이사는 실제로 거대 은하단 너머 굉장히 먼 우주에 있는 한 천체에서 비롯된 형상이라는 것이 밝혀졌습니다. 그 은하단에 있는 수많은 은하의 중력이 합쳐져 퀘이사에서 나온 빛을 지구에서 관측할 때 휘어 보이게 만드는 렌즈처럼 작용했고, 그로 인해 빛이 왜곡되어 매우 가깝고 유사한 한 쌍의 퀘이사가 존재하는 것처럼 보였던 것이지요. 이렇게 한 천체의 중력으로 인해 다른 천체가 실제와 다르게 보이는 현상을 '중력 렌즈 효과Gravitational lensing'라고 합니다.

중력의 비밀스러운 역할

✦

17세기 영국의 수학자 아이작 뉴턴은 만유인력의 법칙을 발표했습니다. 그는 중력이 우주 내의 모든 물체에 작용하는 힘이라고 말했습니다. 두 물체의 질량과 거리를 알면 중력을 계산해낼 수 있다고도 했지요. 두 물체가 서로 가까울수록 상호 작용하는 중력이 강해지고, 멀수록 중력은 약해집니다.

중력은 질량의 영향도 받습니다. 모든 물체는 질량을 가지고 있습니다. 그렇기에 한 물체에서 다른 물체에 중력, 끌어당기는 힘이 작용하는 것이지요. 질량이 클수록 중력은 강해집니다. 중력은 행성이 태양 주위를 공전하고, 위성이 행성 주위를 돌고, 은하가 은하단 중심부를 공전하게 하는 힘입니다.

중력과 만유인력의 법칙에 대해 이야기하자면 끝이 없지만, 이번 장에서는 이것만 기억하면 됩니다. 중력은 별의 형성과 은하의 구성부터 태양계 천체의 궤도 역학에 이르기까지 우주 모든 천체의 진화와 운동뿐만 아니라, 먼 천체의 '관측'에까지 영향을 미친다는 것입니다.

중력 렌즈의 작동 메커니즘

우주에 분포하는, 중력을 지닌 모든 천체는 '렌즈'가 될 수 있는데, 질량이 클수록 더 많은 왜곡을 일으킵니다. 중력이 클수록 더 볼록하거나 오목한 렌즈처럼 천체를 왜곡되어 보이게 만들지요. 이 현상은 아인슈타인의 일반 상대성 이론에 의해 예측되었고, 일부 천문학자들은 은하단이 중력 렌즈 효과를 일으킨다고 보았습니다. 중력 렌즈를 관측하기 위해서는 몇 가지 요소가 필요합니다.

· 광원: 퀘이사나 먼 외부 은하와 같은 빛의 원천
· 렌즈: 항성이나 먼 은하단 등 중력이 있는 천체
· 관측자: 천문대에서 또는 망원경으로 하늘을 보는 사람
· 관측 이미지: 관측자가 눈으로 본 광원의 상(像)

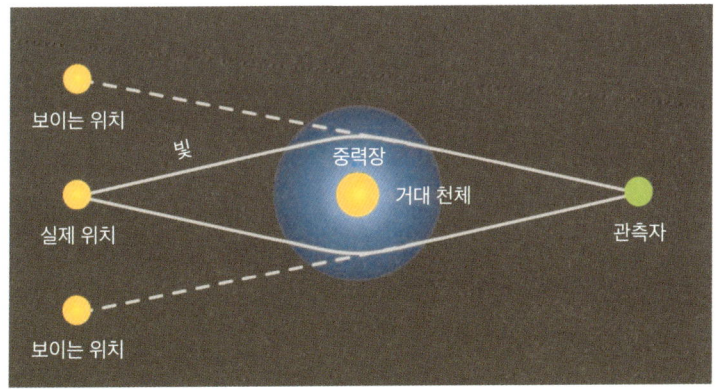

+ 중력 렌즈의 작동 원리

멀리 있는 천체의 빛이 관측자에게 향하는 도중 강한 중력을 지닌 다른 천체를 만나면 경로가 휘어져 보이게 된다. 중력 렌즈 효과로 인해 때때로 관측자에게는 멀리 있는 물체의 이미지가 한 쌍으로 왜곡되어 보이기도 한다.

에딩턴의 일식 관측과 아인슈타인의 중력 이론

시공간은 물리학과 천문학에서 매우 중요한 주제입니다. 시간과 공간을 변하지 않는 '기준'이나 모든 물리학적 현상이 일어나는 '배경' 정도로 생각하는 사람도 있겠지만, 사실 시공간은 물질의 영향, 특히 질량과 중력의 영향을 받습니다. 아인슈타인은 상대성 이론에서 이 주제를 깊이 연구했지요. 1919년에 있던 개기일식 현상은 그의 연구를 뒷받침해주었습니다.

아인슈타인은 중력의 본질을 '시공간의 곡률'로 설명하고자 했습니다. 그는 먼 별에서 지구를 향해 출발한 광선이 태양 옆을 지날 때 중력의 영향으로 휘어질 것이라고 예측했습니다. 이는 빛은 직진성을 지닌다는 당시의 상식으로 이해하기 어려운 주장이었지요.

영국 천문학자 아서 에딩턴Arthur Eddington은 아인슈타인의 예측을 직접 검증하기 위해 관측에 나섰습니다. 그는 1919년 5월, 아프리카 서부 해안의 프린시페 섬과 브라질의 소브랄에서 개기일식을 관찰했지요. 에딩턴은 일식 때 태양 주변에 보이는 먼 별의 위치를 관측해 태양이 없을 때와 비교해보면 중력이 렌즈처럼 작용하는지를 확인할 수 있을 것이라고 보았습니다. 관측 결과, 정말로 별의 위치는 미세하게 바뀌어 있었습니다.

에딩턴의 관측으로 아인슈타인의 중력 이론은 전 세계에 널리 알려졌습니다. 이후 아인슈타인은 물체의 질량이 어떻게 시공간에 영향을 미치는지 연구해 그 유명한 상대성 이론을 발표했습니다. 지금도 항성부터 먼 퀘이사까지, 많은 천체 관측에 중력 렌즈 현상이 발생합니다.

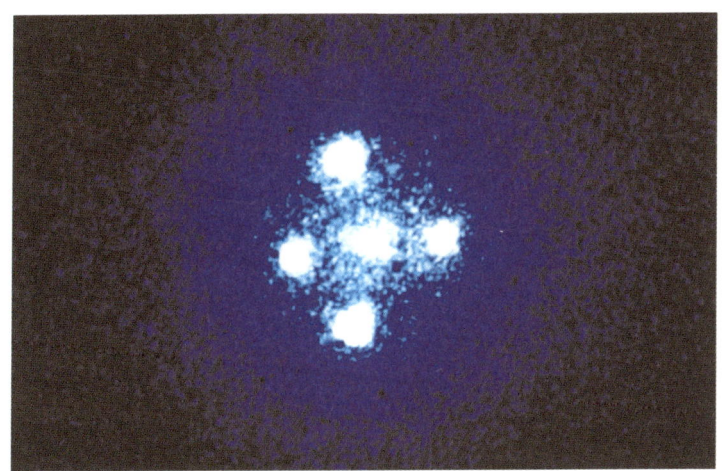

+ 아인슈타인 십자가

지구에서 약 100억 광년 정도 떨어진 먼 우주에 'QSO 2237+0305'라는 퀘이사가 있다. 지구에서는 중력 렌즈 효과로 인해 퀘이사의 상이 4개로 보이는데 이 현상을 '아인슈타인 십자가'라고 한다.

중력 렌즈의 종류

중력 렌즈 현상은 '강한 중력 렌즈', '약한 중력 렌즈', '미세 중력 렌즈' 등 셋으로 나눌 수 있습니다.

· 강한 중력 렌즈: 먼 천체에서 나온 빛이 상당히 가깝고 질량이 큰 천체를 지나가며 왜곡이 매우 뚜렷하게 일어나는 현상. 이때는 빛이 무거운 천체의 경로를 따라 흐르며 휘어져 종종 고리 모양의 상으로 보이거나(아인슈타인 고리), 심지어 중력 렌즈 효과를 일으키는 천체 중심 주변부 동일한 여러 개의 상으로 보인다(아인슈타인 십자가). 주로 거대하고 무거운 은하단에 의해 발생한다.

· 약한 중력 렌즈: 천체가 고리나 여러 개의 상을 만들 만큼 충분한 중력

을 지니고 있지 않을 때 일어나는 현상. 관찰자에게 보이는 것은 종종 배경이 되는 천체의 단절된 상이다. 천문학자들은 왜곡되거나 단절된 이미지를 가지고 배경 천체에 대해 끊임없이 추론해낸다.

- 미세 중력 렌즈: 중력 렌즈 현상을 일으키는 천체의 질량이 아주 작은 경우에 발생한다. 주로 먼 외계 행성을 발견하는 데 사용되며, 별 또는 항성 질량 블랙홀에 의해 발생한다.

중력 렌즈를 어떻게 활용할까?

✦

중력 렌즈 현상은 먼 우주를 관측하기 위한 놀라운 도구가 되어줍니다. 중력 렌즈를 활용하면 '우주 배경 복사'라고 불리는, 빅뱅 이후 남은 아주 오래된 희미한 빛을 연구할 수 있습니다. 이 빛은 우주가 탄생하고 약 38만 년 후에 발생한 태초 우주의 잔재와 같습니다. 한때 우주 배경 복사는 매우 강렬하고 뜨거우며 항성의 표면 만큼이나 밝았을 것입니다. 그러나 우주가 팽창하며 빛의 파장이 길어져 오늘날에는 마이크로파로 남아 있지요. 이 빛에는 우주 탄생에 대한 정보가 담겨 있지만 너무 희미해 연구하기 어렵습니다. 중력 렌즈는 빅뱅의 마지막 메아리인 우주 배경 복사의 변화를 관찰할 좋은 관측 도구가 되어 줍니다. 우주를 더 멀리 들여다볼수록 시간을 더 거슬러 올라가 먼 과거를 알 수 있습니다.

중력 렌즈를 이용하면 암흑 물질도 연구할 수 있습니다. 암흑 물질은 거대한 은하단 곳곳에 두루 분포하는데, 은하단은 자체 중력에 묶여 있을 뿐만 아니라 암흑 물질의 영향도 받습니다. 어떤 은하단이 중력 렌즈 효과를 일으킨다면 여기에는 암흑 물질의 질량도 일부 반영된다고 볼 수 있지요. 그러므로 중력 렌즈는 우주 전체에 골고루 분포한 암흑 물질의 존재를 증명하고 규모를 파악하는 데에도 중요한 단서가 될 수 있습니다.

모든 것은 대폭발로부터 시작되었다
거대한 우주의 탄생, 빅뱅

천문학의 가장 흥미롭고 본질적인 질문은 '우리가 우주에서 감지하는 이 모든 물질은 어디에서 어떻게 시작되었을까?'입니다. 이 질문에 답하기 위해 천문학자들은 138억 년을 가로질러 거대한 폭발로 우주가 탄생한 시기까지 거슬러 올라갑니다.

탄생 당시 우주는 굉장히 뜨겁고 크기는 원자보다 작았을 것으로 예상됩니다. 그러나 빅뱅 직후 우주는 어마어마한(어쩌면 광속을 뛰어넘는) 속도로 팽창하며 몸집을 불렸습니다.

얼마나 오랫동안 그런 상태였는지, 빅뱅 이전에 무엇이 있었는지는 아직 밝혀지지 않았습니다. 그러나 천문학자들은 극초기 우주에서 오늘날의 복잡하고 거대한 구조로 어떻게 변화해왔는지를 알아내고자 끊임없이 연구하고 있지요. 이 학문 분야를 '우주론'이라고 합니다.

우주의 탄생: 빅뱅이라는 사건

◆

우주의 탄생인 '빅뱅'은 약 138억 년 전에 일어났습니다. 빅뱅은 당시 모든 공간을 물질과 에너지로 가득 채우는 폭발적인 일대 사건이었습니다. 빅뱅으로 '공간'과 '시간'이 등장했지요. 사실 빅뱅은 이름에서 느껴지는 뉘앙스처럼 어마어마한 거대 규모의 폭발은 아니었을 수도 있습니다. 그보다 오늘날까지 계속되고 있는, 시공간의 확장을 촉발한 우주의 첫 탄생 정도로 보면 되지요. 가장 원초적인 물질 입자가 빅뱅 당시에 등장했습니다.

빅뱅이 일어나고 다음 1초간, 우주 전체는 약 100억 도까지 과열된 굉장히 뜨거운 아원자 입자(중성자, 양성자, 전자 등 원자보다 작은 입자) 수프와 같았습니다. 모든 것이 한데 뒤섞여 있었지요. 그 1초 사이에 아래와 같은 놀라운 일들이 일어납니다.

- 중력이 전자기핵력에서, 그리고 전자기력에서 분리된다.
- 쿼크Quark(물질을 이루는 근본 입자)와 글루온Gluon(입자와 입자 사이를 이어주는 입자)으로 이루어진 뜨거운 '수프'에서 양성자와 중성자가 형성된다.
- 갓 태어난 우주가 차가워지며 중소수와 헬륨-3을 형성한다.
- 순식간에 우주의 크기가 어마어마하게 팽창한다.

그로부터 단 '3분간' 우주는 냉각과 팽창을 반복했고, 그 과정에 최초의 원소들이 생성되었습니다. 이후 약 38만 년간 우주는 팽창을 거듭했습니다. 하지만 이때까지도 우주는 너무 뜨겁고 빛이 보이지 않는 암흑 세계였습니다. 밀도 높은 플라스마만 존재해 마치 빛을 산란시키는 불투명한 뜨거운 수프와 비슷했지요. 어둡고 스산한 안개와도 비슷했습니다.

다음으로 '재결합 시대'가 찾아왔습니다. 충분히 냉각된 물질 원소들이 원자를 형성한 것이지요. 마침내 원초적인 빛이 통과할 수 있는 투명한 기체가 등장했습니다. 우리는 이때 등장한 빛을 '우주 마이크로파 배경 복사Cosmic microwave background radiation, CMB 또는 CMBR'라고 부릅니다. 마이크로파 복사는 우주를 빛으로 채웠지요.

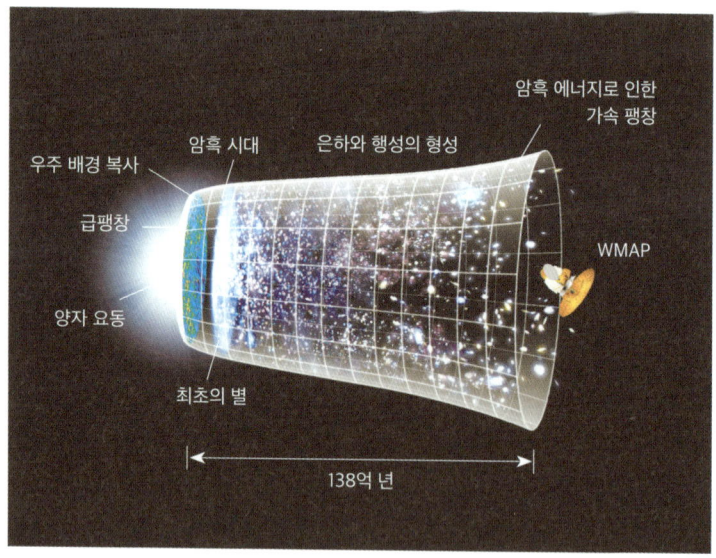

+ 탄생부터 현재까지 우주의 팽창
나사는 우주 마이크로파 배경 복사를 관측하고자 2001년 더블유맵 위성Wilkinson Microwave Anisotropy Probe, WMAP을 발사했다. 우주는 약 138억 년 전에 탄생해 팽창을 거듭하며 오늘날에 이르렀다.

비슷한 시기에 기체 구름이 (아마 암흑 물질 중력의 영향을 받아) 수축되며 최초의 별을 형성했습니다. 별들은 주변에 남아 있던 기체에 에너지를 공급해(이온화시켜) 우주를 더욱 밝게 비추었습니다. 이를 '재이온화 시대'라고 합니다.

별과 은하의 탄생, 우주의 재팽창

빅뱅으로 우주가 탄생하고 4억 년 정도 지났을 무렵, 최초의 별과 은하가 형성되기 시작했습니다. 우주가 팽창하며 암흑 물질이 덩어리로 수축되었고, 기체들이 밀집된 지역에서 서로 결합해 별과 은하가 탄생한 것입니다. 태초의 은하들은 오늘날 우리가 보는 나선형이나 타원형과는 전혀 다른 형태였습니다. 원시 은하는 빛나는 물질 조각에 가까웠습니다.

  우주는 계속해서 팽창했지만, 이후 수십억 년간 별과 은하의 질량이 만들어내는 중력의 영향으로 팽창 속도가 점차 느려졌습니다. 그러다가 약 50억 년 전부터 갑자기 흥미로운 일이 일어났습니다. 암흑 에너지가 우주의 팽창을 가속시키기 시작한 것이지요.

  암흑 에너지가 어떤 메커니즘으로 작동하는지 아직 정확히 밝혀진 바는 없습니다. 다만 '텅 빈 공간'의 속성처럼 보이며, 우주 전체에 영향을 미치고 있음을 알 수 있을 뿐이지요. 암흑 에너지는 중력과 반대 방향으로 작용하며 오늘날까지 여전히 우주 팽창을 가속시키고 있습니다.

최초의 별과 은하의 진화

최초의 별은 매우 짧은 기간 존재하다가 어마어마한 초신성 폭발로 소멸한, 무겁고 외로운 천체였을 것입니다. 이 폭발적인 소멸로 블랙홀이 형성되었고, 블랙홀은 주변 기체를 빨아들이며 성장했습니다. 별의 잔해는 우주로 날아가 성간 물질을 풍부하게 했습니다. 곧 수소와 헬륨보다 무거운 원소들이 등장했지요. 이런 원소 중 일부는 별의 핵합성으로 인해, 다른 일부는 초신성 폭발로 인해 만들어졌습니다.

은하가 형성된 순간부터 지금까지 은하는 우주에서 별이 탄생하는 요람의 역할을 합니다. 우리은하는 약 130억 년 전에 등장했으며, 다른 많은 은하와 마찬가지로 여러 은하가 충돌하고 뒤섞이는 과정을 거쳐 성장했지요. 우리은하는 바쁘게 움직이며 새로운 세대의 별을 끊임없이 만들어냈습니다.

우리 태양계는 약 46억 년 전, 그러니까 빅뱅으로부터 약 90억 년 후에 형성되었습니다. 태양은 앞으로 50억 년 정도 더 존재할 것입니다. 우리은하와 안드로메다은하는 수십억 년간 서로 상호작용을 지속할 것이고, 50억 년 후에는 결국 하나로 합쳐져 원래 모습과 전혀 다른 커다란 타원 은하가 될 것입니다.

우주에는 수십억 개의 은하가 존재하고 이들은 초은하단을 구성합니다. 초은하단 사이사이는 우주를 가로지르는 거대한 그물망인 필라멘트로 연결되어 있지요. 우주는 암흑 에너지로 계속해서 팽창할 것이고, 우주의 그물망도 마찬가지로 앞으로 수백억 년간 계속해서 확장될 것입니다.

시간	우주의 변화
138억 년 전	대폭발(빅뱅) 발생, 최초의 입자 등장
빅뱅 직후	양자 밀도 요동, 우주 팽창
134억 년 전	최초의 별과 은하 등장
130억 년 전	우리은하 형성
46억 년 전	태양계 형성
38억 년 전	지구에 최초의 생명체(단세포 생물) 등장
20만 년 전	최초의 현생인류 호모 사피엔스 등장

+ 빅뱅부터 우리까지, 우주의 간추린 역사

거대한 우주의 시간 속에서 인류의 등장과 활동은 아주 최근에 시작되어 겨우 찰나에 벌어지고 있는 일이다.

한 걸음 더 빅뱅 이전에 멀티버스가 있었다?

빅뱅으로 우주가 탄생하기 전에 무엇이 있었는지 정확히 알 방법은 없습니다. 어쩌면 우리는 '다중 우주Multiverse'의 한 거품 속에 살고 있는 것일지도 모릅니다. 빅뱅이 일어나기 전에 거대한 영역이 있었고, 그 안에서 빅뱅이 형성되었을 수도 있지요. 우리는 아직 그 너머를 볼 수 없지만, 언젠가는 여러 우주가 저마다 다른 거품 속에서 우리 우주처럼 팽창하는 모습을 볼 수 있을지도 모릅니다.

우주의 존재에 대한 또 다른 가설도 있습니다. 빅뱅 이전에도 우주가 존재했지만, 빅뱅과 함께 그 존재의 증거가 함께 파괴되었다는 설이지요. 우리가 빅뱅 이전의 머나먼 태초에 대해 알기 위해서는 더 오랜 시간과 통찰력이 필요할 듯합니다.

웜홀은 정말 존재할까?
공상과학 속 상상 VS 현실 우주의 구조

공상과학 영화나 소설 속에는 빛보다 빠른 우주선을 타고 먼 외계로 여행을 떠나거나, '웜홀'을 이용해 순식간에 멀리 떨어진 곳으로 공간 이동을 하는 이야기가 가득합니다. 아득하리만치 거대한 우주의 규모를 떠올려보면 은하계의 한쪽 끝에서 다른 끝으로, 심지어 다른 은하로 여행하기 위해 놀라운 지름길을 이용하는 것이 꽤나 매력적인 선택지로 느껴지지요.

SF 작품 속 단골 소재인 웜홀Wormhole은 과연 실제로 존재할까요? 논리적으로, 물리학적으로 웜홀이 존재할 수 있을까요? 이번 장에서는 웜홀이 무엇인지, 이론적으로 존재할 수 있는지, 그리고 과연 웜홀이 우주 고속도로로 향하는 좋은 진입로가 될 수 있는지 함께 살펴봅시다.

한 걸음 더

유명한 SF 작품 속 웜홀 이야기

여러 SF 작품들은 저마다 독창적인 웜홀의 이미지를 그립니다. 그 중 몇 가지를 함께 살펴봅시다.

1963년에 뉴베리상을 수상한 매들린 렝글Madeleine L'Engle의 SF 동화 『시간의 주름A winkle in time』에는 시공간 여행을 가능하게 하는 4차원 입방체 '테서랙트Tesseract'가 나옵니다. 주인공들은 테서랙트를 들고 시간 여행을 떠나지요. 칼 세이건은 훌륭한 천문학자인 동시에 작가였는데, 같은 이름의 영화로도 제작된 소설 『콘택트Contact』에서 특정 형태의 구조체를 사용해 주인공을 먼 외계 세상으로 보냅니다. 로이스 맥마스터 부졸드Lois McMaster Bujold의 소설 시리즈 『보르코시건 사가Vorkosigan Saga』에서는 웜홀을 마치 다른 항성계로 이동할 수 있는 지하철이나 열차처럼 묘사했습니다.

영화 《2001 스페이스 오디세이》에서는 한 인물이 웜홀처럼 보이는 곳을 통해 어딘가로 이동하는 장면이 나옵니다(이 작품은 특히 SF 영화계에 한 획을 그었다는 극찬을 받지요). 고전 명작으로 여겨지는 드라마 시리즈 《스타 트렉: 딥 스페이스 9》에서는 은하의 두 사분면을 연결하는 웜홀이 '통로'로 묘사됩니다.

시공간을 접어 이동하는 통로, '웜홀'

우주에 웜홀이 실존할까요? 사실 웜홀을 실제로 본 사람은 아무도 없습니다. 웜홀은 단지 이론상 존재하는 개념일 뿐이지요.

웜홀이란 우주에서 '블랙홀'과 '화이트홀'(블랙홀과 반대로 작용해

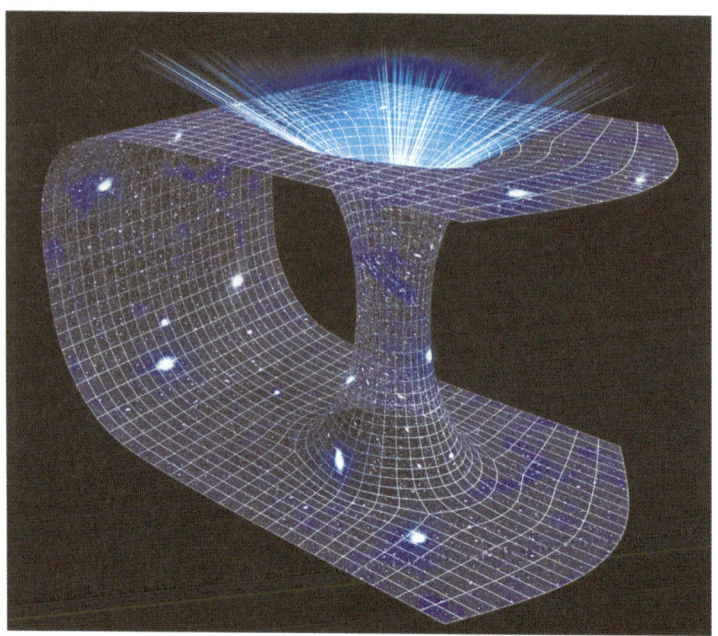

+ 웜홀 상상도

멀리 떨어진 두 영역 사이에 통로나 다리가 있기 위해서는 시공간이 '접혀야' 한다. 이런 현상은 이론적으로는 가능하지만 아직 우주에서 발견되지는 않았다.

모든 물체를 뱉어내는 입구)을 연결하는 통로를 가리킵니다. 웜홀은 한마디로 우주 시공간의 벽에 난 구멍에 비유할 수 있지요. 두 지점 사이 공간을 실제로 가로지르지 않고도 한 지점에서 다른 지점으로 이동하는 통로 말입니다. 웜홀이 성립하기 위해서는 무언가가 그 공간을 '접어야' 하는데, 이를 위해서는 어마어마한 중력이 필요합니다. 블랙홀은 주변의 시공간을 뒤틀 정도로 어마어마한 중력을 지니고 있습니다. 만약 블랙홀이 공간을 휘게 할 수 있다면, 이론적으로 휘어진 시공간을 따라 웜홀도 형성될 수 있지요.

웜홀은 기본적으로 아인슈타인의 상대성 이론에 기반을 둡니다. 1935년, 알베르트 아인슈타인과 네이선 로젠Nathan Rosen은 물체가 우주를 가로지를 수 있는지 연구하며 멀리 떨어진 두 영역을 잇는 '다리'라는 아이디어를 생각해냅니다. 그래서 물리학에서는 '웜홀'을 좀 더 학술적인 표현으로 '아인슈타인-로젠 다리Einstein-Rosen Bridge'라고 부릅니다. 웜홀 이론을 연구하는 일부 학자들은 다리가 짧은 시간 동안만 지속될 수 있으므로 시공간을 이동하기 위해서는 서둘러야 한다고 주장합니다.

그러나 웜홀의 기본 개념을 생각해보면 허점이 드러납니다. 웜홀을 이용해 우주를 여행하기 위해서는 블랙홀의 중심부인 '특이점'에 곧바로 부딪히게 됩니다. 블랙홀의 특이점은 '국수 효과'를 일으켜 누구도 여행하지 못하게 만들지요. 블랙홀의 어마어마한 중력 때문에 당신이 블랙홀로 빨려들어가더라도 화이트홀을 통해 반대편으로 빠져나올 수도 없습니다. 블랙홀의 중력을 견뎌낼 방법은 없을까요? 만약 어마어마한 중력을 견뎌내는 특이한 물질로 만든 우주선을 타고 블랙홀로 들어간다면 어떨까요? 그 물질의 특성은 블랙홀의 중력을 튕겨내는 것이어야 하는데, 이는 현실적으로 불가능하지요.

화이트홀은 없어도 된다

이론적으로 웜홀이 작동하기 위해서는 블랙홀과 화이트홀이 있어야 합니다. 블랙홀은 무한에 가까운 중력으로 온갖 물질을 강하게 끌어당깁니다. 블랙홀로 빨려들어간 물질은 다른 모든 물질과 뒤섞여 원자 단위로 분쇄됩니다.

화이트홀은 블랙홀과 반대 개념으로, 내부의 모든 물질과 빛을 방출합니다. 천문학자들은 아직 화이트홀을 관측하지 못했지만, 물리학적 지식과 법칙에 따르면 화이트홀은 존재할 수도 있습니다. 그래서 웜홀이 존재할 수 있다고 보는 것이지요.

그러나 2017년에 노벨물리학상을 수상한 물리학자 킵 손Kip S. Thorne은 자신의 논문에서 화이트홀 없이도 웜홀이 존재할 수 있다는 것을 이론적으로 증명했습니다. 그의 아이디어는 크리스토퍼 놀란 감독의 뛰어난 SF 영화《인터스텔라》에 잘 드러나지요. 어쩌면 우리가 모르는 머나먼 우주에 화이트홀은 없어도 웜홀이 단독으로 존재할지도 모르겠습니다.

빛보다 빠르게 이동할 수 있을까?

◆

웜홀로 시공간을 뛰어넘는 것이 불가능하다면, 이건 어떨까요? 빛보다 더 빠른 속도로 이동하는 것입니다.

미국의 유명한 SF 시리즈물인《스타 트렉》에서는 클링온과 로뮬런을 비롯해 거의 모든 외계 종족이 짧은 시간에 먼 거리를 이동하기 위해 시공간을 비트는 기술인 '워프 항법Warp drive'을 사용합니다. 이는 웜홀과 마찬가지로 공간을 접어 이동하는 한 방식으로, 현실에 존재하는 기술을 뛰어넘는 가상의 힘이지요.

온 우주를 통틀어 가장 빠른 것은 빛입니다. 무한한 에너지를 마음껏 사용할 수 있다고 해도 아직까지 빛의 속도를 뛰어넘을 방법은 없습니다. 그러나 물리학자들은 빛보다 빠르게 움직이는 가상의 입자, '타키온Tachyon'이 존재한다는 가설을 세웠습니다. 빛보다 느린 '타디온Tadyon 입자'와 반대되는, 허수의 질량을 가져 에너지를 잃을수록 속도가 빨라지는 입자이지요.

이론적으로 타키온 입자는 빛보다 빠른 속도로 목적지에 도달하게 해줍니다. 그러나 출발하기 전에 출발해야 하고, 예상한 것보다 일찍 목적지에 도착한다는 허점이 있습니다. 이는 영화나 소실 속에서만 가능하고 현실적으로 불가능한 이론에 가깝지요.

멕시코의 이론물리학자 미겔 알쿠비에레Miguel Alcubierre는 1994년, 일반 상대성 이론을 활용한 '워프 항법'을 자세히 기술한 논문을 발표했습니다. 그는 가상의 우주선을 상정하고, 주변에 적절한 물질을 배열해 우주선 뒷부분은 급속히 팽창시키고 앞부분은 같은 속도로 수축시키는 아이디어를 냈지요. 그러면 우주선과 출발점 사이의 거리는 급속히 멀어지는 반면 우주선과 녹석지 시이의 거리는 급속하게 가까워져 아주 빠른 시간 내에 목적지에 도달할 수 있다는 논리를 펼친 것입니다. 그러나 이것이 현실에 구현되기 위해서는 특정 중력을 만드는 물질이 필요합니다. 나사의 공학자들은 그의 아이디어에 따라 레이저를 사용해 작은 워프 버블을 만드는 '워프 항법' 프로토타입을 개발하기도 했습니다. 이는 매우 흥미로운 연구로, 어쩌면 먼 미래에 우리는 최초의 '워프 우주선'을 타고 저 머나먼 우주로 모험을 떠나는 장면을 목격할 수 있을지도 모릅니다.

한 걸음 더
《스타 워즈》의 치명적인 오류

많은 공상 과학 영화들은 현실의 과학 이론과 기술에 기반합니다. SF 팬들은 이런 지점에 특히 열광하지요. 그러나 때로는 완전히 잘못된 묘사로 사람들의 환상을 깨뜨리기도 합니다. '옥에 티'라고나 할까요? 전 세계적으로 유명한 우주 영화 시리즈 《스타 워즈》에도 치명적인 오류가 있습니다.

시리즈의 시작을 알린 《스타 워즈: 새로운 희망》에는 출신이 불분명한 소년 루크와 그의 동료가 되는 우주선 조종사 한 솔로, 그리고 루크의 스승인 오비완 케노비가 나옵니다. 한 솔로는 오비완 케노비에게 이렇게 말합니다. "밀레니엄 팔콘호라고 못 들어보셨ㅣ? 케셀 런을 12파섹에 돌파한 우주선인데!" 천문학을 잘 아는 관객이라면 어색하게 들릴 수밖에 없습니다. 우리 모두가 이미 알다시피 파섹은 '시간'이 아니라 '거리'를 측정하는 단위이기 때문이지요.

우주에서 외계인을 만날 확률
드레이크 방정식과 SETI 연구소

천문학자들의 주요 관심사 중 하나는 바로 '외계 생명체를 만날 가능성'입니다. 화성을 비롯한 태양계 행성 탐사는 이런 호기심에서 동력을 얻었지요. 목성 둘레를 도는 유로파, 토성 주변을 공전하는 엔셀라두스와 타이탄 등 몇몇 위성들은 생명체가 존재하고 진화하기에 적합한 조건에 대한 정의를 확장해주었습니다. 앞서 언급한 곳들은 모두 지구인이 살아가기엔 춥고 척박하지만, 미생물 등 다른 형태의 생명체가 존재할 가능성은 무한합니다.

    태양계 너머에는 무수히 넓은 세계가 있습니다. 나사는 '케플러 임무Kepler mission'를 통해 지구와 비슷한 외계 행성을 찾고 있습니다. 칠레의 라시야천문대에서는 지구에서 4.3광년 정도 떨어진 알파 센타우리 BAlpha Centauri B를 공전하는, 지구와 비슷한 크기의 행성을 발견했습니다. 그러나 이곳은 온도차가 너무 극단적으로 크기 때문에 생명체가 살기에 적합하지 않을 것으로 보이지요. 하지만 꾸준히 관측과 탐사를 계속하다 보면 언젠가는 생명체가 살기에 적합한 외계 행성이 발견될지도 모릅니다. 이는 우주를 보는 우리의 시야를 크게 넓혀줄 것입니다.

외계인을 만날 가능성: 드레이크 방정식

◆

20세기 중반부터 사람들은 외계 생명체가 우주선을 타고 지구에 왔다고 생각하기 시작했습니다. 제2차 세계대전 직후인 1947년부터 미확인 비행 물체Unidentified flying object, UFO가 목격되기 시작했고, 미국 남서부 사막에 외계인이 추락했다거나 미지의 생명체를 사로잡아 군사 시설에 가두어 놓았다는 괴담 같은 이야기도 떠돌았습니다. 관련 사진과 영상도 여럿 있었지요. 그러나 대부분은 조작이거나 근거 없는 뜬소문에 불과합니다.

현재로서는 다른 행성에 외계인이 존재하는지 알 방법이 없습니다. 그렇지만 천문학자들은 먼 우주의 생명체를 찾으려는 노력을 멈추지 않고 있지요. 1960년대 초에 외계 문명의 신호를 찾기 위해 하늘을 연구하던 천체물리학자 프랭크 드레이크Frank Drake는 '인간과 교신할 수 있는 지적 외계 생명체의 수'를 계산하기 위한 방정식을 고안해냈습니다. 여러 변수와 가능성을 계산해 확률을 구하는 것이지요. 방정식은 다음과 같습니다.

$$N = R^* \times fp \times ne \times fl \times fi \times fc \times L$$

여기서 N은 우리은하 내 교신이 가능한 지적 외계 문명의 수입니다. R^*은 우리은하에서 1년 동안 탄생하는 항성의 수지요. fp는 그 항성이 행성을 거느리고 있을 확률입니다. ne는 항성에 속한 행성 중 생명체가 살 수 있는 것의 수, fl은 그 행성에서 생명체가 발생할 확률을 각각 나타냅니다. fi는 발생한 생명체가 지적 문명을 일구어낼 확률, fc는 그 문명이 외부로 탐지 가능한 신호를 보낼 만큼 발전할 확률, L은 이 모든 조건을 만족하는 지적 문명이 존재하고 유지되는 시간의 길이를 가리킵니다. 즉 태양계 외부의 항성이 행성을 거느리고, 그 행성에서 생명체가 발생하고, 그들이 우주로 신호를 보낼 만큼 고도로 발전할 문명을 건설해 오랜 시간 유지되어야 비로소 외계 생명체를 만날 수 있는 것이지요.

드레이크 방정식에 우주를 실제로 관측한 추정치를 넣어 계산하면 우리은하 내 지적 외계 문명의 수는 약 2억 개에 달합니다. 물론 이는 정확하지 않고, 단순 계산 수치에 불과하지요. 하지만 지적 외계 문명을 찾으려는 노력이 계속될수록 우리의 외계 탐사 기술과 지식도 함께 성장하고 있음을 간과해서는 안 됩니다.

외계인은 어떻게 생겼을까?

외부 은하는 무한히 넓으므로 어딘가에 지구와 비슷한 행성이 존재할 가능성은 충분합니다. 달리 말하면 지구 생태계는 다른 행성에서도 충분히 재현될 수 있다는 뜻이지요. 우리는 물이 풍부한 암석 행성에서 태어났습니다. 여러 원소의 화학적 반응으로 첫 생명이 탄생했고, 이들이 지구 환경을 변화시키며 점차 다양한 생명체가 등장했습니다. 지구를 지배하는 우리 종, '인간'은 생존하고 번성하는 데 필요한 진화 과정을 거쳐 큰 두뇌와 좌우 대칭적인 신체, 고차원적 언어 능력 등 오늘날의 모습을 갖추게 된 것이지요.

우리의 상상 속 외계인은 거의 항상 인간과 비슷한 형상에 커다란 눈, 회색 또는 녹색의 매끈한 피부를 가진 이족 보행 생명체로 묘사됩니다. 몇몇 회의론자들은 이러한 형상이 지극히 편협한 지구 중심적 사고의 한계라고 비판하지요. 다른 행성의 지적 생명체가 우리와 같은 방식으로 진화할 것이라는 보장은 없습니다.

태양과 비슷한 고래자리의 항성 타우 세티Tau Ceti가 거느린 행성의 외계인들이 지구를 방문한다고 해봅시다. 그들은 어떤 모습일까요? 팔은 4개에 다리는 2개, 인간보다 훨씬 큰 입과 두뇌를 가지고 있지 않을까요? 그들의 시각은 가시광선과는 다른 빛을 포착하고 주변 환경에 따라 후각이 발달했을지도 모릅니다. 팔이 많기 때문에 몸짓 언어가 발달했고, 우리가 흔히 생각하는 손을 흔들며 '안녕'이라고 말하는 인사 행위는 그들에게 시비를 걸거나 결투를 신청하는 등 정반대의 의미일 수도 있습니다. 심지어 우리의 피부색이 그들에게 의도치 않게 암호화된 메시지를 전달할지도 모르지요. 그들이 음성 언어를 사용한다 해도 우리와는 전혀 다를 것입니다. 만약에 우리가 외계 문명과 조우하게 된다면, 효율적인 의사소통을 하기 위해 서로를 탐색하고 이해하는 과정을 거쳐야겠지요.

캘리포니아 SETI 연구소: 외계 지적 생명체를 찾아라!

✦

천문학자들을 비롯해 아마추어 우주 관찰자까지, 많은 사람들이 먼 문명에서 오는 전파 신호를 바탕으로 외계 생명체와 외계 문명을 탐색해왔습니다. 1984년에는 SETI 연구소가 설립되어 활발하게 프로젝트를 수행 중입니다('SETI'란 '외계 지적 생명체 탐색Search for extraterrestrial intelligence'의 약자입니다).

SETI 연구소에서는 '앨런 전파 망원경 배열Allen telescope array, ATA'이라는 여러 대의 망원경을 설치해 지구 외부에서 오는 신호 주파수를 감지하고 있습니다. 그중 가장 가능성이 높은 것은 '워터홀Water hole'이라는, 주파수 1420~1662메가헤르츠에 해당하는 조용한 전자기 스펙트럼 대역입니다. 수소 원자가 자연적으로 방출하는 주파수에 해당하지요. 수소 기체와 수산기 분자를 결합하면 물이 생성됩니다. 만약 물이 우리 지구처럼 우주 전체에서도 생명의 필수 요소라면 해당 주파수를 방출하는 영역에 생명체가 존재할 가능성이 높은 것이지요.

외계인을 찾기 위한 다른 흥미로운 방법은 그들의 군사 레이더에서 방출되는 적색 편이 파장이나 라디오와 TV 신호를 찾는 것입니다. 외계 문명이 이런 기술을 사용할 경우 그 주파수가 우주로 방출될 수 있습니다. 이 신호가 지구에서 저주파 전파 방출로 나타나면 최신 전파 망원경 배열로 감지할 수 있지요.

또한 먼 행성의 대기를 통과하는 별빛을 연구하는 것도 도움이 됩니다. 생명체는 특정 화합물을 공기 중으로 방출합니다. 이러한 대기 분자는 특정 파장의 빛을 흡수해 생명체의 존재 가능성에 대한 단서를 제공하지요. 따라서 먼 별빛의 스펙트럼을 분석하는 것으로 그 행성에 생명체가 존재하는지의 여부를 어렴풋이 확인할 수도 있습니다.

3부
천문학의 흐름을 바꾸고
놀라운 업적을 남긴 인물들

천문학은 어떻게 시작되었을까?
우주에 대한 인류의 끝없는 열정

천문학의 역사는 아주 길고 장대합니다. 고대 인류는 하늘을 올려다보며 계절과 시간, 날씨를 예측했습니다. 시간이 흘러 중세에는 별의 위치를 기록해 항로를 잡고 미지의 대륙으로 탐험을 시작했지요. 또한 점성술로 미래를 점치고 예측하고자 했습니다.

이제 인류는 적극적으로 하늘을 탐사하며 항성과 행성, 은하와 우주를 이해하는 단계로 도약했습니다. 하늘을 관측하고, 이해하고, 지식을 얻어 적극적으로 활용하는 모든 과정이 천문학을 발전시켰지요. 천문학의 역사를 되짚어보면 3,000년 이상의 긴 시간이 퇴적되어 있습니다. 천체를 '숭배'하던 초기 인류의 태도는 현대로 올수록 '과학적으로 분석'하는 방향으로 점차 변화했습니다. 특히 수많은 천문학자가 놀라운 통찰력으로 우주에 대한 인류의 관점을 획기적으로 바꾸어놓았지요.

천문학의 탄생: 별이 빛나는 밤에

◆

수렵과 채집을 하며 살아가는 고대 원시인이 되었다고 상상해봅시다. 밤이 오면 추위와 맹수를 피해 가족들과 함께 바위 동굴에 몸을 숨깁니다. 그러다 아이들이 배가 고프고 목이 마르다고 울면 먹고 마실 것을 찾으러 동굴 바깥으로 나갈 것입니다.

어느 날 밤, 평소처럼 동굴 주변을 배회하다가 우연히 고개를 들어 밤하늘의 찬란한 광경을 발견합니다. 작고 밝은 빛이 당신을 향해 반짝이고, 유독 크게 보이는 노랗고 손톱 같은 것이 하늘에 둥둥 떠 있습니다. 구름이 스쳐가며 이들이 나타났다 사라지길 반복하지요. 이 모든 것을 어떻게 해석해야 할까요?

태초의 인류에게 밤하늘은 아름다운 미지의 세상이었을 것입니다. 분명 눈에 보이지만 아무리 손을 뻗어도 잡히지 않는 반짝이는 별들을 바라보며 어떤 것은 매일 비슷한 위치에서 반짝이고 다른 것은 일정한 방향으로 이동한다는 것을 알아차리겠지요. 여기에서 영감을 받아 동굴 벽에 그림을 그리거나 동물 가죽에 기록을 남기고 싶어질지도 모릅니다. 고대인들은 그런 방식으로 다른 사람들과 별의 존재에 대해 토론하고, 이를 생존에 필요한 지식으로 바꿀 수도 있었습니다.

고천문학: 천문학인가 고고학인가

오래전에 사람들이 하늘을 어떻게 연구했는지 궁금한가요? 그렇다면 고천문학을 공부하면 됩니다. 고천문학Archaeoastronomy은 고고학과 인류학 등 다양한 학문을 총동원해 과거의 사람들이 천문 현상을 어떻게 이해했고, 천문 지식을 어떻게 활용했으며, 천문학이 그들의 생활과 문화에 어떤 방식으로 작용했는지를 연구하는 학문 분야입니다.

고대인들은 하늘을 오늘날의 달력이나 시계와 비슷하게 사용했습니다. 이집트의 피라미드, 마야 문명의 오래된 사원, 영국의 스톤헨지 등 세계 곳곳의 고대 유적에 하늘을 향해 정렬하고 쌓아올린 듯한 거대한 구조물이 남아 있지요. 고천문학자들은 항성과 위성 등이 초기 문명에 어떤 의미였는지, 그들의 사회에 어떤 영향을 미쳤는지를 주력적으로 연구합니다. 그러니까 고천문학은 하늘을 연구하는 '천문학'보다는, 고대 인간의 생각과 문화를 연구하는 '고고학'에 가깝다고 볼 수 있지요.

한 걸음 더 — 전 세계 고대 문명의 천문학

거의 대부분의 문화권에 하늘을 관측하고 연구했다는 기록이 남아 있습니다. 우리의 선조들은 일 년 내내 하늘을 바라보며 태양과 달, 행성, 다른 별의 복잡한 움직임을 추적했습니다. 또한 이러한 천체들을 신과 여신으로 여겨 숭배하기도 했지요.

고대 그리스, 이집트, 메소포타미아, 중국, 아즈텍, 마야, 아메리카 원주민 등 많은 문화권에서 하늘을 '신의 거처'라고 여겼습니다. 이들은 오로지 맨눈으로만 하늘을 관측할 수 있었지요. 아마 당시의 천문학자는 시력이 좋은 사람들이었을 것입니다.

천문학의 선구자: 코페르니쿠스, 케플러, 갈릴레이

◆

과학적 사고방식을 바탕으로 천체의 움직임을 연구하기 시작한 최초의 관측자에는 지구 중심에서 태양 중심으로 당대의 사고관을 크게 바꿔놓은 니콜라우스 코페르니쿠스Nicolaus Copernicus와 행성 운동 법칙을 밝히고 천문학의 기반을 다진 요하네스 케플러Johannes Kepler, 직접 만든 망원경으로 하늘을 관측해 목성의 위성을 발견한 갈릴레오 갈릴레이Galileo Galilei가 있습니다.

시간이 지날수록 기술이 발달해 점점 정밀한 망원경으로 하늘을 관측할 수 있게 되었습니다. 사람들은 먼지처럼 뒤얽힌 별들을 관측하며 과학적 지식을 쌓아 나갔습니다. '자연 철학'에서 시작한 과학은 제각각 여러 분야로 갈라지기 시작했고, 천문학은 다른 과학인 수학과 물리학 등과 서로 영향을 주고받으며 발전했습니다.

17세기 이후의 천문학

천문학은 천문대 등 관측 기관의 등장으로 급속도로 발전했습니다. 분광학을 천문학 연구에 접목하며 천체물리학이라는 새로운 학문 분야도 등장했지요. 사진 기술이 발달하자 천문학자들은 망원경에 카메라를 연결하고 장시간 노출해 너무 멀어 희미했던 천체의 이미지를 비교적 선명하게 포착할 수 있었습니다. 1850년에는 태양을 제외한 최초의 항성 사진을 촬영했습니다. 거문고자리에서 가장 밝은 별, '베가Vega'였지요.

천문학자들은 천체에서 나오는 빛을 통해 항성과 행성, 성운, 은하의 구성 성분과 탄생 과정에 대해 많은 것을 알게 되었습니다. 특히 19세기와 20세기 초반에는 우주를 최대한 다방면으로 관측하기 위해 전 세계 곳곳에 전파 탐지 센서와 특수한 카메라를 갖춘 최신식 관측소가 세워졌습니다.

오늘날 천문학자들은 과거 학자들이 보면 놀랄 만큼 발전한 장비들로 하늘을 연구합니다. 케플러가 현대로 와서 새로운 행성을 찾는 우주망원경에 자신의 이름을 붙였다는 사실을 알면 어떨까요? 갈릴레오가 자신의 이름을 딴 목성 탐사선이 관측한 데이터를 손에 넣는다면 어떤 표정을 지을까요? 우주 팽창을 밝혀낸 에드윈 허블이 오늘날 우리가 밝혀낸 우주의 크기를 듣는 순간, 경이에 찬 미소를 지을지도 모릅니다.

이슬람계 천문학자, 오마르 하이얌

중세에는 이슬람 세력이 중동과 지중해 주변 이베리아 반도, 북아메리카의 대부분을 점령했던 시기가 있습니다. 8세기부터 14세기까지 이슬람 천문학자들은 고대 그리스 문헌을 번역하고 이해하고 보존하는 데 힘썼습니다. 이들은 시간을 측정하고 달력을 제작하고 하늘과 천체에 대한 더 정확한 목록을 만들기 위해 노력했지요.

이슬람 문화권 천문학자 중 가장 잘 알려진 인물은 수학자이자 천문학자, 시인이었던 오마르 하이얌Omar Khayyam입니다. 그는 고대 페르시아 제국(현재의 이란)의 도시 이스파한에 천문대를 건설하고, 이란과 아프가니스탄 달력의 모체가 되는 달력을 만들었습니다.

천문학의 아버지, 코페르니쿠스
세상의 진리를 뒤집다

국제천문연맹IAU에는 1만 명 이상의 천문학자가 회원으로 등록되어 있습니다. 모든 천문학자들은 하늘을 과학적으로 탐구했던 위대한 사상가의 어깨 위에 앉아 있지요. 오늘날 많은 학자들이 '근대 천문학의 아버지'로 꼽는 인물 중 하나가 바로 니콜라우스 코페르니쿠스입니다. 그는 우주를 바라보는 사람들의 관점을 완전히 새롭게 바꾸어 놓았습니다.

코페르니쿠스는 문화와 과학이 크게 발전한 르네상스 시대 인물입니다. 당시 이탈리아 피렌체에서 시작된 정치, 예술, 종교 그리고 교육까지 전방위에 걸친 문화가 전 유럽으로 퍼져나갔지요. 시간이 흐르면서 문예 사조는 예술과 음악뿐만 아니라 과학과 기술에도 혁명을 일으켰습니다. 특히 천문학과 물리학 등 자연과학 분야는 신이 모든 것을 주관한다는 교회의 가르침과 충돌하기도 했습

+ 니콜라우스 코페르니쿠스

코페르니쿠스는 천문학뿐만 아니라 정치와 예술 분야에도 조예가 깊었다. 그는 세상이 지구 중심으로 돌아간다는, 진리처럼 여겨지던 오래된 믿음에서 벗어나 태양중심설을 주장했다.

니나. 게다가 1492년의 아메리카 신대륙 발견은 사람들의 세계관을 크게 확장시켜 기존 지식에 대한 의구심과 새로운 세상에 대한 탐구가 지속되는 지적 환경을 조성했습니다.

지구중심설: 지구가 과연 세상의 중심일까?

◆

르네상스 이전의 고전 천문학은 고대 그리스 철학자 아리스토텔레스로부터 영향을 받았습니다. 아리스토텔레스는 지구가 우주의 중심이라고 생각했습니다. 태양과 행성들은 지구 주위를 돌고, 별들은 하늘에 고정되어 움직이지 않는 것이라고 보았지요. 그의 생각은 오랜 시간 진리처럼 여겨졌지만 실제로 관측하면 하늘의 움직임은 달랐습니다. 태양과 달, 특히 행성들은 아리스토텔레스가 예측한 대로 움직이지 않았고, 그중 일부는 하늘에서 이리저리 방향을 바꾸는 것처럼 보였습니다.

아리스토텔레스보다 4세기쯤 후에 등장한 그리스 철학자 클라우디우스 프톨레마이오스Claudius Ptolemy는 행성의 운동을 관측해 기록하고, '주전원Epicycle'이라는 원을 고안해 그 경로를 분석했습니다. 그밖에도 프톨레마이오스는 태양과 달, 행성의 위치를 계산했고 일식과 월식을 예측했습니다. 프톨레마이오스의 천문학은 아랍 문화권과 중세 유럽에까지 큰 영향을 미쳤으나 여전히 지구중심설을 크게 벗어나지 못했습니다.

르네상스 시대의 과학 혁명과 코페르니쿠스

◆

중세 이후 찾아온 르네상스 시대에는 단순히 예술과 철학이 부흥했을 뿐만 아니라, 인간 사고의 흐름과 방식을 근본적으로 바꾸는 대단한 발견과 움직임이 있었습니다. 과학 혁명도 그중 하나였지요. 사람들은 아주 느리지만 점진적으로 지구가 우주의 중심이라는 생각에서 벗어나기 시작했습니다. 그 변화의 시작에 있던 것이 바로 코페르니쿠스지요.

니콜라우스 코페르니쿠스는 1473년 폴란드에서 부유한 사업가의 아들로 태어났습니다. 크라쿠프대학교에서 수학과 천문학, 기하학 등을 공부한 그는 이탈리아로 자리를 옮겨 신학을 공부했습니다. 이 시기부터 그는 프톨레마이오스의 행성 운동 이론에 의문을 품기 시작했지요. 이후 점차 천체의 움직임과 궤도 계산에 깊은 흥미를 느끼게 되었습니다.

이탈리아에서 유학을 마친 코페르니쿠스는 다시 폴란드로 돌아와 가톨릭 교회 주교였던 삼촌의 일을 거들기 시작했습니다. 그러나 학생 시절 그를 매료시켰던 천문학은 계속해서 그의 머릿속에 맴돌았습니다. 평생에 걸쳐 성직에 몸담았던 코페르니쿠스는 말년에 담당 업무가 줄어들고 시간적인 여유가 생기자 본격적으로 천문학을 연구했습니다.

지구중심설에서 태양중심설로

코페르니쿠스는 실천적인 학자였습니다. 그는 관측과 연구를 기반으로 지구가 우주의 중심이라는 오랜 진리에서 벗어나 태양 주위를 공전한다고 생각했습니다. 태양계 천체가 궤도를 따라 어떻게 배열되어 있는지 정밀하게 계산해 우주 모델을 만들기도 했지요. 특히 그는 지구가 우주의 한 점에 고정된 것이 아니라 다른 행성처럼 태양 주위 궤도를 따라 움직인다는 점을 강조했습니다.

지구가 다른 행성과 함께 태양 주위를 공전하는 것은 오늘날에는 당연하게 여겨지지만 당시에는 매우 도발적인 생각이었습니다. 특히 종교가 중심이던 시대였기에 이단으로 여겨져 탄압을 받을 위험도 있었습니다. 당시 교회는 신이 창조한 지구와 인간이 세상의 중심이라고 믿고 가르쳤기 때문이지요. 태양을 세상의 중심에 두는 것은 지구의 지위를 강등시키고 신의 권위에 도전하는 것으로 여겨졌습니다. 코페르니쿠스의 사상은 당대 사람들에게는 너무 급진적이었습니다.

그러나 코페르니쿠스는 이에 굴하지 않고 자신이 연구한 내용을 상세하고 논리적으로 기술해 책으로 펴냈습니다. 1543년, 『천구의 회전에 관하여 De revolutionibus orbium coelestium』가 출간되어 많은 학자와 사상가에게 영향을 미쳤지요. 이 책은 근현대 천문학의 중요한 첫걸음이자 '코페르니쿠스 혁명'의 시초로 꼽힙니다. 오늘날 대담하고 획기적인 변화를 가리켜 '코페르니쿠스적 전환'이라고 하지요. 그가 없었다면 현내 천문학도 존재하지 않았을 것입니다.

한 걸음 더 | 코페르니쿠스가 경제학도 연구했다?

니콜라우스 코페르니쿠스는 천문학자로 가장 널리 알려져 있지만 그밖에도 다양한 분야에 업적을 남겼습니다. 다방면에 재능이 있는 팔방미인이자 르네상스 맨이었지요. 많은 이들에게 상대적으로 덜 알려져 있지만, 코페르니쿠스는 경제학자이기도 했습니다. 화폐 환율을 연구하고 상품과 서비스의 사회·경제적 가치에 대한 기록도 남겼지요. 이런 관심사는 가톨릭 교회 주교였던 삼촌의 곁에서 행정 업무를 거들던 데서 비롯된 것으로 보입니다.

관측의 귀재, 갈릴레오 갈릴레이
목성의 위성을 발견하다

 천문학사에서 가장 중요한 사건 중 하나가 1610년 1월 7일 저녁, 이탈리아 파도바 외곽에서 있었다는 말에 반대할 이는 별로 없을 것입니다. 이때 무슨 일이 있었냐고요? 천문학자 갈릴레오 갈릴레이가 새로 만든 망원경을 가지고 밤하늘의 목성을 관측하다가 놀랍고 충격적인 것을 발견했지요.

 갈릴레이는 망원경의 렌즈를 통해 목성 주변에서 3개의 '고정된 별'을 보았습니다. 그는 이 발견을 스케치로 남겼고, 며칠 뒤에 별 하나가 더 나타난 것을 발견했지요. 4개의 별은 모두 목성을 중심으로 위치를 바꾸는 것처럼 보였습니다. 이것은 천문학자들이 우주를 보는 방식을 획기적으로 바꾼, 놀라운 사건이었습니다. 지구 주위를 공전하는 달처럼 목성 주위를 공전하는 위성을 처음으로 발견한 것이기 때문이지요.

+ 갈릴레오 갈릴레이

갈릴레이는 수학, 물리학, 천문학 전반에 걸쳐 굵직한 업적을 남겼다. 천문학에서 갈릴레이의 대표적인 업적은 망원경으로 목성의 위성을 발견한 것이다.

자유로운 사상가 집안에서 자라다
✦

갈릴레오 갈릴레이는 예술과 과학, 정치와 종교가 변화와 부흥을 거듭하던 르네상스 후기, 1564년 이탈리아 피사에서 태어났습니다. 그의 아버지 빈첸초 갈릴레이는 뛰어난 작곡가이자 류트(현악기의 한 종류) 연주자였습니다. 그는 당대 유행하던 스타일과 반대되는 조율법과 대위법에 관한 책을 썼습니다. 당시 사람들에게는 파격적이었으나 현대에 우리가 바로크 음악 양식으로 받아들이는 새로운 스타일의 선구자였지요.

자유로운 음악 사상가를 아버지로 둔 갈릴레오 갈릴레이가 기성 학문 체제에 반기를 든 것은 놀라운 일도 아닙니다. 갈릴레오는 대학 재학 시절 다른 사람과의 활발한 토론을 벌였고, 심지어 기존 학설을 가르치는 교수의 말에 질문을 던지며 잦은 논쟁을 벌였기 때문에 '논쟁꾼'이라는 별명이 붙었다고 합니다. 굉장히 고집이 세고 끈질긴 학생이었다는 기록도 남아 있지요.

갈릴레이는 한때 사제를 꿈꾸었을 만큼 독실한 가톨릭 신자였고, 평생 결혼하지 않았습니다. 그러나 피사대학교 교수 재직 시절 마리나 감바Marina Gamba라는 여성과 사실혼 관계를 유지하며 딸 둘과 아들 하나를 두었습니다. 두 딸은 수녀원에 들어갔고, 아들은 후일 갈릴레이의 후계자로 법적 인정을 받았지요.

실험 과학의 포문을 열다

✦

갈릴레이는 10대 시절 피렌체 인근 수도원 학교에 입학해 인문학을 배웠고, 이때부터 아리스토텔레스의 논리학에 불만을 품었습니다. 이후 아버지의 뜻에 따라 의학을 공부하고자 피사대학교에 진학했으나 수학과 물리학에 더 관심을 보였습니다. 그는 진자의 폭에 상관없이 왕복 운동에 걸리는 시간은 일정하다는 '진자의 등시성'을 발견하기도 했지요.

의학에 매력을 느끼지 못한 갈릴레이는 대학을 중퇴하고 피렌체에서 귀족 집안의 가정교사로 일하며 수학 연구를 계속했습니다. 1589년에는 피사대학교 교수가 되어 수학, 기하학, 천문학 등을 가르치기 시작했습니다. 갈릴레오는 자연과학뿐만 아니라 예술과 공학에도 정통한 전형적인 '르네상스 맨'이었습니다.

과학자로서 실험주의자였던 그는 오늘날 널리 알려진 최초의 '낙하 실험'을 한 것으로 유명합니다. 그는 "무거운 물체가 가벼운 물체보다 더 빠르게 낙하한다"는 아리스토텔레스의 논리에 도전해 피사의 사탑에 올라가서 질량이 다른 공들을 땅에 떨어뜨리는 실험을 했지요. 그 결과 두 공이 동시에 바닥에 떨어지며 아리스토텔레스의 주장이 틀렸음을 증명합니다. 사실 갈릴레이가 피사의 사탑에서 실험을 했다는 확실한 기록은 남아 있지 않지만, 어쨌든 그는 낙하하는 물체의 속도는 질량과 관계없음을 증명해 1590년 『운동에 관하여 De Motu Antiquiora』라는 유명한 저서를 남겼습니다.

태양중심설과 교회와의 갈등

갈릴레오 갈릴레이는 자신이 태어나기 반세기쯤 전에 니콜라우스 코페르니쿠스가 주장했던 태양중심설을 옹호하고 이를 증명하고자 하늘을 관측했습니다. 가톨릭 교회의 세력이 강했던 당시에는 신의 창조물인 지구와 인간이 세상의 중심이라는 생각이 지배적이었는데, 갈릴레이는 이들에 맞서야 했습니다.

많은 사람이 갈릴레이를 진리의 추구를 위해 종교와 맞서 대립한 과학자로 인식하지만 사실 그는 독실한 가톨릭 신자였습니다. 그는 실험과 저술을 통해 과학과 성경이 조화롭게 공존할 수 있다는 사실을 증명하려고 애썼습니다. 그러나 교회 당국은 아리스토텔레스의 우주관을 지지하고, 코페르니쿠스의 가르침을 금지하려

> **한 걸음 더**
>
> ## 망원경의 발명가는 갈릴레이가 아니다?
>
> 흔히 사람들이 갈릴레오 갈릴레이에 대해 하는 오해 중 하나는 망원경을 발명했다는 것인데, 사실이 아닙니다. 그는 이미 만들어져 있던 획기적인 발명품을 자신의 필요에 맞춰 개량했을 뿐이지요.
> 망원경을 발명한 것은 네덜란드의 안경 제작자 한스 리퍼세이Hans Lippershey와 자카리아스 얀센Zacharias Janssen, 야코프 메티우스Jacob Metius입니다. 이들이 합작해서 만든 것은 아니고, 같은 시기에 비슷한 발명품이 탄생한 것이지요. 이들은 우연히 안경 렌즈를 조합해 멀리 떨어진 물체를 잘 볼 수 있는 도구를 발명했습니다. 한스 리퍼세이가 1608년에 가장 먼저 특허를 신청했으나 받아들여지지 않았고, 이후 자카리아스 얀센의 특허 신청도 거부되었습니다. 어쨌든 이들의 발명품은 더 먼 우주를 관측하거나 항해를 떠날 때 사용할 망원경을 제작하는 데 큰 영감을 주었습니다.

했습니다. 갈릴레이는 교회로부터 이단이라는 낙인이 찍히자 이를 해명하고자 로마 교황청으로 향하기도 했습니다.

갈릴레이는 교회로부터 태양중심설을 공개적으로 논하지 말라고 경고를 받았으나 결국 연구를 포기하지 않았습니다. 그는 1632년 『두 가지 주요 세계관에 관한 대화*Dialogo sopra I due massimi sistemi del mondo*』라는 책을 출간하고 이듬해 종교재판에 회부되어 학문적 사상을 철회할 것을 강요당했지요. 그의 저서는 금서로 지정되었고 그는 종신형에 처해졌으나 얼마 뒤 감형되어 피렌체 인근에 가택 연금을 당했습니다. 이런 고초를 겪으면서도 갈릴레이는 1642년 세상을 떠날 때까지 하늘을 관측하고 연구하며 글 쓰는 일을 멈추지 않았습니다.

1638년에 출간된 그의 마지막 저서 『새로운 두 과학에 대한 담론과 수학적 증명Discorsi e dimonstrazioni matematiche intorno a due nuove scienze』에는 그가 수행했던 많은 실험과 그로부터 얻은 통찰이 담겨 있습니다. 이 책은 당시 종교 사법권을 벗어나 있던 네덜란드에서 출판될 수 있었지요.

갈릴레이가 사망하고 180년이 지난 1822년, 그의 저서 『두 가지 주요 세계관에 관한 대화』가 금서 목록에서 철회되었습니다. 그로부터 다시 170년이 지난 1992년에야 비로소 교황 요한 바오로 2세가 마침내 갈릴레오 갈릴레이를 향한 종교재판이 잘못된 것이었음을 인정하고 사죄했습니다.

관측천문학의 아버지

갈릴레오 갈릴레이가 남긴 천문학적 업적은 '관측 과학'의 중요한 유산이 되었습니다. 그는 망원경으로 하늘을 관측해 다른 행성에 '위성'이 있음을 알아낸 최초의 천문학자입니다. 그의 업적을 기리기 위해 목성의 위성인 이오, 유로파, 칼리스토, 가니메데를 묶어 '갈릴레이 위성'이라고 부르지요.

또한 그는 오늘날 우리가 태양 자기 활동과 관련 있다고 알고 있는 '흑점'을 처음으로 자세히 관측한 학자이기도 합니다(사실 비슷한 시기에 요하네스 케플러도 흑점을 발견했지만, 그는 그것을 수성의 변화로 착각했습니다). 당시로서는 몹시 획기적이고 대단한 발견이었습니다. 갈릴레이는 망원경으로 달의 표면과 금성의 위상 변화, 은하수도 관측해 천문학에 지대한 공헌을 남겼지요.

갈릴레이는 당시 네덜란드에서 만들어진 3배율 망원경을 개량해 무려 10배가량 뛰어난 성능의 망원경을 만들었습니다. 그가 만든 망원경은 오늘날 아마추어 관측자들이 사용할 법한 소형 망원경과 비슷했습니다. 결론적으로, 갈릴레이의 망원경은 천문학을 혁신하고 우주에 대한 인류의 이해를 크게 확장시킨 진일보적인 도구였습니다. 그래서 어떤 천문학자들은 갈릴레이를 가리켜 '관측천문학의 아버지'라고 칭하기도 합니다.

행성 운동 법칙과 요하네스 케플러
별의 목록을 작성한 천재 과학자

 1571년 독일 슈투트가르트에서 태어난 요하네스 케플러는 여섯 살의 나이에 평생 잊을 수 없는 것을 목격했습니다. 바로 1577년 대혜성을 목격한 것이지요. 혜성의 경로가 지구와 매우 가까웠기에 어린 케플러의 눈에 무척 크고 밝게 보였을 것입니다. 한편 당시 독일보다 북쪽인 덴마크에서도 천문학에 열정을 가진 귀족 학자 튀코 브라헤Tycho Brahe가 혜성의 운동을 연구하고 있었습니다.

 그로부터 몇십 년 후, 운명의 장난처럼 케플러는 브라헤와 함께 천체를 연구하게 되었습니다. 하늘을 가로지르는 혜성의 경로와 행성의 운동에 대한 선배 천문학자의 기록은 케플러가 행성이 타원형으로 운동한다는 이론을 정리하는 데 큰 영감을 주었습니다. 케플러가 정리한 행성 운동 법칙은 오늘날까지 천문학 연구의 기반이 되어줍니다.

+ 요하네스 케플러

튀코 브라헤와 함께 천문학을 연구한 요하네스 케플러는 '행성 운동 법칙'이라는 천문학의 중요한 이론을 남겼다. 그의 이름을 따서 '케플러 법칙'이라고도 한다.

천문학과 사랑에 빠진 소년

✦

어릴 때부터 수학에 재능을 보인 요하네스 케플러는 혜성을 목격한 뒤 천문학에 푹 빠졌습니다. 1580년에는 월식을 관측하며 관심을 더욱 키워갔지요.

  귀족들이 다니던 영재학교와 라틴어 중등학교, 신학교에서의 학업을 거친 케플러는 튀빙겐대학교에 진학해 신학을 공부했습니다. 교과 과정에는 수학과 천문학도 포함되어 있었지요. 그는 신학과에서 의무적으로 가르쳤던 프톨레마이오스의 지구중심설과 교수가 재량하에 가르친 코페르니쿠스의 태양중심설을 모두 배우고 코페르니쿠스의 사상에 깊이 매료되었습니다. 당시 지구가 태양 주위를 돈다는 생각은 이단으로 여겨졌으나, 케플러에게는 태양중심실이 행성의 운동을 설명하는 데 도움이 되었고 논리적으로 옳게 여겨졌지요.

케플러는 1594년부터 그라츠의 개신교 학교(그라츠대학교의 전신)에서 천문학과 수학 교사로 일을 시작했습니다. 그는 훌륭한 학자였지만 훌륭한 교육자는 아니었다고 합니다. 목소리는 작고 웅얼거렸고, 강의를 하다가 옆길로 빠지는 경우도 많았으며, 수강생에게 인기가 전혀 없는 지루한 강의를 했다고 하지요. 어쨌든 그는 교사로 일하며 천문학을 본격적으로 연구하기 시작했습니다.

브라헤와 손잡고 프라하로 이주하다

◆

초기에 케플러는 기하학에 기반해 우주 구조를 연구하고자 했습니다. 그는 행성의 궤도를 기하학적 다면체 구조에 적용해 태양과 행성 사이 거리를 계산했습니다. 기하학적 계산으로 행성의 움직임을 이해하면 우주를 창조한 신의 계획을 밝히는 데 도움이 될 것이라고 생각했기 때문이지요.

케플러는 갈릴레이와 마찬가지로 독실한 신자였습니다. 과학과 종교가 공존할 수 있으며, 우주는 신의 섭리에 의해 창조되었다고 생각했지요. 그는 이러한 자신의 논리를 『우주론적 신비 *Mysterium Cosmographicum*』라는 저서로 펴냈습니다. 1596년에 출간된 이 책은 그를 일약 스타 천문학자의 자리에 올려놓았습니다.

케플러는 이 책을 당대 유럽의 명성 높은 학자들에게 두루 보냈는데, 그중에는 체코 프라하에 머물던 덴마크 천문학자 튀코 브라헤도 있었지요. 브라헤는 당시 유명한 관측천문학자였습니다. 책을 계기로 브라헤와 케플러는 서신을 주고받기 시작했고, 처음에는 케플러를 라이벌(브라헤는 당시 라이마루스 우르소Reimarus Ursus라는 학자와 학설을 두고 다투고 있었습니다)의 끄나풀로 의심하던 브라헤는 연구를 위해 케플러를 프라하로 초대하기에 이릅니다.

당시 케플러가 머물던 그라츠는 페르디난트 대공의 지배하에 있었고, 케플러는 안정적인 연구를 계속하기 위해 대공의 왕실 수학자에 기용되고자 했습니다. 그러나 페르디난트는 개신교를 탄압하며 로마 가톨릭으로 개종할 것을 요구했습니다. 개종을 거부해 추방당한 케플러에게 프라하행은 유일한 동아줄이자 기회였습니다. 그는 가족들과 함께 프라하로 이주했습니다.

이후 몇 년간 케플러는 브라헤와 함께 광범위한 행성과 항성을 관측하고 자료를 분석했습니다. 그러다 1601년 브라헤가 질병으로 급작스럽게 사망하자 케플러는 그를 대신해 루돌프 2세의 궁정 수학자로 임명되었습니다.

비웃음 속에서도 끝까지 간 사람

✦

궁정 수학자로서 케플러가 맡은 일 중 하나는 루돌프 황제에게 점성술, 즉 별점을 쳐주는 것이었습니다. 케플러는 학생 시절부터 점성술에 능했습니다. 그는 점차 별로 미래를 점치는 일에 과학적 근거가 부족하다고 생각하면서도 점성술을 할 수밖에 없었지요. 덕분에 궁정 학자로 방대한 천문학적 관측 자료를 분석하는 일도 지속할 수 있었기 때문입니다.

1609년, 케플러는 오랜 관측과 정밀한 계산 끝에 행성의 운동 궤도가 타원형이라고 발표했으나, 당시 대부분의 천문학자는 행성이 완벽한 원 궤도를 그린다고 믿으며 그의 이론을 인정하지 않았지요. 그러나 케플러는 연구를 계속했습니다. 10년 정도 더 연구한 끝에 그는 마침내 아래와 같은 '행성 운동 법칙'을 완성했지요.

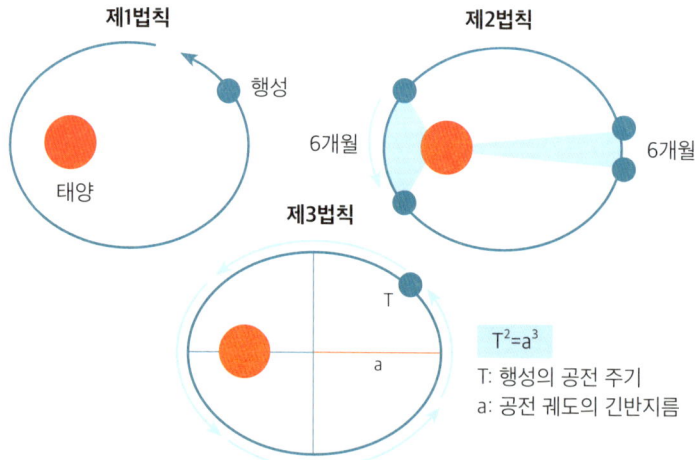

+ 케플러의 행성 운동 법칙

케플러는 행성의 운동을 수학적으로 계산해 '궤도의 법칙', '면적의 법칙', '주기의 법칙' 등 세 가지 법칙이 있음을 밝혀냈다.

- 제1법칙: 행성은 태양을 초점으로 하는 타원을 그리며 공전한다.
- 제2법칙: 행성과 태양을 연결하는 가상의 선분이 같은 시간 쓸고 지나가는 면적은 항상 같다.
- 제3법칙: 행성 공전 주기의 제곱은 공전 궤도 긴반지름의 세제곱에 비례한다.

이후 케플러는 1627년에 선대 천문학자들과 튀코 브라헤 그리고 자기 자신이 발견한 항성과 행성을 모두 모아 집대성한 『루돌프 표 Tabulae Rudolphinae』를 만들었습니다. 그는 1630년 생을 마감할 때까지 천문학과 수학 분야에서 현대 과학자들에게 뛰어난 통찰력을 건네는 다양한 저서를 남겼습니다. 오늘날에는 코페르니쿠스, 갈릴레이와 함께 근현대 천문학의 아버지로 인정받고 있지요.

한 걸음 더 — 케플러 우주망원경

2009년, 나사는 요하네스 케플러의 이름을 딴 우주망원경을 발사했습니다. 먼 우주에서 생명체가 거주 가능한 행성을 찾기 위한 목적으로 출발한 이 우주망원경은 주기적으로 광도가 변하는 항성을 찾아 지구의 천문학자들에게 전송했습니다. 천문학자들은 케플러의 행성 운동 법칙 등을 활용해 이 망원경이 발견한 항성의 행성계 궤도를 계산했지요. 그러나 케플러 우주망원경은 2016년에 연료 문제로 임무를 마치고 최소 작동 모드에 들어갔습니다.

과학계의 거인, 아이작 뉴턴
물리학과 천문학의 판도를 바꾼 천재

우리는 모든 물체가 끊임없이 변화하는 세상에 살고 있습니다. 가만히 있는 물체에도 사실 보이지 않는 힘이 작용하고 있지요. 천재 물리학자로 알려진 아이작 뉴턴은 이런 모든 힘의 비밀을 밝혀내고자 했습니다.

뉴턴은 영국의 평범한 농부 집안에서 태어났습니다. 그의 어머니는 아들을 임신한 상태에서 남편을 잃었지요. 태어날 당시 뉴턴은 몸집이 매우 작았습니다. 그러나 그의 연구와 저서는 과학계의 가장 크고 중요한 이론을 정립했고, 그는 가히 '근대 과학의 거인'이라 불릴 만한 업적을 남겼습니다. 오늘날 당연하게 보이고 학교 정규 교육 과정에서 가르치는 그의 이론과 사상이 당시에는 놀랍도록 획기적인 아이디어였습니다. 뉴턴은 천문학에 어떤 업적을 남겼을까요?

✦ 아이작 뉴턴

아이작 뉴턴은 고전물리학과 천문학의 발전부터 미적분학까지 자연과학 전반에 걸쳐 엄청난 업적을 남겼다. 그의 저작 『프린키피아』는 오늘날까지 과학계의 가장 위대한 고전 중 하나로 꼽힌다.

한 천재의 죽음과 다른 천재의 탄생

✦

우연의 일치일까요, 아니면 천문학계의 운명일까요? 아이작 뉴턴은 갈릴레오 갈릴레이가 사망하던 1642년에 태어났습니다. 뉴턴은 태어나기도 전에 아버지를 잃었고, 어머니는 그가 세 살 때에 다른 사람과 재혼했습니다. 외갓집에 맡겨져 불우한 어린 시절을 보낸 그는 학교 선생님의 제안으로 1661년에 케임브리지대학교 트리니티칼리지에 진학했습니다. 이곳에서 그의 지적 재능이 싹트기 시작했지요.

그는 논리학, 윤리학, 물리학을 공부하며 아리스토텔레스 등 고대 그리스 철학자의 사상을 깊이 탐구했습니다. 몇 년간은 수학 연구에 몰두해 독일의 수학자 고트프리트 라이프니츠Gottfried Leibniz가 미적분학의 기본 원리를 확립한 것과 같은 시기에 뉴턴도 미적분학에 대한 개념을 세웠습니다. 뉴턴은 광학에도 관심을 가졌고, 원 운동을 연구해 구심력과 원심력 관련 공식도 정립했습니다.

그러던 1665년, 런던에서 흑사병이 유행하며 케임브리지대학교가 문을 닫자 뉴턴은 고향으로 돌아가 약 2년간 홀로 과학과 철학 문제를 연구했습니다. 그가 이룬 위대한 업적 중 대부분이 이 시기에 싹트고 이루어졌다고 할 수 있지요. 그 유명한 사과와 만유인력 일화도 이 무렵의 일입니다.

한적한 시골에서 사색하던 그는 1667년 학교가 다시 문을 열자 학교로 돌아갔습니다. 그는 석사 학위를 받았고, 이듬해에는 반사망원경을 만들었습니다. 1669년에는 지도교수였던 아이작 배로 Issac Barrow의 뒤를 이어 루카스 석좌교수를 역임하기도 했지요(과학자들 사이의 가장 권위 있는 학술적 지위로, 현대에는 스티븐 호킹 박사가 이 직위에 올랐습니다).

분광학과 스펙트럼을 연구하던 뉴턴의 관심사는 점차 천체 역학으로 옮겨갔습니다. 그는 케플러의 행성 운동 법칙, 갈릴레이의 물체 운동 연구, 크리스티안 하위헌스의 진동론 등을 바탕으로 천문학 이론 연구를 했지요. 뉴턴은 경쟁자였던 로버트 훅Robert Hooke과도 서신을 주고받으며 행성의 움직임을 세부적으로 연구했습니다. 뉴턴은 자신의 연구 결과를 집대성해 1687년 『자연철학의 수학적 원리Philosophiae Naturalis Principia Mathematica』라는 책을 펴냈는데, 이것이 오늘날까지 과학계 불후의 고전으로 알려진 『프린키피아Principia』입니다.

아이작 뉴턴은 평생을 물리학과 천문학 연구에 바쳤으나 말년에는 종교를 비롯해 철학적이고 형이상학적인 사상도 깊이 고민했고 글도 썼습니다. 그는 1696년부터 죽을 때까지 영국 왕립조폐국장으로 일했습니다. 왕립학회에서도 활동하며 1703년에는 의장을 맡기도 했습니다. 1705년에는 물리학과 수학 분야에 세운 학문적 공로로 기사 작위를 받기도 했지요. 그는 반사 망원경, 만유인력의 법칙, 고전 역학의 운동 법칙 등 어마어마한 과학적 유산과 여러 권의 저서를 남기고 1727년 세상을 떠났습니다.

1999년, 유럽우주국은 아이작 뉴턴과 그의 업적을 기리고자 우주에서 방출되는 엑스선과 가시광선을 분석하는 탐사선 'XMM-뉴턴'을 발사했습니다.

만유인력의 법칙을 발견하다

◆

뉴턴이 발견한 가장 중요한 자연 법칙 중 하나는 바로 '만유인력의 법칙'입니다. 만유인력의 법칙에 따르면 중력은 우주의 모든 물체에 작용합니다. 지구상 사물들뿐만 아니라 항성과 행성에도 예외 없이 적용되지요. 뉴턴은 두 물체의 질량과 거리를 알면 둘 사이 중력을 계산할 수 있다고 보았습니다.

두 물체가 가까울수록 서로를 끌어당기는 중력의 힘이 강해지고, 거리가 멀어질수록 약해집니다. 즉 강한 중력을 중심으로 궤도를 도는 물체는 멀리 떨어져 있을 때는 천천히, 가까이 갈수록 빠르게 공전합니다. 중력은 빛의 굴절, 항성과 블랙홀의 형성, 은하의 진화, 태양계 행성의 궤도 역학 등 우주에 존재하는 모든 천체에 영향을 미칩니다.

고전 역학 운동의 3법칙

뉴턴은 만유인력의 법칙뿐만 아니라 물체의 움직임도 계산하고 설명하기 위해 연구를 계속했습니다. 뉴턴이 연구한 운동의 3법칙은 고전 역학의 기초이자 물리학의 밑바탕을 다져주는 중요한 법칙이라고 할 수 있지요. 과학 시간에 배우는 관성의 법칙, 가속도의 법칙, 작용·반작용의 법칙이지요.

- 제1법칙: 외부의 힘이 작용하지 않는 한 물체는 운동 상태를 유지한다(관성의 법칙).
- 제2법칙: 질량을 가진 물체에 힘을 가하면 가속도가 생기며, 이 가속도는 작용한 힘에 비례하고 물체의 질량에 반비례한다(가속도의 법칙).
- 제3법칙: 모든 힘에는 항상 방향은 반대이고 크기는 같은 힘이 작용한다(작용·반작용의 법칙).

우리는 일상 속에서 뉴턴이 말한 운동 법칙을 경험합니다. 가령 버스를 타고 이동 중에 신호가 바뀌거나 다른 차가 끼어들어 급정

거하면 몸이 앞으로 기울어지지요. 원래의 상태를 유지하려는 관성의 법칙에 따른 자연스러운 현상입니다. 오늘날 당연한 것처럼 여겨지고 기초 교육 과정으로 다루는 뉴턴의 운동 법칙은 당시에는 획기적이고 새로운 아이디어였습니다. 뉴턴의 후대 학자들은 운동 법칙을 활용해 점차 물리학을 비롯한 과학 분야의 다른 이론을 발전시켰지요.

한 걸음 더
질문이 세상을 바꾼다

흔히 우리는 뉴턴이 사과나무 아래에 앉아 있다가 머리에 떨어진 사과를 맞고 만유인력의 법칙을 깨달았다고 배웁니다. 마치 한순간의 계시처럼 세기의 발견이 이루어졌다는 이야기지요. 하지만 실제로 뉴턴이 사과를 맞았다는 확실한 증거는 없습니다.

그는 단지, 열매가 나무에서 떨어질 때 왜 대각선이 아니라 땅을 향해 직선으로 떨어지는가라는 근본적인 의문을 품고 깊이 사고했을 뿐입니다. 이 단순한 질문은 그를 수년간의 수학적 연구로 이끌었고, 결국 만유인력의 법칙이라는 인류의 인식 지평을 바꾸는 성과로 이어졌습니다.

과학사에는 이처럼 마치 영화의 한 장면처럼 꾸며진 후대의 신화적 이야기들이 많습니다. 그러나 진짜 전환은 언제나 조용히, 사소한 질문에서 시작됩니다. 거대한 깨달음은 어느 날 갑자기 머리에 떨어지는 것이 아니라, 끈질기게 던진 질문을 붙잡고 놓지 않는 집요함에서 비롯됩니다.

천문학에 일생을 바친 허셜 가
윌리엄, 캐럴라인, 존 허셜의 삶

영국의 허셜 가문은 요즘 말로 소위 '엘리트 집안'이었습니다. 프레더릭 윌리엄 허셜Frederick William Herschel과 그의 여동생 캐럴라인 허셜Caroline Herschel의 재능은 윌리엄 허셜의 아들 존 허셜John Herschel에게 이어집니다. 독일 태생인 윌리엄 허셜과 캐럴라인 허셜은 영국으로 이주해 천문학계에 위대한 업적을 남겼습니다. 천왕성과 행성상성운을 발견했을 뿐만 아니라 오늘날 사용되고 있는 방대한 별들의 목록을 제작한 것이지요.

놀라운 것은 이들이 단지 천문학에만 조예가 깊은 것이 아니었다는 점입니다. 윌리엄 허셜은 수백 곡의 음악을 작곡했습니다. 캐럴라인 허셜은 아일랜드 왕립아카데미 명예 회원으로 선정되었지요. 존 허셜은 천문학뿐 아니라 사진의 발전에도 이바지했습니다. 이들의 업적은 영국 허셜천문학박물관에 잘 보존되어 있습니다.

+ 윌리엄 허셜, 캐럴라인 허셜, 존 허셜

독일 출신이지만 영국으로 이주한 허셜 가문은 천문학계에 큰 업적을 남겼다. 윌리엄 허셜은 천왕성을 발견했고, 캐럴라인 허셜은 여러 개의 혜성과 성운을 찾아냈으며, 존 허셜은 별과 성단의 목록을 작성했다.

가문의 수장, 프레더릭 윌리엄 허셜

◆

프레더릭 윌리엄 허셜은 1738년 독일 하노버에서 태어났습니다. 그는 어린 시절 하노버 군악단에서 활동하던 아버지의 영향을 받아 음악에 재능을 보였습니다. 그는 오보에, 첼로, 하프시코드뿐만 아니라 오르간까지 연주할 정도로 조예가 깊었지요. 24개 교향곡을 비롯해 수많은 곡을 남기기도 했습니다. 윌리엄 허셜은 오스트리아와 프로이센 왕국 사이 7년 전쟁을 피해 1757년 형과 함께 영국으로 이주했습니다. 뉴캐슬 오케스트라에서 바이올린 악장으로 근무하던 그는 점차 수학과 광학에 관심을 갖게 되었습니다.

윌리엄 허셜은 영국 왕립 천문학자였던 네빌 마스켈린Nevil Maskelyne과 친구가 된 후 천문학에 대한 관심을 키웠습니다. 그는 뉴턴처럼 반사 망원경을 만들기 시작했고, 1773년부터는 망원경으로 하늘을 관측하고 기록했습니다. 그는 평생 이중성을 비롯한 먼 천체의 변화를 연구해 일지를 남겼고, 그 과정에 우리은하가 원반 형태를 띤다고 추정했습니다. 또한 우주가 별의 집단인 은하들이 수없이 많이 모여 이루어진다는, 우주 기원을 연구하는 '우주론'을 정립한 것도 그의 업적 중 하나지요.

새로운 행성을 발견하다

윌리엄 허셜의 업적 중 가장 유명한 것은 천왕성을 발견한 일입니다. 1781년 3월, 허셜은 우주를 관측하던 중 원반처럼 보이는 천체를 발견했습니다. 처음에 그는 이것이 혜성이나 항성일 것이라고 생각했으나 지속적으로 관측한 결과 매우 느리게나마 이동하고 있음을 알게 되지요. 동료인 러시아 태생 연구자 앤더스 렉셀Anders Lexell과 함께 궤도를 계산해본 후, 허셜은 새로운 행성을 발견했다고 결론을 내렸습니다.

그는 새로 발견한 행성을 영국 국왕 이름을 따 '조지의 별'이라고 부르고자 했으나, 당시 행성 이름은 고전 신화나 옛이야기에서 가져오는 것이 관례였기에 하늘의 신 이름을 따서 '천왕성(우라노스)'이라고 부르게 되었지요.

적외선을 발견하다

우주와 천체에 대한 윌리엄 허셜의 관심은 태양으로 이어졌습니다. 태양은 지구에서 가장 잘 보이고 큰 영향을 미치는 항성이지만,

태양을 관측하기는 굉장히 어렵습니다. 당장 바깥으로 나가 고개를 들어 하늘의 해를 보세요. 어떻게 생겼는지 볼 수 있나요? 눈이 부셔서 제대로 보기 어렵지요. 잠시만 쳐다봐도 안구가 크게 손상될 수 있습니다.

윌리엄 허셜은 태양 광선을 피해 주변보다 차가운 영역인 흑점을 안전하게 관측할 방법을 연구했습니다. 그는 붉은 필터를 사용한 태양 광선 실험에서 흥미로운 결과를 얻었습니다. 필터를 통과한 빛을 분광기에 비추어 보니 빛이 눈에 보이지 않음에도 열이 느껴졌고, 온도계로 이 '보이지 않는' 빛이 꽤 따뜻하다는 것을 밝혀낸 것이지요. 이 빛은 스펙트럼의 붉은 빛 너머에 위치했기에 '적외선'이라고 부르게 되었습니다.

한 걸음 더
윌리엄 허셜의 또 다른 업적들

윌리엄 허셜은 태양이나 행성보다 상대적으로 작은 천체를 설명하기 위해 '별과 같다'는 그리스어에서 따와 '소행성Asteroid'이라는 단어를 고안해냈고, 모든 항성이 저마다 고유한 궤도를 돈다는 사실을 발견했습니다. 이를 바탕으로 태양계가 우주 전체의 아주 작은 일부에 불과하다는 사실도 밝혀냈지요.

또한 그는 화성 관측에도 업적을 남겼습니다. 망원경을 활용해 화성의 극관을 관찰했고, 계절이 바뀌며 빙하가 커지고 작아지는 것을 알아냈습니다. 이는 지구 외의 행성에도 기후 변화와 계절 주기라는 개념이 존재한다는 사실을 처음으로 포착한 과학적 통찰이었습니다.

최초의 여성 천문학자, 캐럴라인 허셜

✦

여성이 천문학을 비롯해 과학에 관심을 갖기 어렵던 시절, 캐럴라인 허셜은 오빠인 윌리엄 허셜만큼 밤하늘에 큰 호기심과 열정을 가지고 있었습니다. 1750년 하노버에서 태어난 캐럴라인 허셜은 병약한 아이로 자랐고 청소년기에 오빠들을 따라 영국으로 이주했지요. 캐럴라인은 윌리엄과 마찬가지로 음악에 조예가 깊었으며 성악가로도 활동했습니다. 윌리엄의 관심사를 이어받아 천문학의 매력에도 푹 빠졌지요.

  캐럴라인은 윌리엄 허셜과 함께 망원경을 개량해 우주를 관측했습니다. 그녀는 독자적인 관측을 통해 8개의 혜성과 11개의 성운을 발견했습니다. 또한 윌리엄의 제안으로 항성의 위치를 구체화하던 존 플램스티드(1690년 천왕성을 최초로 관측한 영국 천문학자)의 연구를 수정하고 보완했지요. 그 결과물을 책으로 출간한 뒤에는 왕립천문학회로부터 명예 훈장을 받기도 했습니다.

  캐럴라인은 오빠가 하늘을 관측할 때 필기를 거들며 조수 역할도 톡톡히 했습니다. 그녀는 국가로부터 공식적인 지원을 받으며 천문학을 연구한 최초의 여성 학자였습니다.

다재다능했던 관측천문학자, 존 허셜

✦

존 허셜도 아버지 윌리엄 허셜, 고모 캐럴라인 허셜과 마찬가지로 천문학에 관심이 많았습니다. 또한 그는 수학, 식물학, 화학 연구에도 두각을 보였지요. 1792년 영국에서 태어난 존 허셜은 이튼칼리지와 케임브리지대학교를 졸업했습니다. 아버지로부터 관측천문학자의 기질을 물려받은 그는 1834년부터 약 4년간 남아프리카공화국 케이프타운에서 북반구에서 관측할 수 없는 남반구 천체를 관측했지요.

그는 1등성의 밝기가 6등성의 100배에 달한다는 사실을 발표했고, 오리온자리에서 가장 밝은 별 베델게우스가 변광성임을 처음으로 밝혀냈습니다. 또한 천문학 연구에 율리우스력을 도입해 전 세계 천문학자가 편리하게 날짜와 시간을 계산할 수 있게 했지요. 그는 오늘날까지 사용되는 별과 성단 목록인 『새일반 목록』을 작성하기도 했습니다. 사진 기술에도 관심을 가져 청사진 제작법을 고안해내기도 했지요.

한 걸음 더 — 허셜 우주망원경

유럽우주국은 허셜 가의 이름에서 따온 '허셜 우주망원경'을 우주로 쏘아올렸습니다. 허셜 우주망원경은 2009년부터 2013년까지 우주 탐사를 계속하며 우주의 적외선을 관측한, 제임스웹 우주망원경의 선배라고 할 수 있습니다. 2013년에 냉각용 액체 헬륨을 모두 사용하며 더 이상 저온으로 유지되기 어려워 활동을 정지했습니다.

변광성을 연구한 헨리에타 스완 레빗
거리 측정의 단서를 찾다

1912년 3월 3일, 『하버드 천문대 회보*Harvard College Observatory Cirular*』에는 소마젤란성운에 속한 25개 세페이드 변광성의 주기에 대한 논문이 발표되었습니다. 이 논문에는 다음과 같은 내용이 담겨 있었지요. "변광성의 밝기와 주기 사이에는 분명히 연관성이 있는 것으로 보인다."

이는 소마젤란성운이 우리은하에 속해 있다고 주장하던 천문학자들에게 치명적인 내용이었습니다. 더 놀라운 것은 이 놀라운 사실이 당시에 아무도 주목하지 않던 여성 학자에 의해 발표되었다는 것이었지요. 이 논문은 하버드대학교 천문대 소장이었던 에드워드 피커링Edward Pickering의 이름으로 발표되었지만, 논문의 첫 페이지에는 진짜 저자가 분명히 명시되어 있었습니다. 바로 하버드대학교 천문대에서 사진 건판으로 여러 별의 밝기를 계산하던

+ 헨리에타 스완 레빗

헨리에타 스완 레빗은 하버드대학교에서 하늘 사진 건판을 분석해 변광성의 광도와 주기 사이에 연관성이 있음을 발견했다.

헨리에타 스완 레빗Henrietta Swan Leavitt이었지요. 그녀는 천문학에 푹 빠졌지만 당시 천문학계는 여성이 진입하기 어려운, 남성들만의 영역이었습니다. 그럼에도 포기하지 않고 연구를 계속해 큰 업적을 남긴 것이지요.

하버드 천문대의 계산수가 된 여성

◆

헨리에타 스완 레빗은 1868년 미국 메사추세츠주의 영국계 청교도 집안에서 태어났습니다. 그녀는 오벌린대학교를 거쳐 래드클리프대학교를 졸업했습니다. 레빗은 대학 마지막 학년에야 천문학 강의를 수강하고 큰 흥미를 느꼈지요. 졸업 이듬해인 1893년부터 그녀는 하버드대학교 천문대에서 계산수로 일을 시작했습니다. 그녀에게 주어진 일은 무더기로 쌓여 있던 사진 건판에 나타난 항성들의 밝기를 확인하고 비슷한 것끼리 묶어 분류하는 것이었습니다. 에드워드 피커링은 그녀에게 변광성을 연구하는 일을 맡겼습니다. 레빗은 변광성 중 일부가 특이한 패턴을 보이고, 밝은 별일수록 변광 주기가 길다는 것을 알아냈습니다. 이를 '주기-광도 관계'라고 하지요.

헨리에타 레빗은 래드클리프대학교를 졸업하던 당시 이미 몸이 좋지 않았습니다. 병마는 그녀의 청력을 급격히 감소시켰습니다. 좋지 못한 상황에서도 열정적으로 연구를 계속하던 그녀는 1921년 하버드대학교 천문대에서 광도 측정을 담당하는 책임자로 임명되었습니다. 그러나 그해 연말 암으로 쓰러져 짧은 투병 끝에 숨을 거두었지요.

레빗의 연구는 후대 학자들에게 길잡이가 되어주었습니다. 특히 에드윈 허블은 그녀의 주기-광도 관계를 분석해 1923년 안드로메다은하까지의 거리를 측정하고, 안드로메다은하가 우리은하 바깥에 있는 외부 천체라는 사실을 증명했습니다. 그는 헨리에타 레빗의 공로를 높이 평가하며 노벨상을 받을 만한 학자였다고 자주 언급했습니다.

세페이드 변광성이 중요한 이유

◆

하늘에는 수많은 별이 있습니다. 그중 밝기가 변하는 별을 '변광성이라고 합니다. 태양도 엄밀하게 따지면 시간의 흐름에 따라 밝기가 변하는 변광성입니다. 세페이드 변광성은 변광성 중 특정 유형으로, 변광 주기와 절대 광도 사이의 관계가 분명히 보이는 항성을 뜻합니다. 대표적인 세페이드 변광성으로 세페우스자리 델타가 있지요.

대부분 세페이드 변광성의 질량은 태양의 4~20배에 달하고, 온도에 따라 수축과 팽창을 반복하며 별의 밝기가 달라집니다. 주기적으로 밝아지고 어두워지기를 반복하는 것이지요. 이 주기는 별의 고유 밝기, 즉 절대 등급과 직접적으로 연관이 있습니다. 또한 세페이드 변광성의 절대 등급과 겉보기 등급을 비교하면 해당 별이 속한 은하까지의 거리도 알아낼 수 있습니다. 즉 세페이드 변광성은 우주의 거리를 측정하는 척도가 되어주지요.

광도 측정의 기술

천문학에서의 광도를 측정할 때는 대부분 지구에서 멀리 떨어신 천체에서 나오는 빛에 초점을 둡니다. 광도 측정이란 태양계 바깥이나 우리은하 외부 항성을 비롯한 기타 천체가 방출하거나 반사하는 전자기 복사의 실제 강도를 측정하는 것을 뜻하지요.

과거에는 프리즘을 이용해 빛을 분산시키고 광도를 측정했습니다. 1940년대에는 '광도계'라는 특수한 기구를 사용해 빛의 세기와 밝기를 측정했습니다. 오늘날에는 '전하 결합 소자Charge-coupled device, CCD'라는 센서를 활용해 멀리 떨어진 물체에서 나오는 빛을 전하로 변화시켜 분석할 수 있습니다. 레빗이 별들이 찍힌 사진 건판을 직접 빛에 통과시키며 눈으로 하나하나 확인하고 측정했던 것과는 다른, 훨씬 발전된 기술이 사용되고 있지요.

> **한 걸음 더**
>
> ## 하버드 천문대의 여성 동료들
>
> 헨리에타 레빗은 하버드 천문대에서 일했던 유일한 계산수가 아니었습니다. 그녀에게는 애니 점프 캐넌Annie Jump Cannon, 윌리어미나 플레밍Williamina Fleming, 안토니아 모리Antonia Maury 등 많은 동료들이 있었지요. 이들에게는 피커링을 위해 별의 밝기를 연구한다며 '피커링의 하렘'이라는 비하적인 별명이 붙어었습니다. 20세기 초반까지만 해도 남성 천문학자들은 여성의 천문학계 진입에 반대했고, 심지어 남성에게만 망원경을 할당해 여성은 별을 관측하지 못하게 하기도 했습니다.
>
> 하지만 시대의 변화에 따라 천문학계에서도 여성의 지위가 점차 향상되었지요. 오늘날에는 여성 학자들도 남성 학자들과 동등한 기회를 누리며 연구를 하고 있으며, 천문학과에 등록해 강의를 수강하는 학생의 성비도 비슷합니다. 그러나 여전히 천체물리학 박사 학위를 받는 여성 비율은 남성에 비해 현저히 낮고, 학계를 주도하는 인물도 대부분 남성이지요. 미국 천문학회 등 많은 단체에서 여성들도 동등한 기회를 누리며 연구할 수 있도록 적극적으로 장려하고 있습니다.

알베르트 아인슈타인의 중력 연구
상대성 이론의 창시자

알베르트 아인슈타인은 역사상 가장 위대한 물리학자이자 과학 사상가입니다. 물리학 이론에 대한 그의 특별한 통찰력은 천문학과 양자역학의 발전에 없어서는 안 될 중요한 역할을 하지요. 그는 물체의 질량에 광속의 제곱을 곱하면 에너지 함량을 계산할 수 있다는 사실을 증명하고 유명한 방정식 '$E=mc^2$'을 발표했습니다. 이 수식은 천체물리학에서 특히 중요합니다. 천체의 질량으로 에너지를 계산해 별의 핵융합, 블랙홀의 탄생 등 천문 현상을 설명하는 데 도움이 되기 때문입니다.

아인슈타인은 '광전 효과'를 성공적으로 설명해 물리학에 기여한 공로로 1921년 노벨물리학상을 수상했습니다. 그가 남긴 가장 큰 유산은 상대성 이론입니다. 상대성 이론은 중력 렌즈, 시간 팽창, 블랙홀 등 천문학 현상을 이론적으로 설명할 때 자주 활용됩니다.

+ 알베르트 아인슈타인

'세상에서 가장 똑똑한 사람', '다신 없을 천재'로 알려진 알베르트 아인슈타인은 고전 물리학을 정리하고 상대성 이론을 발표해 현대 양자물리학의 초석을 다졌다.

천재 물리학자의 비범한 일생

◆

알베르트 아인슈타인은 1879년 독일의 유대인 집안에서 태어났습니다. 그는 어린 시절부터 수학과 물리학에 뛰어났습니다. 열두 살에 독학으로 기하학을 공부하고 피타고라스 정리를 증명해내기도 했지요. 열네 살에는 미적분을 터득했습니다.

독일의 학교에서 적응하지 못한 그는 1896년 17세의 나이에 스위스의 취리히연방공과대학교에 입학했습니다. 이곳에서 수학과 물리학을 공부한 그는 1900년에 대학을 졸업한 후 교직 자리를 구하고자 했습니다. 그러나 가르치는 일과는 연이 없었는지, 결국 스위스의 특허사무소에 취직하지요. 이 시기에 그는 열정적으로 일과 연구를 병행했습니다.

1905년, 아인슈타인은 광전 효과, 브라운 운동, 특수 상대성 이론, 질량과 에너지의 등가성에 관한 논문들을 발표했습니다. 그는 특히 물질과 에너지의 보편적 속성을 연구해『분자 차원의 새로운 결정Eine neue Bestimmung der Moleküldimensionen』이라는 논문을 쓰고 이듬해 박사 학위를 받았습니다. 이 일로 그는 뛰어난 과학자로 인정받으며 1908년부터 베른대학교에서 물리학을 가르치게 되었습니다. 이후 몇몇 대학으로 옮기며 물리학을 가르치던 그는 제1차 세계대전 중인 1917년 설립된 카이저빌헬름협회 물리학연구소(막스 플랑크 물리학연구소의 전신)의 소장직을 맡게 되었지요.

아인슈타인은 젊은 시절의 대부분을 상대성 이론을 연구하며 보냈습니다. 이 연구의 일환으로 그는 먼 천체에서 나온 빛이 중력장 근처를 지날 때 휘어질 것이라는 가설을 세웠습니다. 그의 아이디어는 1919년에 아서 에딩턴의 관측으로 증명되었고, 이는 '중력 렌즈'의 첫 관측 사례로 기록되어 있지요. 얼마 지나지 않아 1921년에 아인슈타인은 노벨물리학상을 수상합니다.

이후 아인슈타인은 남아메리카, 미국 등을 여행하며 강연하다가 1933년 독일에서 히틀러와 나치당이 집권하자 미국으로 완전히 이민했습니다. 미국 프린스턴고등연구소에 자리를 잡은 그는 남은 일생 내내 상대성 이론과 양자역학을 연구하며 보냈습니다.

1955년에 그가 사망한 뒤, 그의 뇌는 가족의 동의 없이 적출되었습니다. 분석 결과 그의 뇌는 평균 성인 남성의 뇌보다 작았으나 수학적 사고와 공간적 추론을 담당하는 두정엽 부분이 특히 발달되어 있었습니다. 그러나 이러한 뇌의 차이만으로 그의 천재성을 증명하기에는 턱없이 부족하지요.

노벨상을 안겨준 광자 연구

1905년, 알베르트 아인슈타인은 빛의 본질을 탐구하며 광전 효과에 주목했습니다. 이는 금속에 빛을 쬐었을 때 표면에서 전자가 튀어나오는 현상으로, 당시 학자들은 빛을 입자가 아니라 오직 파동으로만 생각하고 있었습니다.

하지만 아인슈타인은 빛이 불연속적인 에너지 단위인 '광자', 즉 입자처럼 작용한다고 주장했습니다. 그의 주장을 시작으로 빛은 입자성과 파동성을 동시에 지닌다는 '파동-입자 이중성' 개념이 등장했고, 이는 양자역학의 핵심 토대가 되었습니다.

그는 광자가 파장에 따라 고유한 에너지를 갖고, 금속 내 전자가 이를 흡수해 방출된다고 설명했습니다. 이 이론으로 아인슈타인은 노벨물리학상을 수상했습니다. 즉, 그가 상을 받은 것은 상대성이론이 아닌 광전 효과를 입자로 설명한 공로 때문이었습니다.

광전 효과는 오늘날 천체물리학에서도 활용됩니다. 예를 들어 우주에서 광자가 기체 분자와 충돌하면 분자가 에너지를 흡수하고 전자를 방출하며, 이때 기체 구름이 빛을 내는 현상이 나타납니다.

아인슈타인의 통찰은 빛과 우주를 바라보는 방식을 근본적으로 바꾸었고, 현대 과학 전반에 깊은 영향을 남겼습니다.

상대성 이론이란 대체 무엇일까?

◆

상대성 이론은 전 세계에서 가장 유명한 이론입니다. 사실 아인슈타인 하면 사람들은 그에게 노벨물리학상을 안겨준 광전 효과보다 상대성 이론을 더 많이 떠올리지요. 상대성 이론은 크게 '일반 상대성 이론'과 '특수 상대성 이론'으로 나뉩니다.

일반 상대성 이론은 쉽게 말해 '중력에 대한 상대적 이론'이라고 보면 됩니다. 시공간의 곡률 위에서 중력을 기하학적 성질로 간주하는 것이지요. 시공간은 중력의 영향을 받아 휘어지며, 물질의 운동량에 의해서도 영향을 받는다는 개념입니다. 이는 20세기 초 당시 매우 획기적인 아이디어였고, 천문학자와 물리학자들은 이 이론으로 우주에 대한 개념을 다시 세워야 했습니다.

아인슈타인은 특히 중력의 영향을 받아 공간이 팽창하거나 수축하고 왜곡된다는 점에 주목했습니다. 또한 그는 시간이 절대적 기준이 아니라, 누가 어느 조건에서 관찰하느냐에 따라 달라진다고 주장했지요. 질량을 가진 물체나 환경과 어떤 관계를 맺는지에 따라 우리의 시간도 영향을 받습니다. 시공간은 모두 상대적입니다.

오늘날 천문학자들은 은하단, 블랙홀의 중력에 의해 휘어져 보이는 먼 퀘이사의 빛과 같이 중력장을 통과하며 움직이는 천체를 연구할 때 주로 일반 상대성 이론의 원리를 적용합니다.

특수 상대성 이론

특수 상대성 이론은 일반 상대성 이론과 어떻게 다를까요? 특수 상대성 이론은 다음과 같은 두 가정에서 시작됩니다. 관성계는 동등하며, 진공에서 빛의 속력은 어느 관성계에서나 일정합니다. 특수 상대성 이론은 고속 운동 또는 강한 중력장에서의 물리적 현상을 설명해주지요.

만약 여러분이 광속에 조금 못 미치는 속도로 여행하는 우주선을 타고 있다면 시간이 정상적으로 흐르는 것처럼 느껴질 것입니다. 시계는 계속 똑같이 돌아가고 우주선 내에서의 움직임도 평범하게 느껴지겠지요. 하지만 지구에 있는 사람들이 보기에 우주선의 시계는 지구의 시계보다 더 느리게 가는 것처럼 보일 것입니다. 우주선에 탄 여러분 기준에서 지구의 시계는 더 빠르게 움직이지만, 지구에 있는 사람들에게는 정상처럼 보이겠지요. 10년간 우주를 여행하고 돌아온다면 여러분은 고작 10년 더 나이를 먹겠지만, 지구에 있던 지인들은 30년 이상 나이가 들지도 모릅니다. 이런 효과를 가리켜 '시간 팽창'이라고 하지요.

많은 SF 작가들이 특수 상대성 이론을 적용해 스토리를 만듭니다. 로버트 하인라인은 장편소설 『별을 위한 시간 *Time for the stars*』에서 빠르게 움직이는 우주선에 탄 사람이 지구에 두고 온 가족이나 친구와 다르게 나이를 먹는 현상인 시간 팽창을 서사의 중요한 소재로 활용했지요.

우주팽창설의 아버지, 에드윈 허블
빅뱅 이론의 기초를 다지다

대부분의 사람들이 '에드윈 허블Edwin Hubble'의 이름을 아는 이유는 그의 이름을 딴 유명한 우주망원경이 있기 때문입니다. 천문학을 잘 모르는 사람도 허블 우주망원경에 대해서는 한 번쯤 들어봤기 마련이지요. 미국 미주리주에서 태어나 세계내전에 참전했던 군인이자 법학도였던 에드윈 허블의 이름이 어떻게 세상에서 가장 유명한 우주망원경에 붙여졌을까요?

에드윈 허블은 앞에서 다루었던 헨리에타 스완 레빗의 연구를 기반으로 세페이드 변광성의 광도를 이용해 우주의 거리를 측정했습니다. 또한 그는 1929년경 은하를 관측해 스펙트럼에 나타난 적색 편이를 해석하고, 지구와 천체 사이 거리에 비례하는 속도로 별 또는 은하가 지구에서 멀어지고 있다는 '허블-르메트르의 법칙'을 발견했습니다.

+ 에드윈 허블

에드윈 허블은 젊은 시절 아버지의 뜻에 따라 법학을 공부했으나 천문학에 대한 열정을 잃지 않았다. 그는 결국 30년 이상 윌슨산천문대에서 연구하며 은하 모양을 분류한 소리굽쇠 도표, 우주팽창설 등 천문학의 중요한 업적을 남겼다.

천문학자가 된 법학도

✦

에드윈 허블은 1889년 미국 미주리주 마시필드에서 어느 보험사 임원의 아들로 태어났습니다. 그는 어린 시절 할아버지로부터 천문학을 배우며 깊이 관심을 갖기 시작했습니다. 고등학생 때에는 별과 행성의 아름다움에 감동을 받아 글을 썼는데, 이 글이 지방 신문에 실리기도 했지요.

시카고대학교에서 수학, 천문학, 철학을 공부한 그는 1910년에 이학사 학위를 받았습니다. 허블은 천문학을 비롯한 과학 분야에 조예가 깊었고 잠시 실험실에서 조교로 근무하기도 했습니다. 그러나 이후 그는 아버지의 권유로 영국 옥스퍼드대학교 퀸즈칼리지로 유학을 떠나 과학이 아닌 법학을 공부했습니다. 그러나 유학 중 아버지가 돌아가시자 곧 귀국했지요.

허블이 공부하던 때에 유럽에서는 제1차 세계대전이 발발했습니다. 1917년, 미국이 독일에 선전포고를 하고 전쟁에 공식적으로 참전하자 허블은 군에 입대했습니다. 그는 유럽으로 파견되어 참전했고, 전쟁이 끝난 뒤인 1919년부터 미국 캘리포니아주 패서디나의 윌슨산천문대에서 연구원으로 일하기 시작했습니다. 허블은 지름 2.5미터에 달하는 거대한 망원경으로 성운과 은하를 관찰하는 일에 전념했지요. 그가 만들어낸 '허블 소리굽쇠 도표'는 오늘날에도 은하 분류의 기초가 되고 있습니다.

허블은 1953년 세상을 떠날 때까지 30년 이상 윌슨산천문대에서 연구를 계속했습니다. 그의 연구는 천문학과 우주론의 놀라운 발견을 가져오고 혁명을 일으켰으며, 허블 우주망원경이라는 이름으로 남아 오늘날까지 오랜 시간 기억되고 있지요.

허블의 업적: 천문학계의 놀라운 발견

✦

에드윈 허블은 천문대에서 근무하며 뛰어난 성능의 망원경에 접근할 수 있는 기회를 십분 활용해 천문학계에 놀라운 발견을 가져왔습니다. 그의 업적은 크게 둘로 나눌 수 있는데, 하나는 은하를 외형과 특징에 따라 분류했다는 점, 다른 하나는 우주가 우리가 생각하는 것보다 훨씬 넓으며 빠르게 팽창하고 있음을 알아냈다는 점입니다.

허블의 은하 분류

허블은 오랜 시간 많은 은하를 관측하며 모양에 따라 분류하는 작업을 했습니다. 그가 분류한 은하는 나선형, 타원형, 렌즈형 그리고 불규칙형으로 나뉩니다(164쪽 참고).

나선형 은하는 중심 소용돌이에 팔이 달린 듯한 형태의 은하로, 다시 세 유형으로 나뉩니다. 팔이 단단히 감겨 있고 중심부가 거대한 나선, 팔이 상대적으로 느슨하게 감겨 있고 중심부가 약한 나선, 매우 느슨한 팔에 중심부도 희미한 나선 등이지요.

타원형 은하는 나선형과 달리 팔이 보이지 않고, 특별히 삐져나오거나 뾰족한 곳 없이 매끄러운 타원 모양을 한 은하를 뜻합니다. 나선형 은하에 이어 두 번째로 흔하게 관측되며, 비교적 나이가 오래된 별들로 구성되었을 확률이 높습니다.

렌즈형 은하는 나선형 은하와 타원형 은하의 중간 단계 정도로 볼 수 있습니다. 나선형 은하처럼 중앙에 원반을 가지고 있으나 뚜렷한 나선팔은 보이지 않습니다. 렌즈형 은하에 속한 별은 대부분 타원형 은하의 별처럼 비교적 늙은 별로 추정됩니다. 렌즈형 은하는 종종 타원형 은하와 외형적으로 구분하기 어려우나, 표면 광도 분포를 통해 구분할 수 있습니다.

불규칙 은하는 대칭적인 구조를 보이지 않고 개별 성단들이 모여 이루어져 있습니다. 일부 불규칙 은하는 과거에 나선형이나 타원형 등 형태를 지니고 있었던 것으로 보입니다.

천문학자들의 우주관을 확장시키다

허블은 1923년 나선형 은하인 안드로메다은하를 연구하던 중 세페이드 변광성을 발견했습니다. 앞에서 설명했듯이 세페이드 변광성은 우주의 거리를 측정할 때 표준촉광으로 사용됩니다. 허블의 발견은 안드로메다은하가 우리은하 안에 있는 성운인지, 아니면 훨씬 더 멀리 떨어져 있는지에 대한 천문학계의 오랜 질문에 해답을 제시했습니다.

허블은 헨리에타 레빗이 남긴 주기-광도 관계를 활용해 안드로메다은하에 속한 세페이드 변광성까지의 거리를 계산했고 그 결과 안드로메다은하가 지구에서 약 150만 광년 떨어져 있다는 사실을 발견했습니다. 이는 우리은하의 지름보다 훨씬 먼 거리였지요. 그때까지 많은 천문학자들이 우리은하가 우주의 전부라는 견해를 고수했는데, 허블의 발견이 우주는 인간이 상상할 수 있는 것보다 훨씬 넓다는 사실을 증명한 것이지요. 이는 천문학의 혁명과도 같았습니다. 허블은 천문학계의 화두였던 대논쟁을 끝내고 학문을 진일보시켰습니다.

허블 이후 학자들은 세페이드 변광성을 우주 거리 측정의 도구로 사용하며 각 천체가 얼마나 멀리 떨어져 있고, 얼마나 빠르게 움직이는지 연구하고 있습니다.

> **한 걸음 더**
>
> ## 틀 밖을 본 사람, 허블

에드윈 허블이 세페이드 변광성을 연구하기 전까지 많은 학자들은 우주와 은하에 대해 편협한 시각을 가지고 있었습니다. 어떤 학자들은 우리은하 바깥에 성운이 있다고 주장했고, 다른 학자들은 이를 단순히 우리은하의 일부라고 생각했지요.

1917년, 천문학자 히버 커티스Heber Curtis는 안드로메다성운(허블이 별개 은하라고 밝히기 전까지 성운이라고 불렸습니다)의 빛을 관측해 거리를 측정했습니다. 그의 측정은 정확하지 못했지만 안드로메다성운이 매우 멀리 있다는 주장을 뒷받침하기에 충분했습니다. 그러나 많은 사람들이 그의 주장에 동의하지 않아 1920년대에 대대적인 공개 토론이 열리기도 했지요.

윌슨산천문대에서 허블의 상사이기도 했던 할로 섀플리Harlow Shapley는 우리은하가 우주의 전부이며, 안드로메다성운은 우리은하 내의 나선형 성운이라고 주장했습니다. 그러나 1923년에 허블이 안드로메다은하의 세페이드 변광성을 발견하며 논쟁은 끝났고, 학자들도 점차 우리은하 바깥에 다른 은하들이 존재함을 인정했지요.

허블-르메트르의 법칙

허블은 우주가 팽창하고 있다는 사실도 증명해냈습니다. 그는 외부 은하들이 우리은하에서 멀어지고 있으며, 특히 멀리 떨어진 은하일수록 더 빠르게 후퇴한다는 사실을 알아냈지요. 우주가 팽창한다는 아이디어는 천문학계를 재차 뒤흔들었고, 우주론의 이론적 기초가 되었습니다. 그런데 허블은 이 사실을 어떻게 알았을까요?

허블은 은하의 이동 속도를 관측하기 위해 '도플러 효과'를 활용했습니다. 도플러 효과란 빛이나 소리의 파동이 관측자를 향해 이동할수록 더 높은 파장과 주파수를, 관측자로부터 후퇴할수록 더 낮은 파장과 주파수를 지니는 현상입니다. 광원이 관측자로부터 멀어질 때는 빛의 파장이 길어져 적색 편이가, 반대의 경우에는 청색 편이가 일어나지요. 허블은 분광기를 사용해 먼 은하의 빛을 스펙트럼으로 관측한 결과 많은 은하의 빛이 스펙트럼의 붉은빛 쪽으로 적색 편이 하는 것을 발견했습니다. 이렇게 외부 은하가 점점 멀어지고 있다는 이론을 '허블-르메트르의 법칙'이라고 합니다.

이 법칙은 처음에는 '허블의 법칙'이라고 불렸으나, 허블이 이 사실을 발견하기에 앞서 벨기에의 천문학자이자 가톨릭 사제인 조르주 르메트르Georges Lemaître가 우주 팽창의 속도에 대해 연구해 논문을 발표했다는 점에 근거해 2018년 국제천문연맹에서 공식적으로 '허블-르메트르의 법칙'이라고 명명했지요.

명왕성을 발견한 클라이드 톰보
별을 꿈꿔온 몽상가

'천문학자' 하면 어떤 이미지가 떠오르나요? 밤마다 망원경 앞에 앉아서 새로운 천체를 발견하는 고독한 탐험가가 떠오르지 않나요? 이제는 천문학자들이 직접 망원경을 보는 것이 아니라 컴퓨터 화면에서 데이터를 확인하지만, 비교적 최근까지 많은 이들이 실제로 밤하늘을 관측했습니다.

오늘날 천문학자들은 팀으로, 때로는 국가 간 협업을 통해 우주를 탐험하고 연구하는 방식으로 일합니다. 그러나 1930년 애리조나주 플래그스태프의 로웰천문대에서는 고독한 천문학자가 특수 망원경 앞에 앉아 있었습니다. 그의 임무는 하늘 사진을 찍어 비교하며 건판 사이에서 위치가 바뀌는 물체를 찾는 것이었지요. 그의 이름은 클라이드 톰보Clyde Tombaugh로, 고된 작업 끝에 훗날 태양계의 가장 바깥 궤도를 도는 새로운 천체, 명왕성을 발견했습니다.

✦ **클라이드 톰보**
시골 농가에서 태어나 천문학에 흥미를 느끼던 톰보는 우연히 로웰천문대에 방문했다가 천문학자의 길에 들어서게 된다. 그는 오랜 시간 꾸준히 관측한 끝에 명왕성을 발견했다.

천문학 꿈나무
✦

클라이드 톰보는 1906년 미국 일리노이주 스트리터의 농부 집안에서 태어났습니다. 그와 그의 아버지는 모두 열렬한 아마추어 천문가로, 클라이드는 종종 스스로 어린 시절에 '발견할 수 있는 모든 것으로 직접 렌즈를 갈아 망원경을 만들었다'고 말했지요.

톰보는 천문학을 전문적으로 공부하고 싶었으나 가난한 집안 사정과 그가 성인이 될 무렵의 경제 불황으로 대학에 진학하지 못했고, 홀로 천문학을 독학했습니다. 하지만 그는 포기하지 않고 직접 망원경을 만들어 천체 사진을 촬영했고, 자료를 들고 전문가의 조언과 자문을 구하고자 로웰천문대를 찾아갔습니다. 놀랍게도 로웰천문대에서 그에게 일자리를 제안했고, 이 인연으로 톰보는 1929년부터 1945년까지 그곳에서 일하게 되지요.

로웰천문대의 설립자 퍼시벌 로웰은 우주에 펼쳐진 미지의 세상을 탐구하고 새로운 행성 X를 찾고자 했습니다. 보조연구원으로 취직한 톰보가 행성 관측에 열을 올린 것은 당연한 수순이었지요. 톰보는 해왕성 너머에 존재할지도 모를 신비한 행성을 찾기 위해 매일 밤하늘을 올려다보았습니다. 천체망원경을 사용해 하늘의 한 부분을 집중 촬영하고 며칠 후 같은 장소를 다시 촬영해 비교하는 방식으로 말입니다.

1930년 2월 18일, 톰보는 사진 건판을 훑어보다가 깜짝 놀랐습니다. 희미하지만 분명 반짝이는 새로운 빛이 보였습니다. 바로 인류가 찾아낸 태양계의 마지막 행성인(이제는 아니지만) 명왕성을 발견한 것입니다. 톰보는 명왕성 외에도 혜성, 성단, 초은하단, 소행성 등 수많은 천체를 발견했습니다.

천문대에서의 실무를 먼저 경험한 그는 나중에 캔자스대학교에 진학해 천문학 석사 학위를 취득했습니다. 이후 뉴멕시코주립대학교에서 학생들을 가르치며 연구를 계속했고, 은퇴 후에는 명왕성의 발견자로서 대중 강연도 많이 다녔습니다. 1997년에 숨을 거둔 그의 유해 일부는 유언에 따라 캡슐에 담겨 있다가, 2006년 명왕성 탐사선인 뉴허라이즌스호에 실려 우주로 보내졌습니다. 그는 그렇게 평생을 바쳐 아끼고 사랑하던 우주로 돌아갔습니다.

퍼시벌 로웰에게 바친 명왕성의 이름

만약 로웰천문대가 없었다면, 그리고 천문대의 망원경과 장비 지원이 없었다면 클라이드 톰보는 명왕성을 발견하지 못했을지도 모릅니다. 미지의 세계에 대한 로웰의 끊임없는 열정과 집념 그리고 지원은 새 행성 발견에 반드시 필요한 원동력이었지요.

톰보가 천문학자로서 경력을 시작한 로웰천문대는 퍼시벌 로웰이라는 천문학자에 의해 설립되었습니다. 퍼시벌 로웰은 1855년 부유한 집안에서 태어나 하버드대학교를 졸업했고, 젊은 시절에는 당시 미국에 잘 알려져 있지 않던 극동 지역에 관심을 가져 일본과 한국을 여행하기도 했습니다. 이후 그의 관심사는 천문학으로 옮겨가 애리조나주 플래그스태프에 천문대를 설립했지요.

퍼시벌 로웰은 천문대 설립 초기에는 화성에 더 관심을 가지고 있었습니다. 그는 우주 어딘가 존재할지도 모를 외계 생명체를 발견하고자 했습니다. 그러나 말년에는 해왕성 바깥에 존재할지도 모르는 미지의 '행성 X'로 관심을 틀었지요. 그러나 로웰은 끝내 새로운 행성을 찾지 못하고 1916년에 숨을 거두었습니다.

톰보가 로웰천문대에서 명왕성을 발견한 뒤, 그를 비롯한 천문대 동료들은 행성에 어떤 이름을 붙여야 할지 고민에 빠졌습니다. 이들은 결국 어느 영국 소녀의 편지에 따라 '명왕성(플루토)'이라고 이름을 붙이고, 천문 기호로 퍼시벌 로웰의 머리글자를 딴 'PL'을 사용하기로 결정했지요.

1930년 3월에 명왕성의 발견을 공식적으로 발표하자 전 세계가 열광했습니다. 명왕성은 1846년 해왕성의 발견 이후 약 80년 만에 발견된 새로운 행성이자 20세기에 발견된 유일한 행성이었지요. 클라이드 톰보는 명왕성 발견으로 일약 유명세를 탔습니다. 국제천문학계에서는 톰보의 업적을 존중하는 의미로 그가 살아 있는 동안 명왕성의 지위에 대해 논의하지 않다가, 2006년에 토론을 거쳐 명왕성을 행성이 아닌 '왜행성'으로 재분류했습니다.

한 걸음 더
로웰천문대의 오늘

애리조나주 플래그스태프 외곽에 위치한 로웰천문대는 건립된 지 100년 이상 지난 지금까지도 활발하게 운영되고 있습니다. 천문대 망원경은 여전히 매일 밤하늘을 관측하고 있고, 일반인들도 방문해 천체를 관찰할 수 있지요. 천문대가 처음 세워진 언덕은 '화성의 언덕Mars Hill'이라고 불립니다.

로웰천문대는 빛 공해로부터 보다 자유로운 지역인 '앤더슨 언덕'에 기지를 설립해 더 정밀한 천체 관측 활동을 하고 있습니다. 미국 해군천문대와도 협력해 연구의 폭을 넓히고 있지요. 로웰천문대는 호주와 칠레에도 관측소를 두고 있으며, 플래그스태프에서 남쪽으로 약 65킬로미터 떨어진 곳에 '디스커버리 망원경'이라는, 미국에서 다섯 번째로 성능이 좋은 망원경을 두고 있습니다.

은하의 회전을 연구한 베라 루빈
암흑 물질의 증거를 찾다

1970년대 중반, 천문학자 베라 루빈Vera Rubin과 그녀의 동료 켄트 포드Kent Ford는 흥미로운 연구를 시작했습니다. 그들은 안드로메다 은하 전체에 질량이 어떻게 분포되어 있는지 알아내고자 항성을 관측했지요. 그들은 중력 때문에 은하 중심의 별이 바깥쪽 별보다 더 빠르게 운동할 것이라고 생각했습니다. 그러나 관측 결과, 예상치 못한 결과가 나타났습니다. 은하 내 위치와 관계없이 별들은 모두 비슷한 속도로 움직이고 있었지요.

그들은 다른 나선형 은하들도 관측했지만 같은 결과를 얻었습니다. 은하 중심부터의 거리가 서로 다름에도 별들은 거의 같은 속도로 움직였지요. 왜 그런 걸까요? 무거운 무언가가 별의 공전 속도에 영향을 미치고 있었습니다. 루빈과 그녀의 연구팀이 '암흑 물질'의 존재에 대한 중요한 단서를 발견한 것입니다.

+ 베라 루빈

베라 루빈은 동료와 함께 은하 중심과 외곽이 별 회전 속도를 연구하던 중 '암흑 물질'의 단서를 찾아냈다. 그녀는 여성이 천문학을 배우기 어려웠던 시대에 포기하지 않고 꿈을 이룬 천문학자다.

어린 시절부터 간직해온 별에 대한 꿈

◆

베라 루빈은 1928년 미국 펜실베이니아주 필라델피아에서 태어났습니다. 그녀는 어린 시절부터 별에 관심이 많았습니다. 아버지와 함께 골판지로 망원경을 만들어 직접 유성을 관측하기도 했지요. 그녀는 여성 교육 기관이었던 바서대학교에 진학해 천문학을 공부했습니다. 우수한 성적으로 졸업한 그녀는 이후 프린스턴대학교 대학원에 진학해 천문학 연구를 계속하고자 했으나 여성이라는 이유로 입학을 거부당한 뒤 코넬대학교 대학원에서 물리학을 공부하게 되었습니다. 당시 그녀와 함께 공부했던 학생 중에 유명한 물리학자 리처드 파인만도 있었지요. 이때부터 그녀는 은하의 움직임과 역학을 공부하고 연구하기 시작했습니다.

1951년 코넬대학교에서 석사 과정을 마친 루빈은 이후 몇 년간 조지타운대학교에서 연구를 계속했고, 1954년에 박사 학위를 취득했습니다. 그녀의 박사 논문은 은하가 무작위로 분포된 것이 아니라 서로 뭉쳐 있다는 내용을 담아 당시 천문학계에 뜨거운 논쟁을 불러일으켰습니다.

졸업 후 루빈은 잠시 워싱턴 D.C.의 학술 기관과 메릴랜드주 몽고메리대학교에서 수학과 물리학을 가르쳤습니다. 그러다 1955년부터는 모교인 조지타운대학교에서 천문학 연구원과 강사를 거쳐 조교수로 근무했지요. 1963년에는 맥도널드천문대로 자리를 옮겨 은하의 회전을 관측했습니다.

1965년부터는 카네기연구소에서 지구자기학 관련 연구를 시작했습니다. 이때 동료인 켄트 포드도 만났지요. 그들은 은하의 움직임을 관측하며 오늘날까지 그 정체가 정확히 밝혀지지 않은 '암흑물질'이 존재한다는 증거를 찾아냈습니다. 그녀는 여성 천문학자로는 최초로 팔로마천문대에서 별을 관측했고, 바티칸천문대에서 초빙 교수로 근무하는 등 몇십 년간 천문학자로서 커리어를 탄탄히 쌓았습니다. 1993년에는 미국 과학계의 가장 큰 상인 국가 과학상도 수상했습니다.

베라 루빈은 2014년 카네기연구소에서 은퇴한 뒤 2016년에 치매 관련 합병증으로 세상을 떠났습니다. 카네기연구소는 그녀의 이름을 딴 연구 기금을 창설했고, 나사는 화성을 탐사해 발견한 좁은 산마루 지형을 '베라 루빈 능선'이라고 명명했지요. 미국의 여성 천문학자 캐럴린 슈메이커가 1988년에 발견한 소행성 5726도 '루빈'으로 명명되었습니다.

암흑 물질의 신비한 단서

베라 루빈과 켄트 포드는 나선형 은하의 중심에 별이 가장 많기에 질량이 크고 강한 중력이 작용하며, 속도도 빠를 것이라고 생각했습니다. 이들은 도플러 효과를 이용해 별들의 이동 속도와 은하 회전 곡선을 계산했습니다(회전 곡선에 대해서는 뒤에서 설명하겠습니다). 이상하게도 은하 바깥쪽과 중심에 위치한 별의 속도는 같았습니다.

여러 번의 관측 끝에 루빈은 은하에 보이지 않는 무거운 무언가가 있다는 결론을 내렸습니다. 그녀는 은하가 밝은 항성과 성운보다 이 보이지 않는 물질을 많이 포함하고 있다고 생각했습니다. 즉, 은하에는 반짝이는 천체만 있는 것이 아니라는 뜻이지요. 베라 루빈은 천문학자 프리츠 츠비키의 연구 결과를 살펴보았습니다.

스위스의 천문학자 츠비키는 1930대에 초신성 폭발의 결과로 남은 것은 중성자 별을 형성한다고 주장했습니다(이 이론은 1967년에 맥동하는 천체인 '펄서'의 발견으로 더욱 확실해졌지요). 그는 한 걸음 더 나아가 우주에 보이지 않지만 질량이 있는 무언가가 존재한다는 사실을 알아냈습니다. 이 보이지 않는 물질이 없다면, 은하 중심부를 지탱하는 중력이 부족해 은하가 붕괴되어야 했지요. 그는 이 신비하고 눈에 보이지 않는 물질을 '암흑 물질'이라고 불렀습니다. 베라 루빈은 츠비키의 연구에서 영감을 얻어 암흑 물질의 탐구에 몰두했습니다.

그녀는 연구 경력 중 대부분의 기간을 카네기연구소에서 보내며 표면 밝기가 낮은 은하를 주로 연구했습니다. 이 은하들은 별이 거의 없고 희미한 왜소 은하에 해당합니다. 왜소 은하에는 상대적으로 많은 양의 암흑 물질이 포함되어 있을 확률이 높지요.

광도 곡선과 은하 회전 곡선

천문학을 깊이 파고들다 보면 때때로 '광도 곡선'과 '은하 회전 곡선'이라는 어려운 용어를 만나게 됩니다. 광도 곡선이란 어떤 천체나 은하에서 나오는 빛의 세기를 시간의 흐름에 따라 함수로 나타낸 그래프를 가리킵니다. 광도 곡선 자체로 해당 천체에 대한 흥미로운 사실을 알아낼 수 있지요. 예를 들어 소행선의 광도 곡선을 보면 그 소행성이 궤도를 돌고 있는지, 표면에 밝고 어두운 부분이 있는지, 울퉁불퉁한 모양인지까지 알 수 있습니다.

은하 회전 곡선이란 나선형 은하의 중심에서부터 사방으로 분포되어 있는 별들의 궤도 회전 속도를 가리키지요. 쉽게 말해 은하 내 별의 움직임이 위치에 따라 어떻게 달라지는지를 보여주는 그래프입니다. 회전 곡선을 얻기 위해 천문학자들은 별빛의 스펙트럼으로 도플러 이동을 측정해 속도를 알아냅니다. 베라 루빈은 이 회전 곡선을 구하는 과정에 암흑 물질의 존재를 발견한 것이지요.

한 걸음 더
우리은하와 암흑 물질

암흑 물질이 존재한다는 증거가 드러나자 천문학자들은 우리은하를 더욱 깊이 이해할 수 있게 되었습니다. 우리은하의 질량은 얼마나 될까요? 정확히 측정하기 어렵지만, 태양 질량의 약 1조 배 정도로 추정됩니다. 우리은하 내 모든 물질의 질량을 태양 기준으로 표현한 것이지요.

현대 전파천문학 기술을 통해 우리은하 내 항성들의 회전 속도를 측정한 결과, 우리가 관측할 수 있는 항성, 행성, 성운 등 가시적 물질만으로는 설명할 수 없는 거대한 중력이 작용하고 있음이 드러났습니다. 이처럼 직접 볼 수는 없지만 중력 효과로 존재를 감지할 수 있는 물질이 바로 암흑 물질입니다. 일부 천문학자는 암흑 물질이 우리은하 질량의 95퍼센트, 거의 대부분을 차지할 수 있으며 혹자는 태양 질량의 3조 배에 달할 수 있다고 추정합니다. 우리은하 내 암흑 물질의 정확한 양을 발견하는 것은 천문학자들의 지속적인 연구 과제입니다.

'펄서'를 발견한 조슬린 벨 버넬
노벨상을 놓친 전파천문학자

1967년, 영국 케임브리지대학교의 한 젊은 대학원생 조슬린 벨 버넬Jocelyn Bell Burnell은 지도교수 앤터니 휴이시Antony Hewish와 함께 퀘이사에서 나오는 미약한 전파를 연구하기 위해 데이터를 분석하고 있었습니다. 그런데 전파 중 일부가 이상하게 보였습니다. 규칙적인 리듬으로 진동한 것이지요. 버넬은 그 전파가 사라질 때까지 하늘을 가로질러 추적했습니다. 지도교수는 처음에 그 신호가 장비 이상 때문에 관측된 것이 아니냐며 대수롭지 않게 여겼지만 관측 결과 그렇지 않았습니다. 이들은 인근 방송국 전파 신호까지 추적하며 이 알 수 없는 리듬의 원인을 분석했습니다.

얼마 지나지 않아 하늘의 다른 방향에서 다시 맥동하는 신호가 들어오자, 그들은 이것이 우주 천체에서 발생한 것이라는 확신을 갖게 되었습니다. 이들은 규칙적인 리듬이 우리은하 외부의 지적

+ 조슬린 벨 버넬

조슬린 버넬은 대학원생 시절 지도교수와 함께 퀘이사를 연구하기 위한 전파를 분석하는 과정에서 펄서를 발견했다.

생명체에게서 비롯된 것일지도 모른다고 농담처럼 이야기하며 작은 녹색 인간이라는 뜻의 'LGM-1Little Green Men-1'이라고 불렀지요. 이들이 발견한 것은 '펄서Pulsar'로, 맥동하는 전파를 방출하는 천체였습니다.

전파천문학에 대한 끊임없는 애정

◆

조슬린 벨 버넬은 1943년 북아일랜드 벨파스트에서 태어났습니다. 아버지의 권유로 학업을 시작한 그녀는 어린 시절부터 천문학의 매력에 푹 빠졌습니다. 여자아이에게는 제대로 교육을 시키지 않던 시절이었음에도 그녀는 강한 의지와 부모님의 지지로 여성 기숙학교에 진학해 중등 교육을 받고, 이후 영국 글래스고대학교 물리학과에 진학해 천문학 연구를 시작합니다.

1965년 글래스고대학교에서 물리학 학사를 받은 그녀는 케임브리지대학교 대학원에서 전파천문학을 전공으로 택해 연구를 시작했습니다. 이 당시 그녀를 이끌었던 지도교수가 바로 앞에서 언급했던 앤터니 휴이시였지요. 그녀는 전파 망원경으로 얻은 데이터를 분석하는 데 오랜 시간 공을 들였습니다. 그러던 중 1967년에 여우자리 방향에서 약 1.3초 간격의 규칙적인 전파 신호를 발견했습니다. 최초로 맥동전파원 PSR B1919+21을 발견한 것이지요. 이 펄서는 매우 빠르게 회전하는 중성자별이었습니다.

이듬해 이들이 펄서의 존재를 발표하자 언론과 대중은 크게 열광했습니다. 펄서의 발견은 조슬린 벨 버넬의 공로였으나 논문에는 휴이시의 이름이 제1저자로 들어갔고, 벨 버넬은 교수가 아닌 대학원생이자 제2저자에 불과했기에 1974년에 전파천문학 연구로 앤터니 휴이시와 마틴 라일Martin Ryle에게 주어진 노벨물리학상을 함께 수상하지는 못했습니다. 일부 사람들은 휴이시가 버넬의 업적을 가로챘다고 비판했으나 그녀는 일관되게 노벨상위원회의 결정을 지지한다고 말했습니다.

이후 그녀는 사우샘프턴대학교와 런던대학교를 거쳐 영국 왕립천문대 등 여러 기관에서 감마선과 엑스선 등 전파를 활용한 천체 연구를 계속했지요. 2002년부터 2004년까지는 영국 왕립천문학회

회장을 지냈고, 이후 미국 프린스턴대학교와 영국 옥스퍼드대학교 등 유수의 대학교에 초빙교수로 출강하기도 했습니다. 2007년에는 대영제국 훈장과 기사 작위를 받았습니다. 오늘날에는 여성 과학자로서 과학계 내 여성들의 지위 향상에도 힘쓰고 있습니다.

펄서, 밤하늘에서 맥동하는 천체
◆

벨 버넬과 휴이시가 처음으로 펄서를 발견한 이후 전 세계의 천문학자들은 우리은하, 특히 오래된 별들이 모인 구상 성단에서 수백 개의 펄서를 발견했습니다.

펄서에 관한 가장 큰 의문은 맥동하던 이 천체가 과연 '어떻게 소멸하는가'라는 것입니다. 지금까지의 관측 결과, 펄서는 시간이 흐를수록 맥동 속도가 느려집니다. 맥동 사이의 시간이 점차 길어지는 것으로 이를 감지할 수 있지요.

지금까지 발견된 펄서는 대부분 중성자별입니다. 이 고밀도 천체는 무거운 별이 초신성으로 폭발하거나, 쌍성계의 백색왜성이 너무 많은 물질을 축적할 때 형성되는 것으로 보이지요. 별의 핵에 남은 원소들은 도시 정도 크기로 작게 수축되어 엄청나게 빠르게 회전하며 복사를 방출합니다. 우리가 우연히 펄서의 전파가 닿는 곳에 있다면 전파 탐지기는 매우 빠르게 반복되는 신호로 이를 포착할 것입니다.

한 걸음 더   펄서 주변을 도는 행성

조슬린 벨 버넬의 펄서 발견으로 천문학계에 '중성자별'이라는 낯선 세계가 열렸습니다. 이 기묘한 천체 주변 환경은 살아남기 어려운 혹독한 곳입니다. 중성자별은 초신성 폭발 직후 남겨진 중심핵으로 이루어진 별로, 중력이 너무 커 다른 행성이나 천체가 가까이 다가오면 부서져버릴 수 있기 때문이지요. 중성자별이 내뿜는 강력한 방사선은 주변에 존재하는 모든 생명체를 쓸어버릴 수 있습니다.

그러나 1992년, 천문학자 알렉산데르 볼시찬 Aleksander Wolszczan 은 최초로 펄서 주변을 공전하는 행성을 발견했습니다. 일부 전문가들은 잘못된 관측이라고 반박하기도 했으나 두 행성이 분명히 포착되었지요. 펄서와 그 주변 행성에 대한 연구는 오늘날까지 활발하게 진행되고 있습니다. 우주에 존재하는 여러 펄서 중 일부는 모성이 초신성이 될 때 생성된 무거운 원소로 만들어진 원반을 가지고 있습니다.

명왕성 킬러, 마이크 브라운
행성의 기준을 다시 세우다

 스스로 '명왕성을 태양계 행성에서 퇴출시킨 남자'라고 소개하는 천문학자가 있습니다. 그의 이름은 마이클 E. 브라운Michael E. Brown이지요. 천문학에 관심이 많은 독자들 중에는 몇 년 전쯤 출간된 『나는 어쩌다 명왕성을 죽였나』(롤러코스터, 2021)라는 책을 읽어본 분도 있을 겁니다.

 2003년부터 캘리포니아공과대학교Caltech(칼텍)에서 천문학을 가르치고 있는 마이크 브라운은 동료 팀원들과 함께 태양계 외곽 왜행성인 에리스를 비롯한 많은 천체를 발견했습니다. 그는 어떻게 새로운 천체를 발견했을까요? 그리고 그 천체는 왜 명왕성의 뒤를 이어 열 번째 행성이 되는 대신 명왕성의 행성 지위를 빼앗게 된 것일까요?

 명왕성 퇴출에 얽힌 사연을 함께 살펴봅시다.

✦ 마이크 브라운

마이크 브라운은 태양계 외곽 왜행성을 연구하던 도중 명왕성과 다른 행성의 차이점을 발견했다. 명왕성은 결국 행성의 지위를 잃고 왜소행성으로 재분류되었다.

마지막 행성을 지워버린 남자

✦

마이크 브라운은 1965년 앨라배마주 헌츠빌에서 자랐습니다. 고등학교를 졸업하고 프린스턴대학교 물리학과에 입학한 그는 1987년 학사 학위를 받고 졸업했습니다. 이후 캘리포니아대학교 버클리캠퍼스에서 천문학을 연구해 1990년에 석사, 1994년에 박사 학위를 받았지요. 2003년부터 지금까지 캘리포니아공과대학교에서 행성과학을 가르치고 있습니다.

브라운은 채드 트루히요Chad Trujillo, 데이비드 라비노위츠David Rabinowitz 등 동료 학자들과 함께 새로운 천체를 찾기 위해 팀을 꾸렸습니다. 이 팀을 'TNO 탐사팀'이라고 하지요. TNO란 '해왕성 횡단 천체Trans-Neptunian Object'의 약자로, 해왕성 너머의 복잡한 천체들을 가리킵니다. 이들은 캘리포니아주 팔로마천문대에서 태양계 외곽 세계를 체계적으로 탐색하기 위해 둘러보는 과정에서 왜행성 에리스를 발견했습니다. 얼마 지나지 않아 하우메아와 마케마케도 발견했지요. 이들은 곧 새로운 왜행성들의 등장을 공식적으로 발표합니다.

지구에서 관측한 에리스는 매우 느리게 움직이기에 발견하고 확인하기까지 오랜 시간이 걸렸습니다. 정밀한 장비로 추가 관측을 해본 결과, 에리스는 명왕성보다 크고 위성도 거느리고 있었지요. 그리스 신화 속 불화의 여신에서 따온 '에리스'라는 이름은 천문학자들 사이에 논쟁을 불러일으키고, 발견된 지 한 세기도 채 되지 않은 명왕성을 행성 목록에서 퇴출시킬 빌미를 제공한 이 새로운 천체에 딱 어울립니다. 에리스의 위성에는 공포와 분쟁을 관장하는 여신 '디스노미아Dysnomia'의 이름이 붙었습니다.

태양계 끝 왜행성 탐색하기

◆

에리스의 어떤 특징이 명왕성의 행성 지위를 빼앗아 왜행성으로 강등시킨 것일까요? 에리스가 명왕성의 뒤를 이어 열 번째 행성이 될 여지는 없었을까요?

사실 에리스는 발견 당시 명왕성보다 크게 보였으며, 초기에는 열 번째 행성으로 여겨졌습니다. 그러나 학자들은 점차 태양계에 얼마나 많은 행성이 존재하는지에 대한 논의와 함께 '행성이란 무엇인가?'라는 질문으로 되돌아갔습니다. 행성의 정의를 다시 세워야 했지요. 수많은 토론과 논의 결과, 명왕성은 행성이라기에 애매했습니다. 다른 행성과 달리 독립적인 공전 궤도가 없었고(해왕성과 중첩됨), 주변 천체를 정리할 만한 충분한 중력도 없었기 때문이지요.

에리스는 '플루토이드Plutoid(명왕성형 천체)'라고노 불립니다. 이는 TNO를 가리키는 다른 표현이기도 하지요. 허블 우주망원경과 칠레 라실라천문대에서 측정한 에리스의 지름은 약 2,300킬로미터로 명왕성과 비슷합니다. 카이퍼대의 다른 천체와 마찬가지로 에리스도 내부는 얼음과 암석으로 이루어져 있으며 표면은 대체로 질소 얼음, 소량의 메탄 가스로 덮여 있는 것으로 추정됩니다. 명왕성과 몹시 비슷한 환경이지요.

외행성계에서 새로운 행성을 발견하기란 쉬운 일이 아닙니다. 1930년 클라이드 톰보가 행성 X, 즉 명왕성을 발견하면서 많은 천문학자가 본격적으로 행성을 찾기 시작했습니다. 그러나 외행성계 천체는 대부분 희미하고 작으며, 태양과의 거리가 멀어 공전 궤도도 매우 깁니다. 이 천체들이 눈에 띌 만큼 충분히 빠르게 움직이지 않는다면 찾기 어렵지요. 톰보가 하늘을 가로지르는 명왕성의 움직임을 감지하기 위해 셀 수 없이 많은 사진 건판을 비교 분석해야 했던 것을 떠올려보세요.

TNO 탐사팀도 마찬가지입니다. 이들은 멀리 떨어진 희미한 천체를 포착하기 위해 여러 날에 걸쳐 관측을 계속합니다. 천체와 지구 사이의 거리가 멀수록 감지하기 어렵습니다. 게다가 그 천체의 표면이 어둡기라도 하면 놓치기 십상이지요. 그러나 이제 최첨단 장비와 기술의 힘을 빌려 탐색을 자동화할 수 있습니다. 예를 들어 '새뮤얼 오쉰 망원경Samuel Oschin Telescope'은 자동 모드로 밤하늘을 두루 측정해 천문학자들에게 필요한 영역의 데이터만 보여줍니다. 이는 혜성이나 소행성 등 희미하고 먼 천체뿐만 아니라 해왕성 너머 카이퍼대를 탐색하는 데에도 매우 효과적이지요.

하우메아와 마케마케

에리스와 비슷한 시기에 발견된 하우메아와 마케마케도 해왕성 너머에서 태양 궤도를 따라 돌고 있습니다.

하와이 신화 속 풍요와 출산을 상징하는 여신의 이름을 딴 하우메아는 얼음으로 덮인 타원형 암석 천체입니다. 규모는 명왕성과 비슷하나 질량은 고작 30퍼센트에 불과하고, '히이아카Hi'aka'와 '나마카Namaka'라는 두 위성을 거느리고 있지요.

마케마케 역시 얼음으로 덮인 왜행성으로, 지름은 명왕성의 약 3분의 2 정도 됩니다. 태양과 가장 먼 지점은 약 53천문단위AU 정도이며, 태양 둘레를 한 바퀴 도는 데 약 310년이라는 긴 시간이 걸립니다.

4부
우주를 떠다니는 망원경과
끊임없이 변화하는
천문학의 내일

천문학의 두 갈래
관측천문학 VS 천체물리학

천문학은 기본적으로 우주를 구성하는 천체, 그들 사이에 일어나는 물리적 사건과 현상을 연구하고 분석하는 학문 분야입니다. 보통 천문학자들은 행성, 전파, 빛, 지질 등 저마다 자연과학의 한 분야를 연구하지만, 천문학을 크게 둘로 나누면 '관측천문학'과 세분화된 '천체물리학'으로 나눌 수 있습니다.

관측천문학Observational astronomy이란 우주와 천체에 대한 '정보를 수집'하는 데 중점을 둔 학문입니다. 천문학 데이터를 수집한다고 생각하면 쉽지요. 망원경과 기타 장비를 이용해 하늘을 관찰하고 이상한 현상이나 천체를 기록하는 것이 관측천문학자의 일입니다. 천체물리학Astrophysics은 관측 자료에 물리학을 적용해 행성과 항성, 가스와 기체, 성간 물질과 성운, 더 나아가 은하와 은하단의 탄생과 기원, 발전과 진화를 설명하는 학문입니다. 천체물리학자는 기초 물리학뿐만 아니라 화학, 전자기학, 입자물리학 등 여러 학문에 정통해야 합니다.

관측전문학자와 천체물리학자를 아울러 천문학자라고 합니다. 이들은 정밀한 장비와 망원경을 사용해 밤하늘을 관측합니다. 데이터를 분석해 우주에서 일어나는 현상을 설명하고, 모형·통계·시뮬레이션 등을 사용해 우주의 과거와 미래를 예측하며, 앞으로의 변화에 대비하는 것이 모두 천문학자의 일입니다.

천문학자들의 공통된 관심사, 빛

◆

빛은 천문학자들이 수집하는 우주의 가장 기본 데이터이며 천체물리학계에 통용되는 '표준 화폐'라고 볼 수 있습니다. 화폐란 서로 다른 물건에 일정한 가치를 매겨 편리하게 소통하고 교환할 수 있도록 만든 기준이자 수단이지요. 천문학자들은 빛을 정확한 기준으로 사용합니다. 단순히 '밝다' 또는 '어둡다'라고 표현하는 것이 아니라 광도가 어느 정도라고 객관적인 등급을 매겨 표기하지요.

빛은 입자와 파동의 성격을 모두 지니고 있습니다. 이러한 이중적 특성으로 인해 우리는 카메라를 활용해 광자의 집합(눈에 보이는 모습)을 촬영할 수도 있지만 분광기 등으로 빛의 파장을 분리해 관찰할 수도 있습니다. 한마디로 빛은 우주를 탐구하는 데 없어선 안 될 중요한 존재이지요.

'빛'이라는 단어는 일반적으로 우리 눈으로 볼 수 있는, 밝은 면을 표현할 때 사용합니다. 인간은 태양에서 나오는 가시광선에 가장 민감하게 반응하도록 진화해왔습니다. 그러나 이는 우주에 존재하는 수많은 종류의 전자기파 중 굉장히 좁은 일부에 불과합니다. 우리 눈에 감지되지 않는 적외선과 자외선, 전파와 마이크로파, 엑스선과 감마선 등이 지금도 우주의 여러 천체에서 끊임없이 방출·흡수·반사되고 있지요. 천문학자들은 빛을 포착해 해당 천체의 특성을 알아내기 위해 특별한 장치들을 활용합니다.

적외선 관측하기

수 세기 동안 천문학은 가시광선의 범위 내에서 발전해왔습니다. 1800년대가 되어서야 비로소 과학자들은 적외선과 자외선의 존재를 발견했습니다. 적외선, 가시광선, 자외선 등을 모두 아울러 '열복사선'이라고 하지요. 조금이라도 가열된 물체는 모두 적외선을 방출합니다. 적외선 감지기는 눈에 보이지 않는 빛을 관측하게 도와주지요. 한 가지 예로, 적외선 감지기로 하늘을 보면 얇은 구름에 가려 보이지 않던 별도 관측할 수 있습니다. 적외선을 활용하면 블랙홀 주변이나 곧 소멸될 별을 숨긴 성운의 깊은 곳까지도 들여다볼 수 있지요.

지구 대기는 적외선을 흡수하므로 적외선 관측은 대기 바깥, 우주에서 하는 것이 가장 좋습니다. 현재까지 가장 유명한 적외선 망원경은 지구 궤도를 도는 스피처 우주망원경과 제임스웹 우주망원경입니다. 또한 하와이와 칠레에 세워진 제미니천문대처럼 고도가 높은 관측소에서도 적외선을 비교적 잘 관측할 수 있습니다.

자외선 관측하기

자외선은 가시광선과 적외선보다 더 에너지가 높습니다. 주파수가 높고 파장이 짧기 때문입니다. 우리가 여름에 선크림을 바르는 것은 모두 강력한 자외선으로부터 피부를 보호하기 위해서지요. 우리가 아는 대표적인 자외선 방출 천체는 바로 태양입니다. 자외선은 그밖에 젊은 별과 과열된 성간 기체에서도 나옵니다.

자외선은 적외선과 마찬가지로 지구 대기에 흡수되므로 자외선을 제대로 관측하기 위해서는 대기권 바깥이나 고도가 높아 대기가 희박한 곳에서 측정하는 것이 좋습니다. 대표적인 자외선 탐지기로는 나사와 유럽우주국 등이 공동으로 개발해 1978년에 쏘아 올린 국제 자외선 탐사선International Ultraviolet Explorer, IUE과 은하의 발전 과정 연구를 목적으로 2003년에 발사된 은하진화 탐사선 Galaxy Evolution Explorer, GALEX이 있습니다.

전파와 마이크로파 배경 복사

1928년, 미국 뉴저지주 벨 전화연구소의 공학 엔지니어 카를 잰스키Karl Jansky는 하늘을 향해 전파 수신기를 작동시켰다가 우연히 우주에서 자연적으로 발생하는 전파 신호를 확인했습니다. 잰스키는 동료이자 천체물리학자인 앨버트 멜빈 스켈릿Albert Melvin Skellett에게 이 사실을 전했고, 곧 이들은 전파를 탐지해 궁수자리 방향에서 방출되고 있다는 사실을 알아냈지요. 이때부터 전파 망원경을 통해 우주를 탐사하는 전파천문학이 본격적으로 시작되었습니다.

마이크로파 배경 복사는 1965년 미국의 전파천문학자 아노 펜지

어스Arno Penzias와 로버트 윌슨Robert W. Wilson이 발견했습니다. 마이크로파 복사는 우주의 모든 곳에서 나오는 것처럼 보여 '우주 배경 복사Cosmic Background Radiation'라고도 불리지요. 우주 배경 복사는 우주의 모든 공간을 채우며 원시 우주에 대한 중요한 자료를 제공하는 귀중한 유물과 같습니다.

오늘날 전파천문학자들은 거대한 안테나를 사용해 천체에서 나오는 여러 신호를 탐지합니다. 여기에는 은하 중심부에서 방출되는 과열된 플라스마, 초신성에서 나오는 전파, 성간 분자의 진동으로 발생한 마이크로파 등이 포함되지요. 대기 연구자들은 전파 레이더로 지구 상부 전리층과 태양풍의 상호 작용을 측정하고, 외부 행성과 위성의 구성 물질 등을 연구합니다.

한 걸음 더 — 전파천문학의 선구자, 카를 잰스키

카를 잰스키는 오클라호마주 노먼에서 태어나 자랐습니다. 그의 아버지는 오클라호마주립대학교 공학과 교수였습니다. 어려서부터 아버지 덕분에 라디오와 전파에 관심을 가진 잰스키는 위스콘신대학교에서 물리학을 공부했고, 이후 벨 전화연구소에 취직해 라디오 음성 전송을 방해하는 전파 발생원을 조사하는 일을 맡았습니다. 그러다가 우연히 우주로부터 방출되는 전파를 수신한 것이지요. 이후 카를 잰스키는 천문학이 아니라 전파 연구를 계속했지만, 어찌 되었든 전파천문학이라는 새로운 분야를 개척한 인물로 인정받고 있습니다. 이렇듯 천문학은 다른 분야와 서로 영향을 주고받으며 발전하고 있지요.

엑스선과 감마선

우주에서 가장 큰 에너지를 지닌 천체나 거대한 폭발 현상은 엑스선과 감마선을 방출합니다. 즉, 엑스선과 감마선은 전자기파 중 가장 강력한 형태이지요. 백조자리에는 '백조자리 X-1'이라는 이중성이 있는데, 엑스선을 방출하는 대표적인 천체이지요. 감마선은 초신성 폭발, 활동성 은하의 중심부(활동은하핵)에서 분출되는 에너지 등에서 관측됩니다.

천문학자들은 엑스선을 감지하고 분석하기 위해 찬드라 엑스선 우주망원경, 뢴트겐 위성, XMM-뉴턴 등을, 감마선을 연구하기 위해 콤프턴 감마선 관측선, 페르미 감마선 우주망원경, 스위프트 위성 등을 우주로 쏘아올려 활용하고 있지요. 특히 나사에서 쏘아올린 페르미 감마선 우주망원경은 강력한 감마선 에너지뿐만 아니라 섬광까지 포착할 수 있습니다.

빛 스펙트럼을 분석하다, 분광학

천문학자는 위에서 언급한 다양한 파장의 빛을 그저 발견하는 것에 그치지 않고 특수 장비에 통과시켜 분석합니다. 분광기는 특수한 프리즘이라고 생각하면 쉬운데, 빛을 우리 눈이 감지할 수 있는 범위 이상으로 분리해 미세한 스펙트럼을 만들어 보여줍니다. 물질의 원소는 빛의 파장을 방출하거나 흡수하고, 이는 스펙트럼에서 빛나는 빛 막대 또는 어두운 부분으로 나타납니다. 쉽게 말해 빛의 스펙트럼은 '우주의 바코드'라고 볼 수 있으며, 그 바코드 안에는 행성과 항성, 성운과 은하의 화학 성분과 밀도, 질량과 온도, 이동 속도 등 많은 정보가 인코딩되어 있는 셈이지요.

데이터의 바다와 은하 동물원

망원경과 천문대, 우주선과 인공위성은 매일 밤낮으로 어마어마한 양의 데이터를 수집합니다. 그중 일부는 수집과 동시에 분석되지만 다른 많은 정보들은 데이터베이스에 저장되어 학자들에게 발견되길 기다리고 있습니다. 천문학자들은 데이터를 직접 관측할 뿐만 아니라 이미 확보되어 있는 데이터를 채굴해 필요한 자료를 찾아내는 경우가 많지요.

숙련된 전문가들은 일부 데이터만 보고도 이와 함께 시너지 효과를 낼 다른 관측 자료를 찾아냅니다. 대부분의 천문학 데이터는 관측이 끝나면 아카이브되어 누구나 연구할 수 있도록 공개됩니다. 우리은하와 너 넓은 세상을 연구하는 모든 천문학자들에게 이런 자료 저장소는 정보의 바다이자 금광과 같습니다.

특히 은하 진화 연구에서 '분류'는 핵심 과정입니다. 이에 천문학자들은 우주망원경이 촬영한 이미지를 바탕으로, 은하를 형태별로 분류하는 검색 메커니즘을 개발해왔습니다. 또한 일반 시민들이 은하 사진을 보고 직접 분류에 참여할 수 있도록 한 공개 프로젝트도 있습니다. 바로 '은하 동물원Galaxy Zoo'(zooniverse.org)으로, 누구나 접속해 우주 이미지 분류 작업에 참여할 수 있습니다.

미지의 영역, 우주생물학
존재할지 모를 이웃을 찾아서

먼 옛날부터 인류는 밤하늘에 떠 있는 별을 보며 저 멀리에 다른 존재가 있는지 궁금해했습니다. 고대인들은 신이 사는 외계 세상을 상상하고 이와 관련한 이야기를 남겼지요. 그러나 그들의 기록은 과학에 기반한 접근법이라기보다 허구적인 신화에 가까웠습니다. 그리스의 철학자 아리스토텔레스는 우주를 지상계와 천상계로 나누고, 천상계에는 생명체가 존재하지 않는다고 보았습니다. 외계 생명체의 존재 자체를 배제한 것이지요.

그러나 코페르니쿠스 혁명으로 지구 중심적 사고에서 벗어나고, 각종 기술의 발달로 과학적 사고가 자리 잡으며 사람들은 점차 먼 우주에 다른 세상과 생명체가 존재할 가능성을 받아들이기 시작했습니다. 천문학이 빠르게 발전하고 우주 탐사 시대가 열리자 인간은 외계 생명체를 발견하고자 우주선을 쏘아올렸고, 탐사 로봇들을 보내 다른 행성의 환경을 조사하기도 했지요. 지구를 제외한 우주 어딘가에 생명체가 존재하는가에 대한 질문은 '우주생물학 Astrobiology'을 탄생시켰습니다.

생명의 기원을 찾는 학문

◆

우주생물학이란 우주에 존재하는 생물의 탄생과 진화에 대해 탐구하는 학문입니다. 특히 지구 외의 천체에 생명체가 있을 가능성을 밝혀내고, 이를 토대로 외계 생명체의 존재 여부와 생명 유지의 메커니즘을 연구하는 천문학의 갈래이지요. 1995년에 외계 행성 '페가수스자리 51 b'가 발견된 이후, 우주생물학자들은 외계에서 생명체의 흔적을 찾고자 다양한 연구법을 고안해왔습니다.

지구의 다채로운 생명체는 오랜 시간에 걸쳐 진화했습니다. 초기 화합물과 분자로 구성된 유기물이 지구의 바다와 지표면으로 이동하며 복잡한 생태적 진화를 거쳤고, 적절한 온도와 대기 등 환경이 조성되자 원시 생명체가 탄생했지요. 원시 생명체 화석 등 오래된 흔적을 조사하면 초기 지구 환경이 어땠는지 알 수 있습니다. 또한 지구를 기반으로 한 생물학을 화성이나 타이탄 등 다른 행성과 위성 환경을 분석하는 데 적용하면 그 세계에서 지구와 비슷하거나 다른 메커니즘의 생명체가 등장할 수 있을지, 혹은 지구 생명체가 그곳으로 이주해 생존할 수 있을지 여부를 판단하고 예측해볼 수도 있지요.

> **한 걸음 더**
>
> ## 지구에 남은 마지막 미지의 세계
>
> 해저는 지구상에서 가장 덜 알려진 곳입니다. 비교적 최근에 본격적인 해양 탐사가 시작되었지요. 심해에 어떤 생명체가 살고 있는지 아직 밝히고 나아갈 길이 멉니다. 인간이 살지 못하는 바닷속을 분석하고 심해 동식물이 어떻게 살아가는지 알면 태양계의 다른 행성을 비롯해 먼 우주의 다른 별에 위치한 바다나 얼음 속에 어떤 생명체가 존재할지 단서를 찾을 수도 있습니다.

21세기 우주생물학자의 임무

◆

우주생물학은 다른 관점에서 보면 '극한 환경에서 서식하는 미생물Extremophile'을 연구하는 학문입니다. 수중 화산 폭발이 일어나고 수압이 높은 심해에서도 살아남는 미생물이 있습니다. 물이 극도로 부족하거나 기온이 몹시 낮은 곳에 서식하는 아주 작은 생물도 있지요. 심해 깊은 곳, 메탄 얼음 퇴적물에 파묻혀 살아가는 단순한 구조의 벌레 같은 신비로운 생명체도 있습니다. 이렇게 극한의 환경에서 살아가는 생명체는 어쩌면 태양계 어딘가의 극단적인 환경에서도 생명체가 탄생해 번성하고 있을 가능성이 있다는 일말의 희망을 줍니다.

어떤 천문학자들은 태양계 외부 행성에 '이미 존재하는' 생명체를 찾지만, 다른 학자들은 다른 행성에서 '미래에' 지구와 비슷한 과정을 거쳐 생명체가 등장하고 진화할 것을 기대하며 지구와 비슷한 조건의 행성을 찾는 데에 열중하기도 합니다. 이들의 주된 가정은 외계 생명체가 지구 생명체와 마찬가지로 탄소로 이루어져 있다는 것이지요. 충분히 설득력 있는 주장입니다. 탄소는 다른 원소들과 쉽게 결합하며, 항성의 탄생과 폭발 과정에 매우 흔하게 등장하기 때문에 먼 우주에 사는 외계 생명체의 주요 구성 성분이 될 가능성이 크지요. 대기와 물의 흔적이 있는 행성이라면 충분히 탄소에 기반한 생명체가 존재할 수 있습니다. 이들을 발견하는 것은 시간 문제일 뿐이지요.

골디락스 영역: 생명체가 거주할 수 있는 곳

천문학에는 '골디락스 영역Goldilocks Zone'이라는 개념이 있습니다. 골디락스는 영국의 동화 '골디락스와 곰 세 마리'에 등장하는 주인공 소녀의 이름인데, '너무 뜨겁지도 차갑지도 않은 적절한 정도'를 뜻합니다. 쉽게 말해 천문학에서 골디락스 영역은 '너무 극단적이지 않아 생명체가 거주할 수 있는 곳'을 뜻하지요. 태양계를 기준으로 봤을 때, 태양에서 1~3천문단위AU 내에 속한 금성과 화성, 지구가 골디락스 영역에 해당합니다.

태양계 외부나 은하로 확장하면 골디락스 영역은 조금 달라집니다. 항성 주변에 위치해 빛을 받는 동시에 표면에 액체 상태의 물이 있을 만큼 따뜻하고, 생명체의 서식지가 될 수 있도록 적절히 규모가 있고 항성을 기준으로 딱 맞는 궤도를 도는 곳을 뜻하지요. 그밖에도 대기를 비롯한 기타 환경이 잘 맞아떨어져야 골디락

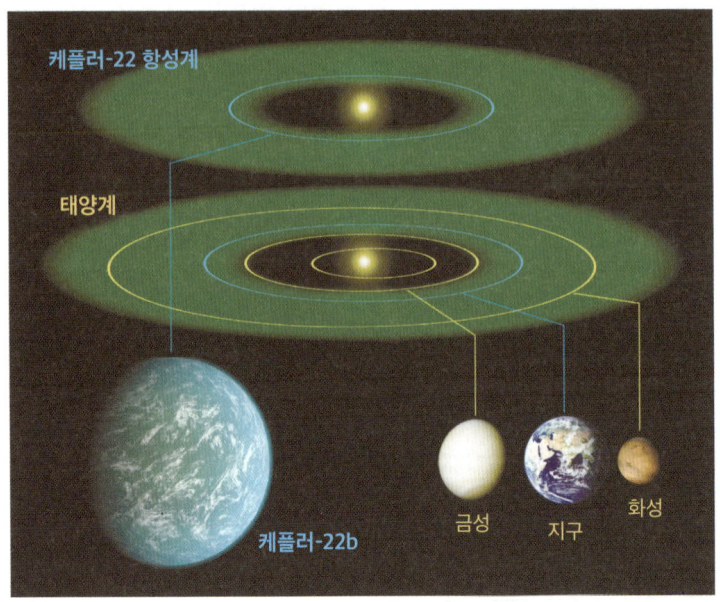

+ 태양계와 케플러-22계의 비교

위는 케플러-22 항성의, 아래는 태양계의 골디락스 영역이다. 태양과 비슷한 G형 주계열성 케플러-22 주변에 지구와 비슷한 행성 '케플러-22b'가 있다는 것이 밝혀지자 많은 학자들이 이곳에 이목을 집중하고 있다.

스 영역이 될 수 있습니다. 적절한 탄소 화합물이 등장할 수 있는 환경인지도 따져보아야 하겠지요.

골디락스 영역에 대한 논의는 최근까지 활발하게 진행되고 있습니다. 그러나 빛과 열에너지, 탄소 화합물이라는 기준은 지극히 지구 중심적 관점이라는 비판도 존재하지요. 어찌 되었든 천문학자와 우주생물학자들은 오늘도 여전히 밤하늘을 보며 외계 생명체의 신호와 그들이 존재할 만한 서식지를 찾고 있습니다.

우주생물학 연구 기관

우주생물학은 매우 활발히 연구되어왔습니다. 나사에서는 우주생물학의 본격적인 연구를 위해 1998년 산하에 '천체생물학연구소 NASA Astrobiology Institue, NAI'를 설립하고 다른 행성의 생명체를 찾기 위한 연구를 진행했습니다. 이 연구소는 20년간 지속되다가 2019년 12월에 운영을 마무리하고 문을 닫았습니다.

오늘날에는 나사 산하 에임스연구센터Ames Research Center, ARC와 고더드우주비행센터NASA Goddard Space Flight Center, GSFC 등에서 우주에 생명체가 존재할 가능성을 찾는 동시에 우주인이 외계를 탐사할 수 있도록 훈련시키고 있습니다. 유럽우주국을 비롯한 전 세계의 우주항공 연구소와 여러 연구 기관에서도 우주에 생명체가 존재할 가능성을 밤낮으로 관측하며 연구하고 있습니다.

한 걸음 더 — 화성에서 생명체 찾기

현재로서는 지구가 유일한 생명의 터전입니다. 지구 외의 행성이나 외부 은하에서 생명체를 발견한 적은 없지요. 과학자들은 골디락스 영역에 속하는 화성에 주목하며 생명체가 존재하는지 확인하기 위해 수많은 탐사선을 보내 궤도 주변에서, 그리고 화성 표면에서 데이터를 수집하고 있습니다. 2012년에는 큐리오시티호가, 2021년에는 퍼서비어런스호가 화성에 착륙했습니다. 이들은 화성에 물이 존재하는지 조사하고 생명체의 흔적을 찾는 지질 연구를 수행하고 있지요.

행성과학의 놀라운 세계
다른 행성은 어떤 진화 과정을 거쳤을까?

온 우주를 통틀어 지구에만 생명이 존재한다는것도 놀라운 일이지만, 시야를 조금 넓히면 지구의 형제인 태양계 행성들도 예사롭지 않게 보입니다. 과연 우리 이웃 행성들은 어떻게 만들어진 걸까요? 그리고 앞으로 시간이 흐를수록 어떻게 변화할까요? 같은 태양계 안에 존재하는데 왜 제각각 다른 특징을 가질까요? 왜 목성과 토성은 다른 행성보다 위성이 많을까요?

이런 질문의 답을 얻기 위해서는 '행성과학Planetary science'을 공부하면 됩니다. 행성과학이란 관측이 상대적으로 용이한 태양계 행성들을 기반으로 우주의 행성이 어떻게 지금과 같은 모습으로 진화했는지 연구하는 천문학의 한 갈래입니다. 행성과학으로 얻은 행성 궤도와 운동 관련 지식을 외부 행성계에 적용할 수도 있겠지요. 행성과학자들은 행성을 다방면에서 폭넓게 분석하기 위해 지질학부터 물리학, 화학, 대기과학, 해양학, 심지어 기술공학까지 다채로운 분야에 해박해야 합니다.

행성의 표면에서 무엇을 알 수 있을까?

✦

행성과학은 기본적으로 지구의 환경을 연구하는 지구과학과 유사합니다. 태양계의 여덟 행성은 암석 행성(지구형 행성), 그리고 거대 가스 행성(목성형 행성)으로 나뉘지요. 행성과학은 이들 행성이 어떻게 형성되었는지 특히 그 '지표면'을 분석해 탐구합니다. 행성과학자들은 각 행성에서 과거에 일어났던 지질 운동, 외부 파편과의 충돌, 풍화 작용, 화산 활동 등을 연구하지요.

행성을 형성하는 지질 활동
행성의 형성에 영향을 미치는 대표적인 작용은 바로 지질 활동입니다. 지질 활동은 행성의 지각 아래 핵으로부터 시작되어 아주 오랜 시간에 걸쳐 느리게 진행됩니다. 핵에서 열이 빠져나가며 맨틀층이 변하고, 표면이 휘거나 접혀 단층 또는 균열이 생기지요. 지구의 지질 활동은 산맥의 형성이나 화산 활동, 지진 발생의 원인이 됩니다. 전 세계 곳곳에서 다채로운 지형을 볼 수 있지요.

 지구뿐만 아니라 화성과 금성, 목성의 위성인 유로파와 가니메데, 토성의 위성인 타이탄과 엔셀라두스, 천왕성의 위성인 아리엘과 해왕성의 위성 트리톤 등 태양계 행성과 그 주변 위성에서도 어떤 형태로든 지질 활동이 발생하고 있는 것으로 보입니다. 퍼서비어런스호, 마젤란호, 보이저 1·2호 등 여러 탐사선은 행성 주변을 비행하며 지질 활동의 증거를 찾아내고 있습니다.

+ 아폴로 17호의 월석 채취

1972년 12월, 달에 착륙한 아폴로 17호의 우주비행사이자 지질학자인 해리슨 슈미트가 월석을 채취하고 있다. 달의 표면을 연구하면 구성 성분부터 형성 과정까지 많은 정보를 얻을 수 있다.

행성에 흔적을 남기는 충돌

행성 형성에 영향을 미치는 두 번째 작용은 충돌입니다. 지구의 위성인 달을 비롯해 수성과 화성, 거대 기체 행성에 이르기까지 대부분 태양계 천체의 표면에는 우주 파편과의 충돌 흔적이 있습니다.

이제는 왜행성으로 분류된 명왕성을 탐사하기 위해 떠난 뉴허라이즌스호는 명왕성 표면에서 충돌 크레이터를 발견했지요. 카이퍼대 소행성들에도 충돌 흔적이 남아 있을 가능성이 높습니다.

크레이터의 대부분은 태양계 형성 초반 '후기 대폭격' 시기에 생긴 것으로 보입니다. 여전히 허공을 떠도는 잔해들이 행성과 위성, 소행성에 충돌하며 계속해서 새로운 흔적을 새기고 있습니다. 충돌과 크레이터에 대한 연구는 작은 천체가 서로 부딪히고 합쳐지며 새로운 세계를 형성해온 과정을 이해하는 데 도움이 됩니다.

한 걸음 더 — 목성 충돌 사건

1994년, 슈메이커-레비 9 혜성의 일부 파편이 목성과 충돌했습니다. 충돌로 인한 운동 에너지와 열이 혜성 파편을 파괴하고, 목성 표면에 높은 기둥을 만들었다가 시간이 지나 서서히 사라졌지요. 이후 천문학자들은 다른 소행성이나 혜성 등의 천체가 목성과 충돌하는 모습을 여러 번 목격했습니다. 목성은 거대한 중력장으로 내행성계 행성에 위협이 되는 혜성을 휩쓸거나 궤도를 바꾸는 일종의 '진공청소기' 역할을 하고 있습니다.

행성을 깎아내는 풍화

행성의 형성 과정에 중요한 역할을 하는 또 하나의 작용은 바로 '풍화'입니다. 풍화 작용이란 지표를 구성하는 암석이 햇빛과 공기,

물과 생물 따위의 작용으로 점차 파괴되거나 분해되는 일을 말합니다. 지구에서 풍화 작용은 흔한 현상이지요. 흐르는 물과 바람, 이끼 등의 식물이 암석을 침식합니다. 폭풍우가 지형을 뒤흔들고 계절에 따른 기온차가 만드는 동결과 해빙의 반복도 암석을 부술 수 있습니다. 또한 산성비가 내리면 암석의 부식이 진행되며 풍화가 가속화되기도 하지요. 이런 과정을 '화학적 풍화'라고 합니다.

수성에는 대기가 거의 없지만, 화성과 금성의 표면에는 대기와의 접촉으로 인한 풍화 작용의 흔적이 보입니다. 특히 화성의 경우, 먼 과거에 액체 상태의 물이 행성 표면을 가로질러 흐르며 풍화 작용이 발생한 흔적도 있지요.

더불어 행성과 위성에서는 '우주 풍화' 작용도 일어납니다. 지구의 위성인 달의 경우 미세 운석이 표면에 부딪히며 지각을 흩뜨리고 먼지가 쌓여 있던 암석을 뒤흔듭니다. 해왕성과 천왕성, 그 주변 위성 등 얼음 천체에서는 표면의 얼음이 태양 자외선이나 지구에서 쏘아올린 우주선 등 고에너지 입자에 의해 큰 충격을 받으면 화학적 풍화 작용이 일어나기도 합니다. 이 과정에서 얼음이 어둡게 보이지요. 외행성계의 많은 얼음 위성이 어둡게 보이는 이유 중 하나는 우주 풍화 때문이라고 예측해볼 수 있습니다.

행성을 뒤덮고 바꾸는 화산 활동

마지막으로 화산 활동도 지구를 비롯한 여러 행성의 표면을 변화시키는 주요 원인입니다. 지표면에 사는 우리는 '화산' 하면 산의 분화구에서 뜨거운 용암과 유독 가스, 화산재를 분출하는 모습을 먼저 떠올립니다. 그러나 화산은 지표면과 대륙뿐만 아니라 깊은 바다에도 존재합니다. 화산 활동이란 땅속 깊은 곳에 있는 마그마가 지표 또는 지표 가까이에서 일으키는 여러 작용을 두루 가리킵니다. 그 과정에서 흔히 떠올리는 화산 폭발뿐만 아니라 분출물의 퇴적, 화산성 지진의 발생, 지각 변동 등을 일으킬 수 있지요.

수성과 금성 같은 내행성계 그리고 해왕성을 비롯한 외행성계의 얼음 행성과 위성에 화산이 있습니다. 내행성계 행성에서 화산은 대부분 현무암질 용암으로 이루어져 있습니다. 이는 마그마로 녹은 암석이 지표면으로 빠르게 퍼져나간다는 뜻이지요. 그러나 외행성계의 화산은 주로 얼음 화산입니다. 내부의 열이 지표면의 얼음을 녹여 슬러시 같은 형태로 분출되는 것이지요.

+ 화성의 올림푸스산

화성에는 태양계에서 가장 높은 산이자 화산인 올림푸스산이 있다. 올림푸스산은 지구에서 가장 높은 에베레스트산보다 2~3배가량 높다.

한 걸음 더 — 행성의 대기를 연구하는 이유

행성과학자는 행성과 위성의 표면에 작용하는 여러 작용뿐만 아니라 대기권도 연구합니다. 행성을 둘러싼 대기의 구성 성분은 무엇인지, 대기가 행성이나 위성에 어떠한 영향을 미치는지 등 기본적인 것부터 외부 자기장과 어떻게 상호 작용하는지처럼 복잡한 영역까지 다루지요.

최근 기후 변화의 심각성이 자주 대두되면서 지구의 장기적인 대기 변화를 파악하고 분석하는 것이 중요해졌습니다. 나사나 유럽우주국 등 여러 우주 기관에서는 인공위성을 발사해 점점 온도가 상승하는 지구 대기를 모니터링하지요. 그뿐만 아니라 전 세계 해양과 대기 사이 상호 작용에 대한 연구도 진행하고 있습니다.

망원경으로 과거도 볼 수 있다?
우주의 타임머신, 망원경의 발전사

천문학자들은 우주를 탐사하기 위해 갖가지 망원경을 사용합니다. 망원경의 종류는 대학에서 학생들이 주로 사용하는 연구용 망원경, 외딴 산에 설치된 거대한 지상 기반 관측 망원경, 다중 전파 안테나 배열처럼 여럿이 상호 보완해 데이터를 수집하는 배열 망원경, 지구 주변을 도는 천체 망원경까지 아주 다양합니다.

  오늘날 전 세계에서 1만 명 이상의 천문학자들이 망원경으로 가깝게는 달부터 멀게는 빅뱅 이후 최초로 감지된 우주 배경 복사까지 관측하고 있습니다. 전문 학자는 아니지만 쌍안경이나 가정용 소형 망원경으로 매일 밤하늘을 올려다보는 아마추어 관측자도 많지요. 크기나 위치에 관계없이 모든 망원경은 시공간과 전자기 스펙트럼을 넘나들며 우리의 시야를 넓혀줍니다. 우주의 '타임머신'이라고 부를 만하지요.

망원경의 세계: 광학 망원경과 전파 망원경

◆

인류가 하늘을 관측하는 데 사용했던 최초의 도구는 바로 '눈'이었습니다. 망원경이 등장하기 전까지 인류는 오랜 시간 하늘에 떠 있는 물체를 확대하지 못하고 맨눈으로 관측했습니다. 아마 고대에는 시력이 좋은 사람일수록 더 뛰어난 관측자이자 천문학자가 될 수 있었겠지요. 그러다가 17세기 초, 네덜란드에서 최초로 망원경이 등장했습니다. 비로소 하늘을 좀 더 가까이 확대해 관측할 수 있는 도구가 생긴 것이지요. 안경 제작자였던 한스 리퍼세이, 자카리아스 얀센, 야코프 메티우스가 비슷한 시기에 렌즈를 활용해 망원경을 발명했습니다.

망원경은 많은 분야를 바꾸어놓았습니다. 대항해 시대 선원들은 망원경으로 암초와 섬 등을 확인할 수 있었고, 전쟁 중인 군사들은 망원경으로 적진을 감시했습니다. 그러나 가장 획기적인 변화가 일어난 분야는 바로 천문학이었지요. 천문학자들은 초창기 망원경에서 영감을 얻어 직접 밤하늘을 관측할 장비를 만들었습니다.

최초의 망원경은 단순히 볼록 렌즈와 오목 렌즈를 활용해 물체를 3배 정도 확대해 보여주는 도구에 불과했습니다. 그러나 갈릴레이는 배율을 크게 높인 30배율 망원경을, 뉴턴은 오목 거울로 빛을 반사시켜 상을 맺는 망원경을 만들었습니다. 이후 많은 천문학자들이 뉴턴에게서 영감을 받아 한쪽 끝에 거울이 달린 망원경을 제작하기 시작했습니다. 이렇게 렌즈 대신 거울을 이용해 상을 맺는 망원경을 '반사 망원경'이라고 하며, 오늘날까지 다양하게 사용되고 있습니다.

가시광선을 분석하는 광학 망원경

천문학자들이 망원경을 사용하는 근본적인 이유는 먼 천체에서 나오는 희미한 가시광선을 가능한 한 많이 모아 정확히 분석하기 위해서입니다. 과거 렌즈와 거울로 만들어지던 망원경은 근현대 들어 전기라는 에너지원과 자동화 기술로 모터를 사용해 장시간 하늘을 노출하고 분석하는 방식으로 진화했습니다. 가시광선, 즉 눈에 보이는 빛을 감지하는 광학 망원경을 컴퓨터로 조종하면 하늘에서 일어나는 일을 광범위하게 엿볼 수 있습니다.

오늘날 고성능 광학 망원경을 보유하고 있는 대표적인 천문대에는 미국 하와이주의 마우나케아천문대, 캘리포니아주 팔로마천문대, 윌슨산천문대, 릭천문대, 애리조나주의 키트피크국립천문대, 칠레 라실라천문대, 호주 쿠나바라브란의 사이딩스프링천문대 등이 있습니다.

전파 망원경의 세계

앞에서 살펴본 것처럼 우주는 가시광선뿐만 아니라 적외선과 자외선을 비롯해 눈에 보이지 않는 전파도 방출합니다. 전파천문학자들은 렌즈와 거울이 아니라 '접시형 안테나'로 멀리 떨어진 외부 천체에서 오는 전파를 수집·관측하지요.

대표적인 전파 관측소에는 미국 뉴멕시코주 소코로에 있는 국립전파천문대National Radio Astronomy Observatory, NRAO, 초대형 배열

Very Large Array, VLA, 칠레의 아타카마 대형 밀리미터 배열Atacama Large Millimeter Array, ALMA, 호주의 제곱킬로미터 배열Square Kilometer Array, SKA, 남아프리카의 머치슨전파천문대Murchison Widefield Array, MWA 등이 있습니다. 전파 망원경은 넓은 면적에서 전파의 감도와 해상도를 향상시켜 측정하기 위해 여러 대를 설치하므로 '배열'이라고 부르는 경우가 많지요.

우주로 향한 관측소:
보이지 않는 세상을 보기 위해
✦

지상 곳곳에 광학 망원경과 전파 망원경이 설치되어 있습니다. 심지어 지상이 아니라 하늘, 즉 우주에서 활동하는 망원경도 있지요. 대부분의 지상 기반 망원경은 비교적 가까운 곳에서 오는 가시광선이나 전파를 감지하는 데 그치지만, 지구 대기권을 벗어나 유영하는 망원경은 훨씬 넓은 범위의 빛과 전파를 감지할 수 있습니다.

현재까지 지상에서 가장 높은 천문대는 칠레의 사막 고지대에 있는 도쿄대학교 아타카마천문대입니다. 무려 해발고도 5,640미터에 위치하지요. 하와이의 마우나케아천문대도 4,200미터의 매우 높은 고도를 자랑합니다.

적외선을 관측하는 망원경

19세기 후반부터 천문학자들은 빛을 기록하고 파장을 분석하기 위해 지상 망원경에 카메라와 분광기를 비롯한 여러 장비를 부착했습니다. 지난 수십 년간 특히 적외선 관측과 분석에 최적화된 시설이 설계되고 지어졌습니다. 적외선은 대기의 영향을 많이 받기 때문에 일반적으로 적외선 관측소는 대기가 희박한, 높은 곳에 세워지지요. 이런 곳에서는 파장이 비교적 짧은 근적외선과 지상에서 감지하기 어려운 중적외선까지도 감지할 수 있습니다.

미국 하와이주의 제미니 노스 망원경과 칠레의 제미니 사우스 망원경, 파라날천문대의 거대망원경Very Large Telescope, VLT 등이 적외선을 관측하는 망원경의 좋은 예입니다.

하늘을 나는 천문대

과거에는 열기구와 항공기가 천문대 역할을 하기도 했습니다. 1957년에는 최초로 열기구를 이용한 천문 관측 시설이 공중으로 떠올랐습니다. 바로 '성층경 1호Stratoscope I'가 30센티미터짜리 렌즈가 부착된 특수 망원경을 매달고 상공으로 떠올려 태양의 광구를 촬영해온 것이지요.

얼마 지나지 않아 항공기를 활용한 망원경, 즉 '비행 천문대'도 등장했습니다. 대표적인 항공기 기반 천문 시설로는 1974년부터 1995년까지 하늘을 날며 적외선 데이터를 수집한 카이퍼공중천문대Kuiper Airborne Observatory, KAO와 그 뒤를 이어 2010년부터 2022년까지 작동했던 성층권적외선천문대Stratospheric Observatory for Infrared Astronomy, SOFIA가 있습니다.

+ 1957년, 비행을 준비하는 성층경 1호

본격적인 우주 탐사의 시대가 개막하기 전에도 인류는 열기구와 항공기 등으로 높은 하늘과 먼 우주를 관측하고자 했다.

우주의 최전선을 떠도는 망원경

우리 행성 지구를 둘러싼 대기는 천문학자들에게 큰 골칫거리입니다. 우주를 가로막은 대기가 지구에서 보이는 별의 밝기를 왜곡하고 행성이나 위성의 정밀 관측을 방해하기 때문이지요. 또한 대기는 적외선과 자외선, 엑스선과 감마선 등을 흡수해 우주에서 방출되어 지구로 들어오는 전자기파를 산란시킵니다. 게다가 시야를 가리는 구름과 대도시의 빛 공해도 관측의 걸림돌이 되지요.

이런 문제를 해결하기 위해 보통 고도가 높고 대도시에서 멀리 떨어진 산에 천문대를 짓지만, 그보다 본질적으로 문제를 해결하는 좋은 방법이 있습니다. 바로 대기권 외부에 망원경을 설치해 지상에서 닿을 수 없는 범위까지 관측하고 데이터를 수집하는 것이지요. 1960년대 말부터 인류는 우주로 망원경을 쏘아올려 지구나 다른 행성의 궤도를 돌며 지상에서 감지할 수 없는 파장을 입수하고 분석해왔습니다. 최초의 우주망원경은 1968년에 나사에서 발사한 천문관측위성 2호 Orbiting Astronomical Observatory II, OAO-2로, 770킬로미터 상공에서 항성, 은하계, 성운의 자외선 관측 자료를 수집했습니다. 1990년대에는 우리가 익히 들어 알고 있는 허블 우주망원경이 지구 궤도를 돌며 임무를 시작했지요.

> **한 걸음 더**
>
> ## 최초의 천문대
>
> 고대의 천문대에는 망원경이 없었습니다. 탁 트인 지상에서 인간의 눈으로 밤하늘을 볼 수 있을 뿐이었지요. 이런 고대 장소들은 천체 관측소인 동시에 문화적으로 중요한 상징이기도 했습니다. 대표적인 곳으로 영국의 돌무더기 유적 스톤헨지, 멕시코 마야 유적지의 엘 카라콜, 캄보디아의 고대 사원 앙코르와트, 인도 고대 도시 우자인 유적 등이 있지요. 또한 고대 그리스, 중동, 중국 곳곳에는 하늘을 전문적으로 관측했다는 기록이 남아 있습니다.

우주 관측의 터줏대감, 허블 우주망원경
1990년부터 계속된 여정

1990년 4월, 우주왕복선 디스커버리호가 화물칸에 허블 우주망원경을 싣고 발사되었습니다. 나사와 유럽우주국이 공동으로 개발한 허블 망원경은 수많은 연구자들의 노고가 들어간 결과물이었습니다. 우주로 떠난 최초의 망원경은 아니지만, 우주비행사가 우주에서 정비할 수 있도록 설계된 최초이자 유일한 망원경이지요.

현재까지 허블 우주망원경은 달과 행성부터 우주의 먼 별과 은하까지 천체를 백만 번 이상 관측했습니다. 적외선부터 자외선까지 온갖 빛을 관측할 수 있는 다파장 망원경으로 설계되어 광범위한 자료를 수집했지요. 허블 우주망원경은 현대 천문학의 발전에 가장 크게 기여한 일등 공신이라고 해도 과언이 아니며, 이 망원경이 지금까지 확보해둔 자료를 분석하는 데에만 아주 오랜 시간이 걸릴 것으로 예상됩니다.

허블 우주망원경의 아버지들

✦

허블 우주망원경은 어느 날 갑자기 개발되지 않았습니다. 여러 학자들의 오랜 논의 끝에 탄생했지요. 허블 우주망원경의 탄생에 크게 기여한 대표적인 세 인물을 알아봅시다.

첫 번째는 에드윈 허블입니다. 그는 먼 은하를 관측하고 우주가 팽창한다는 사실을 밝혀 우리의 시야를 한층 넓혀준 위대한 천문학자입니다. 에드윈 허블의 업적을 기리기 위해 이 망원경에 '허블'이라는 이름을 붙인 것이지요(때문에 간혹 허블이 이 망원경을 개발한 것으로 착각하는 사람도 있지만, 그렇지는 않습니다).

두 번째 인물은 '로켓 공학의 아버지'라 불리는 독일 공학자 헤르만 오베르트Hermann Oberth입니다. 그는 1923년에 로켓 공학을 수학적으로 분석하고 우주 여행의 기초적인 이론을 담은 책 『행성 간 우주로의 로켓*Die Rakete zu den Planetenräumen*』을 출간했지요. 이 책에 로켓에 망원경을 실어 지구 궤도에 안착시킨다는 아이디어가 나옵니다. 오베르트의 논리에 따르면 이 로켓에는 망원경의 관리자 역할을 하는 인간 승무원들도 함께 타야 했습니다.

마지막 인물은 미국의 천문학자 라이먼 스피처Lyman Spitzer입니다. 1946년 스피처는 복잡한 지구 대기권을 벗어나 우주에 망원경을 띄우자는, 당시로서는 획기적인 제안을 내놓았습니다. 그의 아이디어가 진지하게 받아들여지고 실현되기까지는 오랜 시간이 걸렸지만, 마침내 1965년에 나사와 유럽우주국이 그의 이론을 받아들여 본격적으로 공동 개발에 나섰습니다.

첫 단추를 고쳐 끼우다

◆

허블 우주망원경은 1960년대부터 본격적으로 개발되어 1990년에 고도 약 540킬로미터의 지구 저궤도로 보내졌습니다. 궤도 배치 직후, 이 거대한 망원경은 첫 우주 사진을 촬영해 지구로 보내왔습니다. 그런데 큰 문제가 생겼지요. 이미지의 초점이 맞지 않고 이상하게 보였던 것입니다. 천문학자와 공학자들이 머리를 맞대고 원인을 분석한 결과, 렌즈에 들어오는 광선이 점이 아닌 원판 형태로 상이 맺히는, '구면수차'라는 광학적 오류로 허블 우주망원경의 반사경에 초점이 제대로 맺히지 않았습니다.

그러자 많은 비용을 들여 만든 이 거대 장치에 대한 비판이 빗발쳤습니다. 특히 미국과 유럽을 비롯한 전 세계의 많은 정치인들이 '엉망진창 기술Techno-turkey'을 개발하는 데 큰돈을 낭비했다며 격렬히 비판했지요. 나사와 유럽우주국은 복잡한 계산 끝에 임시방편으로 보정과 역필터링 기술로 반사경을 보완했습니다.

그로부터 3년 후인 1993년, 드디어 허블 우주망원경의 첫 번째 정비 임무가 진행됩니다. 광학 장치를 추가 장착해 더 나은 이미지를 얻는 방식이었지요. 쉽게 말해 망원경에 안경을 씌워주기로 한 것입니다. 수리 장비를 가지고 인데버 우주왕복선에 오른 공학 전문가들은 허블 우주망원경을 조심스럽게 끌어당겨 'COSTAR'라는 교정 장치를 설치했고, 카메라도 더 성능 좋은 것으로 교체했습니다. 무사히 첫 정비를 거친 허블 우주망원경은 처음 기대했던 것만큼 선명한 이미지를 촬영해 지구로 보내게 되었습니다.

+ 허블 우주망원경

허블 우주망원경 내부에는 오목한 주 반사경과 볼록한 부차 반사경이 있다. 외부에서 들어온 천체의 빛은 주 반사경과 부차 반사경에 차례로 반사되어 초점이 맺히고, 이를 촬영한 자료가 지구에 도착한다.

    이후 허블 우주망원경은 네 차례 더 정비되었습니다. 그때마다 우주인들은 적절한 기기와 필요한 장비를 가져가 망원경을 업그레이드했고, 망원경은 점점 더 고해상도 이미지를 확보해 지구로 보내왔습니다. 허블 우주망원경은 오늘날까지 놀라운 데이터를 수집하고 있습니다. 지난 2021년에 적외선 관측에 최적화된 제임스웹 우주망원경이 발사되었으나 여전히 허블 우주망원경의 존재감을 무시할 수 없지요. 현재 수준을 유지한다면 허블 우주망원경은 2040년대까지 우주를 떠다니며 작동을 계속할 것으로 보입니다. 나사는 추후 허블 우주망원경이 노후화되거나 고장나 작동이 멈추면 지구로 다시 가져올 계획을 세우고 있습니다.

세계 천문학계에 어마어마한 자료를 제공하다

1990년에 발사된 허블 우주망원경의 개발, 발사, 정비에는 지금까지 약 100억 달러 이상의 비용이 들었습니다. 그러나 허블 우주망원경은 천문학적인 비용이 아깝지 않을 정도로 놀라운 발견과 탐사 결과를 가져왔지요.

우선 허블 우주망원경은 화성과 목성, 토성, 천왕성 등 태양계 행성들의 대기 변화를 추적했습니다. 또한 외행성계 외딴 곳에 떨어진 명왕성 주변에서 위성을 발견했지요. 심지어 우리 태양계 외부의 행성을 발견하기도 했습니다. 외부 은하의 항성 탄생 지역 중심부, 행성상성운 등 항성의 잔해, 초신성의 폭발 파동이 성간 기체와 먼지 구름을 뚫고 지나가는 모습도 관찰했지요. 멀리 떨어진 은하까지의 거리를 측정하고, 블랙홀의 증거를 찾아냈으며, 최초의 별을 탐색해 우주의 나이를 측정하는 데에도 도움을 주었습니다.

한때 '엉망진창 기술'이라고 지탄과 조롱을 받던 망원경은 이제 역사상 가장 놀랍고 생산적인 관측소가 되었으며, 전 세계 많은 천문학자에게 연구 자료를 제공하고 있습니다. 허블 우주망원경은 지금까지 160테라바이트 이상의 데이터를 지구로 전송했고, 이를 바탕으로 2만 편 이상의 논문이 발표되었습니다. 아직 활용되지 않은 자료와 지금 이 시간에도 수집되고 있을 데이터까지 생각해보면 앞으로 우주에 대한 더 많은 사실이 밝혀질 것입니다. 더불어 허블 우주망원경을 정비하기 위한 기술 발전은 지상 기반 망원경의 발전에도 획기적인 영향을 미쳤습니다.

한 걸음 더
우주망원경과학연구소에서 하는 일

허블 우주망원경의 작동과 제어는 나사의 고더드우주비행센터에서 담당하지만 수집 자료와 관측 데이터의 처리와 보관은 모두 우주망원경과학연구소Space Telescope Science Institute, STScI에서 합니다. 우주망원경과학연구소는 정기적으로 전 세계 천문학자와 관측자로부터 신청을 받아 필요한 자료를 촬영해 제공하기도 하지요. 이들은 망원경으로 수신한 데이터를 과학자들이 사용할 수 있도록 모아둡니다. 그러면 천문학자들은 본인이 신청한 데이터에 독점적으로 접근해 연구할 수 있지요. 수집된 데이터는 일정 기간이 지난 후 모두에게 공개됩니다. 우주망원경과학연구소에서는 일반 대중도 허블 우주망원경이 촬영한 이미지를 다운로드해 사용할 수 있도록 웹사이트를 운영하고 있습니다(stsci.edu/hst).

'빛나는' 찬드라 엑스선 우주망원경
우주의 엑스선을 정밀 관측하다

우주에는 은하의 중심부나 블랙홀, 중성자별 등 온도가 수백만 도에 달하는 매우 뜨거운 지점이 있습니다. 이렇게 과열된 영역에서는 엑스선 형태의 전자기파를 방출하지요. 어떤 천체가 엑스선을 방출한다면, 매우 높은 에너지를 지니고 있음을 알 수 있습니다. 주로 은하단, 초신성 잔해, 퀘이사 등이 엑스선을 방출합니다.

그러나 지구 표면에서 엑스선을 정밀하게 감지하고 포착하기는 쉽지 않습니다. 지구 대기가 우주에서 들어오는 엑스선을 일부 흡수하기 때문이지요. 천문학자들은 우주의 폭발적인 에너지를 더 자세히 측정하기 위해 찬드라 엑스선 우주망원경을 띄웠습니다. 이를 통해 중성자별이나 블랙홀, 쌍성계, 활동은하핵 등을 좀 더 심도 깊게 연구할 수 있게 되었지요.

엑스선을 관측하러 떠난 탐사선들

◆

'엑스선천문학'이란 관측천문학의 한 영역으로, 말 그대로 천체에서 방출되는 엑스선을 연구하는 학문입니다. 천문학계에서 엑스선 연구는 1949년경에 시작되었습니다. 물리학자이자 천문학자인 허버트 프리드먼Herbert Friedman은 태양이 방출하는 엑스선에 관심을 가지고 연구했습니다. 이후 1960년대에 로켓 발사 기술이 발전하면서 엑스선 분야 연구도 급격하게 발전했지요.

1970년대부터 80년대 사이에 수많은 발사체가 지구를 떠났습니다. 1970년대에는 최초의 엑스선 관측선 우후루호Uhuru를 시작으로 아리엘 5호, 소형천문위성 3호Small Astronomy Satellite Ⅲ, SAS-3, 고에너지천문대 1호High Energy Astronomy Observatory I, HEAO-1 가 발사되었습니다. 1980년대에는 유럽엑스선관측위성European X-ray Observatory Satellite, EXOSAT, 독일엑스선위성Röntgensatellit, ROSAT(뢴트겐 위성) 등 여러 대의 발사체가 엑스선 연구를 목적으로 개발되었지요. 그로부터 다시 몇십 년의 세월이 흐른 오늘, 천문학자들은 XMM-뉴턴과 로시엑스선타이밍탐사선Rossi X-ray Timing Explorer, RXTE, 찬드라 엑스선 우주망원경을 사용하고 있습니다.

달의 신, 찬드라 엑스선 우주망원경

◆

수많은 엑스선 관측 장비 중 가장 널리 알려진 것은 찬드라 엑스선 우주망원경입니다. 찬드라라는 이름은 인도 태생 미국인 천체물리학자이자 1983년에 노벨물리학상을 수상한 수브라마니안 찬드라세카르Subramanyan Chandrasekhar를 기리기 위해 붙여졌습니다. 찬드라는 산스크리트어로 '빛나는'이라는 뜻으로, 힌두교의 달의 신을 가리키기도 하지요. 찬드라세카르는 별의 구조, 특히 백색왜성과 같이 진화한 별의 구조를 연구했습니다. 이런 별이 붕괴해 중성자별이나 블랙홀이 되기 전에 가질 수 있는 최대 질량인 '찬드라세카르 한계Chandrasekhar Limit'를 계산해내기도 했지요.

나사는 1990년부터 2003년까지 '그레이트 옵저버터리 계획Great Observatory Program'으로 네 차례에 걸쳐 망원경을 쏘아올렸는데, 찬드라 우주망원경도 이 프로그램의 일환으로 1999년에 지구 궤도로 발사되었습니다. 이후 지구에서 아주 먼 곳에 자리한 별을 포함해 수천 개의 엑스선 광원을 관측하고 조사했습니다. 또한 우리은하의 중심에 있는 것으로 알려진 초대질량 블랙홀 주변 중성자별의 엑스선도 포착했지요. 찬드라 우주망원경에 따르면 이 거대한 블랙홀은 활동성을 유지하기 위해 기체를 끊임없이 삼키고 있습니다. 이러한 거대 천체는 우리가 예상한 것보다 훨씬 많고, 일부는 태양 질량의 100억 배 이상으로 상상하기 어려울 만큼 거대합니다.

찬드라 엑스선 우주망원경은 그레이트 옵저버터리 프로그램을 수행한 허블 우주망원경, 콤프턴 감마선 우주망원경, 스피처 우주망원경과 더불어 위대한 천문학 발전의 결과물입니다. 찬드라 우주망원경이 수집한 데이터와 자료는 고에너지 천문학의 지평을 열어 우주에 대한 인류의 시야를 크게 넓혀주었습니다.

찬드라 엑스선 우주망원경의 작동 원리

다른 망원경들과 마찬가지로 찬드라 우주망원경에도 반사경이 설치되어 있습니다. 그러나 엑스선은 거울에 반사되지 않고 통과하기에 평평한 거울로는 포착하기 어렵지요. 대신, 찬드라를 만든 공학자들은 긴 통 모양의 거울을 통해 엑스선이 반사되어 검출기에 도달하도록 설계했습니다. 이 장비는 광자의 방향과 에너지를 기록해 엑스선의 출처를 가르쳐줍니다.

찬드라 엑스선 우주망원경은 지금까지 20년 이상 지구 궤도를 돌고 있으며, 몇 가지 사소한 문제가 있지만 당분간 무리 없이 활동을 계속할 것으로 보입니다.

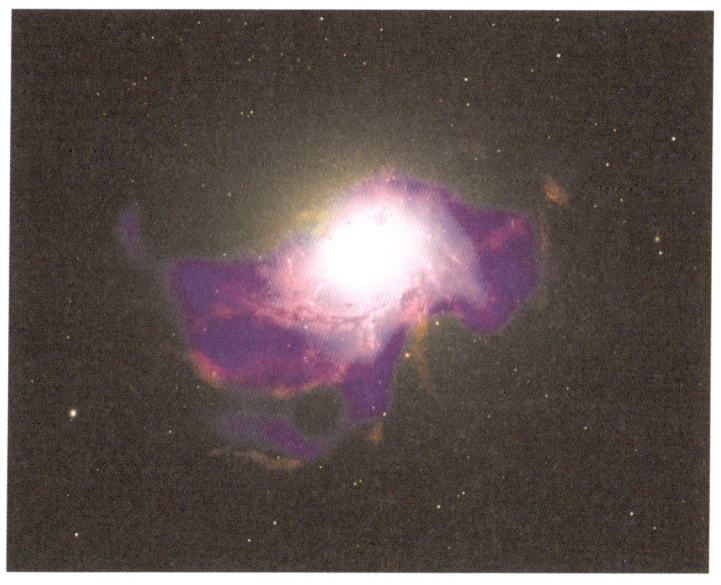

+ 찬드라 우주망원경으로 촬영한 은하의 모습
찬드라 우주망원경이 포착한 타원형 은하 NGC 4696 내 성간 물질 사진이다.

찬드라가 우리에게 남긴 것

◆

찬드라 엑스선 우주망원경은 다양한 엑스선 방출 천체를 관측하고 분석합니다. 태양 엑스선 연구에 특화된 망원경은 아니지만, 매우 민감한 고감도 감지기를 사용해 먼 천체부터 지구 주변의 엑스선까지 관측할 수 있지요. 지구 주변 엑스선은 대기의 수소 원자와 태양으로부터 흘러나온 이온 상태의 탄소와 산소 원자가 충돌하며 발생합니다.

또한 찬드라 우주망원경은 태양풍을 통과하는 혜성이 방출하는 엑스선, 달에 태양 광선이 충돌하며 생기는 엑스선, 태양풍 입자가 목성과 토성의 강력한 자기장과 충돌할 때 나오는 엑스선도 집중적으로 관측합니다. 지금까지 찬드라가 관측한, 태양계 밖에서 엑스선을 방출하는 천체는 다음과 같습니다.

- 활동적인 항성
- 초신성 폭발
- 에너지를 내뿜는 중성자별
- 블랙홀 중심부
- 퀘이사
- 은하단 사이를 흐르는 기체 구름

찬드라 우주망원경은 특정 천체뿐만 아니라 우주 배경 엑스선을 관측하기도 합니다. 이는 쌍성계에서 활동하는 블랙홀, 은하 내의 뜨거운 기체, 초신성 폭발 등 우주의 온갖 천체가 방출한 희미한 엑스선을 모두 포함합니다. 이를 통해 먼 과거의 우주 발전사를 연구하는 데에도 도움을 주고 있지요.

> **한 걸음 더**
>
> ## 암흑 물질을 찾아 떠난 찬드라의 여정
>
> 암흑 물질은 눈에 보이지 않습니다. 이 신비한 물질은 온 우주에 퍼져 있지만 아직 직접 감지할 방법은 없지요. 암흑 물질은 은하단에 집중적으로 모여 있다가 개별 은하나 은하단이 서로 충돌하고 뒤섞일 때 마찰 때문에 뜨거운 기체 구름과 분리됩니다. 암흑 물질의 '중력 렌즈' 효과로 인해 은하 모양이 왜곡되므로 잘 관측하면 그 순간을 확인할 수 있습니다. 찬드라 엑스선 우주망원경은 과열된 바리온 물질이 방출하는 엑스선을 감지해 암흑 물질이 은하단 내에서 어디에 존재하는지 파악하는 것을 도와줍니다.

적외선 감지기, 스피처 우주망원경
붉게 빛나는 우리의 우주

우리 눈은 항성, 행성, 성운, 은하에서 방출하는 빛 중 가시광선만을 포착할 수 있습니다. 이는 천체에서 나오는 전자기파, 즉 모든 빛 중 극히 일부에 불과하지요. 우주의 천체들은 분명 적외선도 방출하고 있지만 지상의 천문대에서 이를 정확히 관측하기는 매우 어렵습니다. 지구와 우주 사이를 가로막고 있는 대기권이 적외선을 흡수하고 산란시키며 관측을 방해하기 때문이지요.

천문학자들은 적외선을 관측하기 위해 다양한 망원경이 수집한 자료를 활용합니다. 2003년 나사에서 발사해 20년 가까이 활동했던 스피처 우주망원경은 대표적인 적외선 관측기였습니다. 앞에서 허블 우주망원경의 개발을 제안한 사람이 라이먼 스피처라고 했는데, 역설적이게도 그가 사망한 뒤 개발한 다른 우주망원경에 그의 이름이 붙여진 것입니다.

다양한 적외선 망원경들

◆

미국 하와이의 제미니 노스 망원경과 나사의 적외선 망원경 시설 Infrared Telescope Facility, IRTF, 와이오밍 적외선 관측소Wyoming Infrared Observatory, WIRO, 칠레의 가시광선 및 적외선 관측 망원경 Visible and Infrared Survey Telescope for Astronomy, VISTA 등은 모두 지상에 기반한 적외선 감지 시설입니다.

우주에서 유영하는 적외선 관측 시설들도 있습니다. 최초의 적외선 관측 위성은 미국과 영국, 네덜란드가 합작해 만든 적외선 천문위성Infrared Astronomical Satellite, IRAS이었습니다. 이 위성은 1983년 초에 발사되어 약 10개월간 네 차례에 걸쳐 넓은 범위를 스캔했습니다. 두꺼운 기체와 먼지를 뚫고 우리은하 중심부를 볼 수 있었지요. 나사는 2009년부터 2011년까지 광역 적외선 탐사 위성Wide-field Infrared Survey Explorer, WISE을 운영하기도 했습니다.

파장에 따른 적외선의 분류

◆

적외선은 1800년 윌리엄 허셜이 처음 발견했습니다. 그는 흑점을 연구하기 위해 프리즘으로 태양 광선을 분석하는 실험을 하고 있었습니다. 그러던 중 놀랍게도 눈에 보이지 않지만 따뜻한 부분을 감지했지요. 그는 이 복사열 영역을 '열 광선Calorific rays'이라고 불렀습니다. 그러나 시간이 지난 뒤 가시광선 스펙트럼의 붉은 빛 너머에 있다고 해서 '적외선'이라 불리게 되었지요. 적외선은 두꺼운 기체와 먼지층을 통과해 따뜻한 천체를 감지할 수 있습니다. 천문학에서 관측하는 적외선은 크게 근적외선, 중적외선, 원적외선으로 나뉩니다.

근적외선은 적외선 중 파장이 짧아 가시광선에 가까운 영역으로, 지상 망원경으로도 감지할 수 있습니다. 근적외선은 차가운 붉은 별 적색왜성과 거성을 포함해 열을 방출하는 모든 천체에서 방출됩니다. 근적외선 탐지기는 성간 먼지 구름을 그대로 뚫고 볼 수 있습니다.

중적외선은 근적외선보다 파장이 길고, 높은 산 등에 설치된 망원경으로 감지할 수 있습니다. 중적외선은 갓 태어난 별 주변에 행성과 소행성 등 상대적으로 차가운 물체가 있다는 것을 보여주지요. 주변 별에 의해 따뜻해진 먼지 구름도 중적외선을 방출합니다.

원적외선은 중적외선보다 더 파장이 깁니다. 성간 물질을 포함한 두꺼운 기체나 먼지 구름 같은 천체에서 방출되지요. 원적외선을 관측하면 은하의 많은 먼지가 이제 막 형성되기 시작한 어린 항성을 숨기고 있음을 알 수 있습니다.

스피처 우주망원경은 근적외선과 중적외선, 일부 원적외선까지 측정할 수 있도록 설계되었습니다. 2003년 발사된 이 망원경은 당초 2년 반 정도 임무를 수행할 예정이었으나 냉각제인 액체 헬륨이 모두 소진된 2009년 이후에도 '따뜻한 탐사'를 지속하며 데이터를 수집했지요. 스피처 우주망원경은 약 16년간 임무를 수행하고 2020년에 비로소 활동을 종료했습니다.

| 한 걸음 더 | 우주망원경의 아버지, 라이먼 스피처 |

미국의 천체물리학자 라이먼 스피처는 예일대학교와 프린스턴대학교에서 천체물리학을 가르치며 쉴 틈 없이 천문학을 연구했습니다. 그의 관심사는 기체와 먼지로 채워진 성간 물질과 항성 형성 영역이었습니다. 그는 프린스턴대학교 플라스마 물리학연구소를 설립해 핵융합 발전에 대해서도 연구했지요.

무엇보다 그는 망원경을 우주에 띄워 지구 대기의 영향을 받지 않고 천체를 관측한다는 아이디어를 구상했습니다. 1920년대에 등장한 허구적인 이야기에 이론적 가능성을 더해준 것이지요.

스타가 된 스피처 우주망원경

◆

스피처 우주망원경은 천문학계에 한 획을 그었다고 할 정도로 많은 업적을 남겼습니다. 2005년에는 먼 항성의 궤도를 도는 외계 행성에서 나오는 적외선을 직접 감지해 '온도 지도'를 만들었습니다. 분석 결과에 따르면 이 행성은 온도가 700도 이상 되고 목성을 닮아 있었습니다.

또한 스피처 우주망원경은 어린 항성 주변을 공전하는 행성들 사이 충돌의 흔적을 발견하고, 이로 인해 열이 발생했을 것이라고 추정했습니다. 이는 초기 항성계에서 충돌이 빈번하게 일어나며 행성의 형성에 크게 영향을 미친다는 증거가 되었지요. 또한 스피처 우주망원경은 약 120억 년 전 형성된 은하에서 나온, 우주에서 가장 오래된 별빛을 포착했습니다.

아기 별의 탄생 지켜보기

별들은 두꺼운 기체와 먼지 구름의 소용돌이에서 탄생하므로 관측하기 어렵습니다. 스피처 우주망원경을 비롯한 적외선 탐지 망원경들은 먼지를 뚫는 적외선의 성질을 활용해 미래 별의 배아를 관측할 수 있습니다. 많은 경우, 어린 별의 씨앗은 오래되고 거대한 항성의 강한 복사열이 먼지 구름을 깎아내고 파괴할 때 생성되는 거대한 기둥 모양 구조에 숨어 있습니다. 광학 망원경으로는 별빛에 윤곽이 드러난 어두운 형태가 보일 뿐이지만, 적외선 망원경으로는 별의 탄생을 지켜볼 수 있습니다.

한 걸음 더
적외선의 무한한 활용성

인간은 적외선을 발산합니다. 간혹 영화를 보면 어두운 밤에 요원들이 열화상 카메라를 활용해 숨은 적군을 발견하는 모습이 묘사되지요. 의사들은 적외선을 활용해 염증을 확인하고 질병을 진단할 수 있습니다. 또한 지구 관측 위성에 적외선 감지기를 장착해 날씨와 대기 현상, 해수 온도 변화를 모니터링하기도 합니다. 적외선은 가시광선과 다른 반사율을 가지고 있기 때문에 화폐나 문서 등의 위조 검사나 감정에도 사용됩니다.

초강력 페르미 감마선 우주망원경
고에너지 천문학의 선구자를 기리며

우주 천체 중 일부는 감마선 형태로 엄청난 양의 방사선을 방출합니다. 감마선은 전자기파에서 가장 에너지가 높은 영역으로 파장이 짧고 주파수가 높아 대부분의 물질을 투과할 수 있습니다. 아주 밀도가 높고 중력이 강한 천체가 감마선을 방출하지요. 우주 감마선의 일부는 대기를 뚫고 지상에 도달하기도 하지만 역시 대기의 방해 없이 관측하는 것이 효과적입니다.

우주는 감마선을 생성하는 천체와 사건으로 가득합니다. 종종 우주에서 감마선 에너지 폭발로 인한 섬광을 관측할 수 있는데, 이를 '감마선 폭발Gamma-Ray Burst, GRB'이라고 합니다. 감마선 폭발은 몇몇 인공위성에 종종 포착되는 사건으로, 태양이 100억 년간 방출하는 양 정도의 거대한 에너지를 만들어냅니다. 몇몇 감마선 폭발은 초신성이나 펄서와도 관련이 있는 것으로 보입니다. 감마선을 많이 방출하는 대표적인 천체는 초대질량 블랙홀로, 수만 광년에 걸쳐 강력한 제트를 방출합니다. 운 좋게 지구에서 이 현상을 관찰할 수도 있는데, 이를 '블레이저'라고 합니다.

감마선을 연구하기 위한 장치들
◆

본격적인 감마선천문학은 1959년에 발사된 인공위성 익스플로러 6호Explorer XI로부터 시작되었습니다. 이후 태양 연구를 목적으로 한 태양 관측 위성Orbiting Solar Observatory과 핵무장 국가들이 핵실험 금지 조약을 어기지 않는지 감시하기 위해서 띄운 벨라위성Vela Satellite을 비롯해 감마선에 민감한 장비의 개발과 활용이 계속되었습니다.

감마선 대역을 관측하기 위해 쏘아올린 초기의 우주망원경은 콤프턴 우주망원경이었습니다. 나사의 그레이트 옵저버토리 계획 중 하나였던 콤프턴 감마선 우주망원경은 1991년에 활동을 시작해 감마선을 관측하다가 2000년에 궤도 이탈로 임무를 종료했습니다. 그 뒤를 이어 1997년에는 이탈리아와 네덜란드의 합작 관측 위성 베포삭스BeppoSAX가 발사되었지요. 2008년 나사는 발전된 기술로 페르미 감마선 우주망원경을 개발했습니다. 페르미 우주망원경은 광대한 우주에서 방출되는 감마선을 관측하고, 갑작스러운 폭발 현상을 조사하고 있습니다.

페르미 우주망원경의 미션과 성과

◆

페르미 우주망원경은 이탈리아 태생의 미국 물리학자이자 양자론, 핵물리학, 입자물리학에 큰 업적을 남긴 엔리코 페르미Enrico Fermi 의 이름을 따서 명명되었습니다. 페르미 감마선 우주망원경은 3시간마다 전체 하늘을 스캔하며, 한 번 스캔할 때마다 하늘 전체의 약 20퍼센트에 달하는 넓은 범위를 감지합니다. 이는 감마선이 원자핵의 붕괴 과정이나 핵반응 속도에 따라 시시각각 변화하기에, 변화가 시작되자마자 감지하기 위해서이지요.

페르미 감마선 우주망원경의 주요 발견 중 하나는 다양한 밀리초 펄서를 발견한 것입니다. 그중 어느 것은 태양의 1,000배 이상에 달하는 어마어마한 에너지를 방출하고 있었지요. 그뿐만 아니라 활동은하핵, 초신성의 잔해 등 수많은 감마선 방출 천체를 발견했습니다.

또한 페르미 우주망원경은 당시 가장 강력한 감마선 폭발을 관측했습니다. 2008년 9월, 지구 저궤도로 발사되어 임무를 시작한 지 얼마 지나지 않아 용골자리에서 매우 빠른 제트 방출 현상을 발견했는데, 이는 감마선 폭발로 인한 것이었습니다. 2010년 초에는 초신성의 잔해를 확인했고, 우리은하 중심에서 위아래로 강한 감마선이 둥글게 뿜어져 나오는 '페르미 거품Fermi Bubbles'을 발견했습니다. 그 외에도 앞서 말한 블레이저를 관측해 우주 배경 복사 안개가 흡수하는 감마선을 연구해 안개의 두께를 파악하고 우주에 얼마나 많은 배경 복사가 있는지 연구할 실마리를 찾아냈습니다.

페르미 감마선 우주망원경은 당초 5년에서 10년 정도 임무를 수행할 계획이었으나 예상보다 그 기간이 길어져 아직까지 가동 중입니다. 어떤 학자들은 이 망원경이 고에너지 광선을 연구하는 새로운 천문학계의 르네상스를 불러왔다고 극찬하기도 합니다. 페르미 감마선 우주망원경이 활동하는 한 앞으로 더 다채로운 강력한 우주 현상이나 천체를 볼 수 있겠지요.

우주에서 가장 강력한 폭발

우주는 에너지가 넘치는 천체의 폭발로 끊임없이 반짝입니다. 감마선 폭발은 우주에서 일어나는 폭발 중 가장 강력한 것으로, 우리와 수십억 광년 떨어진 먼 은하를 관측할 수 있게 해주지요. 감마선 폭발은 최소 0.01초에서 최대 몇 분까지 짧은 시간 지속되고 사라지지만 여기에서 나온 광선은 다른 파장의 관측기에서도 감지할 수 있을 만큼 강력합니다. 페르미 우주망원경은 이러한 거대한 폭발을 연구할 수 있는 독보적인 장비를 가지고 있습니다.

페르미 우주망원경은 임무를 시작하자마자 거의 바로 우주에서 가장 강력한 폭발을 관측했는데, 2008년의 이 감마선 폭발은 몇천 개의 초신성 폭발로 나온 것보다 더 많은 에너지와 방사선을 방출했고, 이때 생긴 기체 제트는 거의 광속에 가까울 정도로 빠르게 날아갔습니다. 이 장엄한 폭발은 120억 광년 이상 떨어진 곳에서 약 10초간 발생한 것으로, 감마선뿐만 아니라 적외선 등을 분출하고 지속되다가 서서히 사라졌지요.

지구 근처의 감마선

감마선 폭발은 먼 우주에서만 일어나는 일이 아닙니다. 때로는 우리 태양계에서도 감마선을 감지할 수 있지요. 지구 저궤도를 돌던 페르미 우주망원경은 뇌우 근처에서도 감마선 폭발을 감지했습니다. 이렇게 번개로 인해 지구 대기에서 발생하는 감마선 폭발 현상을 '지구 감마선 섬광'이라고 하지요. 대기 중에 있던 전자가 강한 정전기의 영향으로 가속도가 붙고, 그 과정에서 다른 원자와 충돌해 뇌우보다 높은 상공에서 감마선이 발생하는 것입니다. 과학자들은 지구 감마선을 연구해 뇌우가 심할 때 항공기 운행에 어떤 영향을 미치는지 알아보고 있습니다.

또한 태양도 핵에서 일어나는 어마어마한 핵융합 반응과 함께

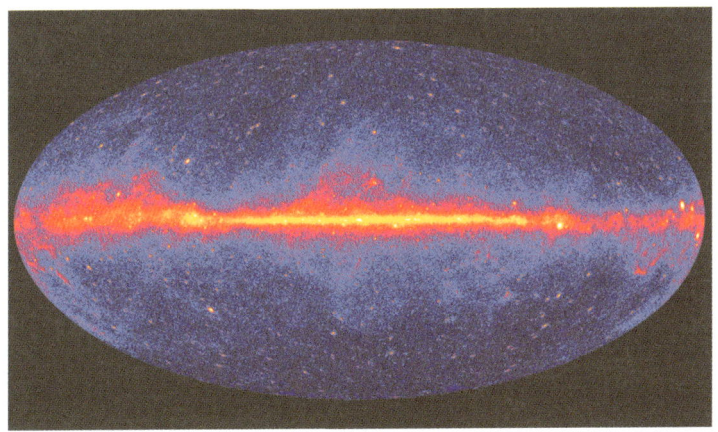

✦ 우리은하 감마선 지도
페르미 우주망원경이 임무를 시작하고 약 3년간 측정한 데이터를 바탕으로 작성한 우리은하의 에너지 분포도다.

감마선을 방출합니다. 대부분 감마선은 태양 주변 가스층을 뚫고 우주를 통과하는 과정에서 낮은 에너지로 바뀌어 거의 사라지지만, 2012년 3월에는 강력한 태양 플레어에서 매우 높은 수준의 감마선을 방출하기도 했습니다. 페르미 우주망원경으로 선명하게 확인할 수 있을 정도였지요.

한 걸음 더 — 감마선의 두 얼굴

감마선은 짧은 시간에 태양이 약 100억 년간 방출하는 것과 같은 에너지를 뿜어냅니다. 때문에 인간에게 치명적일 수 있지요. 만약 당신이 우주를 떠돌다가 감마선 폭발이 일어나는 초신성, 블랙홀 근처를 지나간다면 순식간에 사망할 수 있습니다. 감마선은 이러한 무시무시한 특성 덕분에 암세포를 찾아 파괴하는 데나, 신선 식품을 멸균 처리하는 데 사용되기도 합니다.

외계 지구를 찾아라, 케플러 우주망원경
생명이 존재하는 행성 찾기

밤하늘을 올려다보며 반짝이는 별들을 보고 있자면 먼 우주 어딘가에 지구와 비슷하게 수많은 생명이 자리잡은 행성이 있을지 궁금해집니다. 그 행성은 과연 지구와 비슷한 환경일까요? 외계 생명체가 존재한다면 어떤 모습일까요? 우리가 상상하는 영화 속 외계인이나 괴물과 비슷할까요? 이런 질문에 답하기 위해서는 우선 태양처럼 행성을 거느린 항성을 찾아내야 합니다. 그러나 태양계 외부 항성과 그 주변 행성을 지구에서 망원경으로 연구하기는 쉽지 않습니다. 거리가 너무 멀어 제대로 관측하기 어렵지요.

처음 발견된 태양계 외부 행성은 1992년에 알렉산데르 볼시찬이 발견한, 펄서 PSR B1257+12 주변의 두 행성이었습니다. 이후 1995년에는 태양과 비슷한 G형 주계열성인 페가수스자리 51 주변을 공전하는 외계 행성이 발견되어 우리가 모르는 외부 생명체가 존재할지도 모른다는 기대감을 높였지요.

  2025년 5월 기준, 지금까지 5,000개 이상의 외계 행성이 발견되었습니다. 천문학자들은 우리은하의 수많은 항성 중 많은 수가 행성을 거느리고 있을 가능성을 열어놓고 연구 중이지요. 케플러 우주망원경은 많은 행성을 발견했고, 지구와 비슷해서 생명이 존재할 가능성이 높은 천체도 찾아냈습니다.

또 다른 지구를 찾아라, 케플러 계획

◆

2009년 3월 7일, 나사는 지구와 유사한 행성을 찾기 위해 케플러 우주망원경을 발사했습니다. 케플러 우주망원경은 지구에서 멀리 떨어진 곳에서, 지구의 뒤를 따라 태양 주변을 공전하도록 설계되었지요.

  케플러 우주망원경의 핵심 임무는 행성을 거느린 항성을 찾기 위해 우리은하를 샅샅이 관측하는 것이었습니다. 외부 항성의 빛을 통해 그 주변 행성을 감지하는, 아주 민감한 빛 감지기라고 생각하면 쉽습니다. 케플러 우주망원경은 발사 이듬해인 2010년 1월부터 지구로 관측 결과를 전송해왔습니다.

  케플러 우주망원경은 거문고자리와 백조자리 영역을 집중적으로 관측했고, 특수 장비로 50광년에서 3,000광년까지 떨어진 성단의 일부 항성을 포착했습니다. 이 지역을 집중적으로 조사한 이유는 태양에서 멀어지는 방향이기에 망원경 장비가 손상될 확률이 낮고, 지구의 지상 망원경으로도 이 지역을 확인해 합동 연구를 진행할 수 있으며, 거대한 분자 구름이 많지 않고 별 밀도가 높기 때문이었지요. 거문고자리와 백조자리는 존재할지도 모르는 외계 행성을 발견하기에 최적의 장소였습니다.

케플러 우주망원경의 구체적인 탐사 목표는 다음과 같았습니다.

· 지구와 비슷한 크기의 행성을 거느린 항성 발견
· 그 행성이 골디락스 영역(생명체 거주 가능 영역)에 존재하는지 확인
· 다중 항성계에 위치한 행성 탐사
· 행성을 거느린 항성의 특성 연구
· 외계 행성의 특징과 생명체 거주 가능성, 궤도 연구

2009년에 발사된 케플러 우주망원경은 9년간의 임무를 종료할 때까지 약 4,700여 개의 외계 행성 후보를 발견했고, 그중 2,600여 개가 행성으로 확인되었습니다. 또한 케플러 우주망원경은 행성이라기엔 너무 뜨겁고 항성이라기엔 차가운 몇몇 갈색왜성도 발견했습니다. 케플러 우주망원경이 수집한 데이터는 나사 웹사이트에서 확인할 수 있습니다(science.nasa.gov/mission/kepler).

외계 행성을 발견하는 방법

케플러 우주망원경은 태양 궤도를 돌면서 어떻게 태양계 외부 항성과 행성을 관측할 수 있었을까요? 비밀은 바로 이 망원경의 섬세한 기술에 있습니다. 케플러 우주망원경은 성면횡단관측법Transit method, 일명 '통과 방법'을 사용해 행성을 탐사했습니다. 이름은 어렵고 복잡하지만 원리는 쉽습니다. 차근차근 생각해봅시다.

행성이 망원경과 항성 사이를 가로지르면(통과하면) 망원경에 보이는 항성의 밝기가 영향을 받습니다. 멀리서 보면 아주 조금 어두워지기 때문에 지구에서는 제대로 관측할 수 없지만, 케플러 우주망원경에는 이러한 작은 깜빡임도 감지할 수 있는 초감도 광도계가 장착되어 있지요. 어떤 항성이 규칙적으로 어둡게 보이는 것이 관측된다면 이는 그 주변을 도는 행성 때문일 가능성이 높다는 뜻입니다. 천문학자들은 이들의 광도와 공전 주기를 측정하며 새로 발견된 행성이 골디락스 영역에 속하는지 연구할 수 있습니다.

'통과 방식'으로 연구하기 위해서는 행성의 궤도가 관측 위치(케플러 우주망원경의 궤도)와 항성 사이에 정렬되어 있어야 합니다. 물론 모든 행성이 이렇게 관측하기 쉽게 정렬되어 있는 것은 아니기 때문에 케플러 우주망원경은 우선 수백 개의 항성 중에 적절한 후보군을 찾았습니다. 그나마 가능성이 높은 것을 추리는 것이지요. 그리고 이 항성 주변을 관측하며 지구와 비슷한 조건의, 즉 항성과 매우 가까워 충분한 온기를 받는 행성을 탐사한 것입니다.

골디락스 영역의 범위는 항성의 온도나 진화 단계에 따라서 달라집니다. 그러므로 생명체가 거주할 수 있는 영역을 발견하기 위해서는 항성 주위의 적절한 행성을 찾을 뿐만 아니라 항성의 온도와 밝기 연구도 병행해야 하지요. 결과적으로 케플러 우주망원경은 외계 행성의 발견뿐만 아니라 먼 행성계가 어떻게 만들어지는지에 대한 연구에도 기여했습니다.

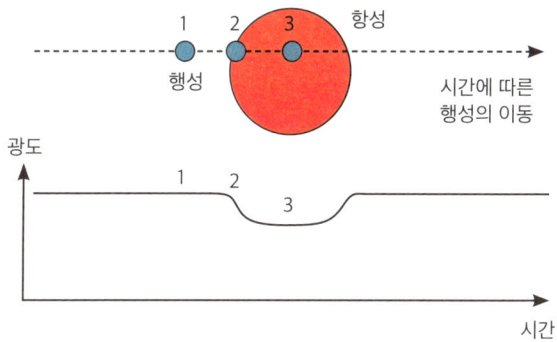

+ 케플러 우주망원경과 광도-시간 그래프
행성이 항성과 망원경 사이를 가로지르는 순간 항성은 어둡게 보인다. 케플러 우주망원경은 민감한 광도계로 광도 곡선을 만들어 행성의 존재 가능성을 파악했다.

케플러 우주망원경이 발견한 것들

✦

케플러 우주망원경은 외계 행성을 발견하기 위해 수년간 심우주를 관측했습니다. 당초 케플러 우주망원경은 3년 반에 걸쳐 10만 개 이상의 항성을 관측할 예정이었지요. 그러나 목표 기간이 지난 뒤에도 여전히 작동하며 초신성과 활동은하핵을 관측하는 'K2 임무'를 계속하다가 2016년 연료가 고갈되어 최소 작동 모드로 들어갔습니다. 2018년에 최종적으로 활동을 중지했지요.

케플러 우주망원경이 발견한 행성 중 지구와 완전히 유사한 것은 없었지만, 다른 항성의 골디락스 영역과 '미니 해왕성'을 비롯해 수천 개의, 언젠가 지구가 될지도 모를 외계 행성이 있었습니다.

천문학자들은 케플러 우주망원경이 작동 중지 전까지 찾아낸 자료들을 바탕으로 지구와 비슷한 환경을 지닌 행성을 찾고 있습니다. 태양과 비슷한 주계열성 항성을 약 1년 주기로 공전하는 행성이라면 지구와 비슷한 곳일 확률이 높겠지요. 우주에는 항성이 상상 이상으로 몹시 많기 때문에, 과학자들은 지금이 아니더라도 언젠가 지구와 비슷한 행성이 발견될 것이라고 믿습니다. 일단 그런 행성이 발견되면 그 다음으로는 대기를 연구해 생명체의 흔적을 찾겠지요.

케플러 우주망원경이 찾아낸 항성과 행성에는 '케플러'라는 이름이 붙었습니다. 그중 흥미로운 몇 가지를 살펴봅시다.

1. 케플러-47: 3개의 행성을 거느린 쌍성계
2. 케플러-36: 2개의 행성이 서로 가깝게 공전하는 백조자리 항성
3. 케플러-20: 태양보다 약간 작으며 5~6개의 행성을 거느린 항성
4. 케플러-22: 태양과 동일한 G형 주계열성, 골디락스 영역에 지구와 비슷한 크기의 행성 '케플러-22b'를 거느리고 있음
5. 케플러-16b: 2개의 항성 궤도를 동시에 돌아 매일 2개의 해가 지는 행성

6. 케플러-10b: 태양계 밖에서 발견된 최초의 지구형 행성, 표면 온도가 높아 생명이 살 수 없음
7. 케플러-1649c: 크기와 온도가 지구와 거의 같은 행성

한 걸음 더 — 프랑스우주국의 코롯 위성

케플러 우주망원경과 비슷한 시기에 '외계 지구'를 찾기 위해 발사된 비행체가 하나 더 있습니다. 바로 2006년에 우주로 떠난, 프랑스우주국과 유럽우주국의 합작품 '코롯 위성Convection, Rotation and planetary Transits, CoRoT'이지요. 코롯 위성은 발사 이듬해인 2007년에 목성과 비슷한 크기의 뜨거운 행성 '코롯-1b'를 발견했고, 2년 후에는 태양과 같은 G형 주계열성 코롯-7 주변을 도는 행성 '코롯-7b'를 발견했습니다. 원래 2년 반 동안 우주를 탐사할 예정이었던 이 인공위성은 2013년까지 임무를 연장했으나 2012년 말 장치 고장으로 퇴역했지요.

무한한 가능성을 지닌 천문학
끊임없는 관측과 탐구의 여정

매년 천문학자들은 놀라운 연구 결과를 발표합니다. 이런 결과를 바탕으로 아마추어 천문학자와 대중들 사이에는 활발한 토론이 벌어지지요. 그러나 이 모든 발견은 거대한 우주의 아주 표면적인 일부를 긁어낸 것에 불과합니다. 우주에 관해 '모든 것이 밝혀지는' 일은 결코 있을 수 없습니다. 탐구하고 관찰해야 할 것은 우리가 우주를 알아내는 속도보다 더 빠르게 늘어나고 있습니다.

게다가 지상의 천문대와 대기권 밖을 떠도는 우주 망원경, 다른 행성을 관측하러 떠난 탐사선 등으로 얻어내는 자료도 '천문학적으로' 많습니다. 현실적으로 모든 자료를 연구하는 것은 불가능합니다. 그래서 천문학은 마치 곳곳에 보석이 숨겨진 보물 창고와 비슷합니다. 어느 날 우연히 어떤 자료를 통해 새롭고 경이로운, 아름다운 사실을 발견할 수도 있는 것이지요.

관측천문학의 오늘: 케플러 이후의 망원경들

◆

2009년에 발사된 케플러 우주망원경 이후로도 수많은 지상 기반 망원경과 우주 망원경이 개발되었습니다. 아타카마 대형 밀리파 배열, 제곱킬로미터 배열 등 확장된 망원경이 다른 방해 전파가 없는 외딴 곳에 설치되어 우주로부터 들어오는 데이터와 메시지를 관측하고 있습니다.

또한 전 세계의 천문학자들은 여러 대의 전파 망원경을 수백, 수천 킬로미터 간격으로 설치해 거대한 하나의 망원경처럼 구동하는 '초장기선 전파간섭계Very Long Baseline Interferometry, VLBI'를 설치했습니다. 가까운 미래에는 우주를 더 자세히 알기 위해 달의 뒷면에도 전파 망원경을 구축할 예정이지요.

전파 망원경뿐만 아니라 광학 망원경도 놀라울 만큼 발전했습니다. 하와이에는 지구상에서 가장 거대한 규모의 '30미터 망원경Thirty Meter Telescope, TMT'이 설치될 예정입니다. 작은 거울들을 모아 하나의 장치처럼 작동시킬 예정인 이 망원경은 자금과 기술 문제로 아직 완공되지 못했으나, 가까운 미래에 완성되어 우리에게 더 넓은 우주를 보여주겠지요.

제임스웹 우주망원경

최근 가장 크게 주목받고 있는 것은 제임스웹 우주망원경James Webb Space Telescope, JWST입니다. 1960년대에 나사 국장을 역임하며 머큐리·제미니·아폴로 계획을 추진한 제임스 에드윈 웹James

+ 제임스웹 우주망원경이 촬영한 행성상성운
2021년에 발사된 제임스웹 우주망원경이 촬영한 행성상성운 NGC 1514 사진이다. 제임스웹 우주망원경은 차세대 망원경으로 역할을 다하며 어마어마한 데이터를 수집하고 있다.

Edwin Webb의 이름을 딴 이 망원경은 나사와 유럽우주국, 캐나다우주국이 합작해 개발한 것으로 현존하는 광학 우주망원경 중 규모가 가장 큽니다. 최첨단 장비를 탑재해 가시광선과 적외선을 두루 감지하고 분석할 수 있지요.

제임스웹 우주망원경은 2021년 연말에 발사되어 2022년 초부터 우주를 관측하고 있습니다. 당초 10년 정도 임무를 수행할 예정이었으나 다른 망원경들과 마찬가지로 더 오랜 시간 작동할 수도 있지요. 허블 우주망원경의 후계자로 여겨지는 제임스웹 우주망원경은 별의 탄생과 소멸 과정을 추적하고, 외계 행성 사진을 촬영하며, 초기 우주의 빛을 수집하는 등 천문학의 오랜 과제를 수행할 예정입니다.

우주 탐사의 꿈: 더 넓은 세상으로의 여행

✦

나사와 유럽우주국을 비롯해 세계 각국에서 화성, 토성, 명왕성 등 우주 곳곳으로 탐사선을 보내고 있습니다. 지금까지 우주에 대해 놀라울 만큼 많은 것을 알게 되었으나 앞으로 탐사가 지속되며 더 많은 사실을 새로 알게 될 것입니다. 특히 지난 몇십 년 사이 경제 대국으로 떠오른 중국도 우주 탐사에 뛰어들며 더 큰 성과를 가져올 것으로 예상됩니다. 중국은 최첨단 천문대를 선설하고 미래의 천문학자들을 교육하고 있습니다. 칠레와 아르헨티나 등 남미 국가들도 기술적으로 발전한 천문대 건설 계획을 세우고 있고, 유럽우주국은 목성을 방문하고 우주의 암흑 물질을 탐색한다는 야심 찬 우주 비전 로드맵을 계획하고 있습니다.

 천문학은 앞으로 우리가 예상하지 못할 정도로 거대한 변화를 겪겠지만, 적어도 한 가지는 분명합니다. 몇몇 국가나 일부 과학자에 국한되지 않을 것이라는 것이지요. 천문학이라는 학문은 외딴 산속에서 망원경을 들고 하늘을 올려다보던 고독한 관측자의 관심사에서 인류 공동의 목표이자 다국적 협업 프로젝트로 변화하고 있습니다. 많은 국가가 자체적으로 그리고 다른 나라와 협업하며 우주를 관측하기 위한 천문대와 망원경을 개발하고, 인재 교육에 힘쓰고 있습니다. 앞으로 천문학은 점점 과학과 기술, 공학과 수학 전 분야와 학제적으로 교류하며 발전할 것입니다.

우주로 나가서 직접 탐사하기

현대 천문학은 우주에 탐사선을 보낼 뿐만 아니라 우주정거장을 설치해 사람을 보내는 어마어마한 성과를 거두었습니다. 혹독한 무중력 우주 환경을 견디기 위해 많은 우주비행사들이 특수 훈련을 받고 지구 궤도에서 임무를 수행하고 있지요.

  아직은 소수의 전문가들만 훈련을 받고 우주에 나가 연구를 수행하지만, 점점 아마추어 천문가를 비롯해 대중과 일반인들에게 우주 여행이 보편화될 것으로 보입니다. 민간 달 탐사와 우주선 계획 등으로 이미 여정을 향한 첫걸음은 내디뎠지요. 언젠가 달의 궤도에 호텔과 리조트가 지어져 가까이에서 달을 감상할 수 있을지도 모릅니다. 화성으로 여행을 떠나 새로운 인류 서식지나 개척지를 개발하는 것도 더 이상 허황된 SF 속 이야기만은 아닙니다.

무한한 세계 저 너머로!

심우주 탐사는 많은 사람들의 관심사입니다. 유럽우주국은 외계 행성을 탐사하기 위한 '플라토 우주망원경PLAnetary Transits and Oscillations of stars, PLATO'을 개발해 2026년에 발사하는 것을 목표로 하고 있고, 중력파의 존재를 확인하고 연구하기 위해 나사와 합작해 레이저 간섭계 우주 안테나 실험Laser Interferometer Space Antenna, LISA을 시작했습니다. 나사는 칠레의 제미니 사우스 망원경 인근에 천문학자 베라 루빈의 이름을 딴 베라루빈천문대Vera Rubin Observatory를 세워 2025년부터 활발하게 데이터를 수집할 예정입니다. 베라루빈천문대에서는 우리은하의 지도를 그리고, 멀리 떨어진 천체의 빛을 측정하며, 중력 렌즈 현상을 감지하고, 지구와 가까운 소행성과 카이퍼대 천체를 관측할 것입니다.

우주라는 무한한 세계를 향한 여정은 오늘도 계속되고 있습니다. 저 너머를 향한 인류의 호기심과 열정은 끊임없지요. 그에 걸맞게 우주는 우리에게 더 놀라운 사실들을 보여줄 것입니다.

(나가며)

별을 보는 사람은
누구나 천문학자입니다

천문학은 거대한 망원경이나 천문대에서 전문 학자들만이 연구하는 비밀스럽고 폐쇄적인 학문이 아닙니다. 누구든 호기심을 가지고 밤하늘을 바라본다면 천문학을 하고 있는 것이지요. 아마추어 망원경으로 달을 관측하거나, 카메라로 쏟아질 듯한 별을 촬영하는 것도 모두 천문학에 속합니다. 이런 소소한 열정이 모여 천문학을 만들어왔지요. 여러분도 가벼운 마음으로 천체 관측을 시작해보길 바랍니다. 밤하늘을 보고 나만의 별을 찾는 낭만은 누구에게나 열려 있지요. 하늘을 보면 이 책에서 읽은 천문학적 사실들이 한층 친숙하게 다가올 겁니다.

    낮에는 보통 하나의 별밖에 보이지 않습니다. 바로 태양이지요. 우리와 가장 가까운 항성인 태양의 밝은 광선 때문에 낮에는 하늘에서 다른 항성을 볼 수 없는 것이지요. 여러분이 태양계의 다른 행성이나 우리은하 또는 외부 은하의 항성을 관측하고 싶다면 밤에 바깥으로 나가 하늘을 보아야 합니다.

어떤 별을 찾고 싶은지 모르겠다면 온라인 쇼핑몰이나 서점 사이트에서 '별 지도'나 '별자리 도감' 등을 검색해보세요. 천문학자들이 발견한 수많은 별의 위치와 특징, 밝기 등이 잘 정리되어 있을 것입니다. 천문학 잡지를 구독하거나 주기적으로 천문학 관련 웹사이트에 들어가는 것도 좋은 방법이지요. 나사와 유럽우주국을 비롯해 각국 항공청과 우주국은 공식 홈페이지를 운영하며 많은 자료를 공개하고 있습니다(한국 우주항공청 웹사이트 kasa.go.kr).

사람들은 종종 별을 '제대로' 관측하기 위해서는 커다란 망원경과 전문적인 카메라가 필요하다고 생각하지만 전혀 그렇지 않습니다. 맨눈으로 관측하는 것이 천문학을 시작하는 가장 좋은 방법입니다. 그러나 굳이 망원경을 구매하고 싶다면 무엇을 관측할지 먼저 생각해보세요. 우선 가장 기본적인 형태의 쌍안경으로 밤하늘을 보는 것도 좋습니다. 그러다가 더 자세히 관측하고 싶은 **별자리**나 천체가 생기면 망원경은 그때 구매해도 늦지 않아요.

초보 천문학자에게 건네는 조언

◆

지구에서 아마추어 천문학자가 가장 쉽게 관측할 수 있는 천체는 달입니다. 달의 크레이터나 표면을 보면 50여 년 전에 인류가 그곳에 방문했었다는 사실이 경이롭게 느껴지지요. 그다음으로 관측할 만한 것은 지구의 이웃 행성, 그중에서도 수성, 금성, 화성, 목성, 토성입니다. 이들은 밤하늘의 다른 별보다 더 눈에 잘 띄어 운이 좋으면 맨눈으로도 볼 수 있습니다. 초보용 망원경을 가지고 있다면 목성과 토성의 위성과 아름다운 고리를 관측해보세요.

행성 다음으로 찾을 수 있는 것은 전갈자리의 사르가스Sargas 등 이중성입니다. 또한 게자리의 벌집 성단이나 페르세우스자리의 이중성단 같은 성단을 찾을 수 있고, 하늘이 정말 청명한 밤이라면 은하수를 발견할 수도 있습니다. 천문학에 더 열정이 넘치는 사람이라면 카시오페아자리 방향 하늘에서 우리의 이웃인 안드로메다 은하를 포착할 수도 있습니다.

태양·지구·달이 일직선이 될 때

특별한 장치 없이 관측 가능한 또 다른 천문 현상은 바로 일식과 월식입니다. 선명한 식 현상을 보는 것은 말로 다 표현할 수 없을 만큼 놀랍고 신비로운 경험입니다. 일식은 태양, 달, 지구가 일직선에 놓이면서 태양의 일부 또는 전체가 가려지는 현상을 뜻하지요. 개기 일식은 태양 전체를, 부분 일식은 일부를 가립니다. 해마다 일식, 특히 개기 일식을 직접 보기 위해 수많은 사람들이 먼 곳으로 여행을 떠납니다.

월식은 달이 지구의 그림자에 들어와 보이지 않는 현상을 말합니다. 밤하늘을 보면 달이 밝게 빛나는 것처럼 보이지만 사실 달은 자체적으로 빛을 내지 못하며, 태양빛을 반사할 뿐입니다. 그런데 태양과 지구, 달이 일직선이 되면 태양으로부터 오는 빛이 지구를 지나며 달 쪽으로 긴 그림자가 생기고, 그 그림자로 인해 달이 보이지 않는 순간이 생기는 것이지요. 달의 일부가 가려져 보이지 않는 것이 부분 월식, 달 전체가 그림자에 들어가는 것은 개기 월식이라고 합니다. 개기 월식 때에는 달이 붉은색으로 보입니다. 월식은 1년에도 몇 번씩, 일식보다 자주 관측할 수 있습니다.

천문학에 관심이 있는 사람이라면 분명 일식과 월식 현상에도 큰 흥미를 느낄 겁니다. 지구와 태양, 달이 서로 영향을 주고받으며 운동하고 있다는 사실이 느껴지기 때문이지요. 각국 우주국이나 연구소에서는 해당 국가에서 시기마다 볼 수 있는 일식과 월식 현상을 미리 알려줍니다(한국천문연구원 웹사이트 kasi.re.kr).

조명을 끄는 순간, 별이 반짝이기 시작한다

사실 도시에 사는 사람들은 천체를 관측하기 어렵습니다. 밝은 빛과 조명이 만드는 '빛 공해' 때문이지요. 빛 공해로 인해 대도시의 아마추어 관측자들은 가장 밝은 별과 큰 행성만 어렴풋이 볼 수 있습니다. 빛 공해는 많은 천문대가 도시를 벗어나 외딴 시골에 세워지는 이유이기도 하지요.

하지만 다행히도 빛 공해는 줄일 수 있습니다. 기술이 발전하면서 조명의 방향과 밝기를 유동적으로 조절할 수 있는 장치들이 개발되었고, 이를 활용하면 하늘을 향한 불필요한 빛을 줄일 수 있습니다. 최근에는 천문대 인근을 중심으로 몇몇 지역이 '어두운 하늘 보호구역Dark-sky Preserve'으로 지정되며 사람들이 다시 별을 바라볼 수 있는 공간이 늘어나고 있습니다.

밤하늘을 관측하기 위해 갑자기 조명을 없애고 암흑 생활을 할 수는 없습니다. 필요하다면 밤에도 전등과 가로등을 밝혀야지요. 다만 과할 필요는 없다는 뜻입니다. 필요한 곳에만 조명을 밝히고, 인적 드문 거리의 가로등은 끄는 것도 방법입니다. 불필요한 조명을 끄면, 저 멀리서 아름답게 우리를 밝히는 새로운 조명이 눈에 들어올 겁니다. 인류사를 밝혀온 가장 오래된 조명이지요.

　기억하세요, 우리는 모두 별에서 왔다는 사실을요.

이미지 출처

29쪽 ⓒ NASA

31쪽 ⓒ Li-Bro/Fotolia

37쪽 ⓒ NASA

41쪽 ⓒ JHGilbert

51쪽 ⓒ NASA/Johns Hopkins University Applied Physics Laboratory/Carnegie

57쪽 ⓒ NASA/JPL

69쪽 ⓒ NASA/Goddard/Arizona State University

75쪽 ⓒ ESA/DLR/FU-Berlin

82쪽 ⓒ NASA

90쪽 ⓒ NASA/JPL

94쪽 ⓒ NASA, ESA, and A. Feild (STScI)

101쪽 ⓒ NASA/JPL/USGS

110쪽 ⓒ NASA/JPL-Caltech

114쪽 ⓒ Halley Multicolor Camera Team, Giotto Project, ESA

120쪽 ⓒ Dai Jianfeng/IAU OAE

136쪽 ⓒ ESO

139쪽 ⓒ NASA, ESA, and the Hubble Heritage (STScI/AURA)-ESA/Hubble Collaboration

145쪽 ⓒ NASA/ESA, The Hubble Key Project Team and The High-Z Supernova Search Team

149쪽 ⓒ NASA's Goddard Space Flight Center

164쪽 ⓒ NASA, ESA

170쪽 ⓒ NASA/JPL-Caltech/ESO/R. Hurt

182쪽 ⓒ Pearson Education

193쪽 ⓒ NASA

195쪽 ⓒ NASA, ESA, and STScI

200쪽 ⓒ NASA, Britt Griswold (Maslow Media Group)

206쪽 ⓒ Stockernumber2 / Shutterstock

225쪽 ⓒ District Museum in Toruń

230쪽 ⓒ Galleria degli Uffizi

237쪽 ⓒ Kepler-Museum

240쪽 doopedia.co.kr

243쪽 ⓒ Isaac Newton Institute

249쪽 (왼쪽) ⓒ National Portrait Gallery

(가운데) ⓒ Herschel Family Archives

(오른쪽) wellcomecollection.org

255쪽 ⓒ American Institute of Physics, Emilio Segrè Visual Archives

260쪽 ⓒ Library of Congress Prints and Photographs Division

266쪽 hdl.huntington.org

273쪽 epcc.libguides.com

278쪽 ⓒ Carnegie Institution of Washington

284쪽 ⓒ Royal Astronomical Society

289쪽 ⓒ Christopher Michel / Flickr

306쪽 ⓒ NASA/Ames/JPL-Caltech

310쪽 ⓒ NASA/Eugene A. Cernan

313쪽 ⓒ ESA/DLR/FUBerlin/AndreaLuck

320쪽 ⓒ Princeton University Department of Astronomy

325쪽 ⓒ NASA Hubble Space Telescope

331쪽 ⓒ NASA/ESA/STScI

343쪽 ⓒ NASA/DOE/Fermi LAT Collaboration

349쪽 (위) ⓒ NASA

(아래) ⓒ Hans Deeg / Wikimedia Commons

354쪽 ⓒ NASA, ESA, CSA, STScI, Michael Ressler (NASA-JPL), Dave Jones (IAC)

드디어 시리즈 08

드디어 만나는 천문학 수업

1판 1쇄 발행 2025년 7월 7일
1판 5쇄 발행 2025년 10월 16일

지은이 캐럴린 콜린스 피터슨
옮긴이 이강환
발행인 박명곤　**CEO** 박지성　**CFO** 김영은
기획편집1팀 채대광, 백환희, 이상지, 김진호
기획편집2팀 박일귀, 이은빈, 강민형, 박고은
기획편집3팀 이승미, 김윤아, 이지은
디자인팀 구경표, 유채민, 윤신혜, 권지혜
마케팅팀 임우열, 김은지, 전상미, 이호, 최고은

펴낸곳 (주)현대지성
출판등록 제406-2014-000124호
전화 070-7791-2136　**팩스** 0303-3444-2136
주소 서울시 강서구 마곡중앙6로 40, 장흥빌딩 10층
홈페이지 www.hdjisung.com　**이메일** support@hdjisung.com
제작처 영신사

ⓒ 현대지성 2025

※ 이 책은 저작권법에 따라 보호받는 저작물이므로 무단 전재와 복제를 금합니다.
※ 잘못 만들어진 책은 구입하신 서점에서 교환해드립니다.

"Curious and Creative people make Inspiring Contents"
현대지성은 여러분의 의견 하나하나를 소중히 받고 있습니다.
원고 투고, 오탈자 제보, 제휴 제안은 support@hdjisung.com으로 보내주세요.

현대지성 홈페이지

이 책을 만든 사람들
기획 강민형　**편집** 이상지, 채대광　**디자인** 윤신혜